石油高职教育"工学结合"教材

化工装置工艺操作与控制

赵 贺 李 刚 主编

石 油 工 业 出 版 社

内 容 提 要

　　本书设计了 5 个学习情境，合理地安排了化工工艺基本知识的学习和化工装置实际操作技能的培养，内容包括乙烯装置操作与控制、聚乙烯装置操作与控制、聚丙烯装置操作与控制、典型化工产品制备装置的操作与控制、合成氨装置的操作与控制。

　　本书可供高职院校石油化工生产技术专业师生使用，也可作为职工培训用书。

图书在版编目（CIP）数据

化工装置工艺操作与控制/赵贺，李刚主编.
北京：石油工业出版社，2012.9（2021.1 重印）
（石油高职教育"工学结合"教材）
ISBN 978 - 7 - 5021 - 9244 - 0

Ⅰ. 化…
Ⅱ. ①赵…②李…
Ⅲ. 化工设备—操作—高等职业教育—教材
Ⅳ. TQ05

中国版本图书馆 CIP 数据核字（2012）第 197975 号

出版发行：石油工业出版社
　　　　　（北京安定门外安华里 2 区 1 号楼　100011）
　　　　　网　址：www. petropub. com
　　　　　编辑部：（010）64256990　图书营销中心：（010）64523620
经　　销：全国新华书店
印　　刷：北京中石油彩色印刷有限责任公司

2012 年 9 月第 1 版　　2021 年 1 月第 2 次印刷
787 毫米×1092 毫米　开本：1/16　印张：13.25
字数：338 千字

定价：26.00 元

前　　言

化工装置工艺操作与控制是石油化工生产技术专业的一门专业核心课程，是化工工艺理论知识与化工装置实际操作相结合的一门课程。本课程对学生化工工艺基本知识的掌握和化工装置操作技能提出了较高的要求，是石油化工生产技术专业学生从理论学习到现场实际顶岗操作至关重要的一门课程。

本课程以工作任务为导向组织课程内容，教学模式不是以经验、解释或理论讲述为主，而是以掌握化工生产实践技能为目的。知识的传授通过完成"学习情境"的过程来学习相关知识，学与做融为一体，充分体现职业教育的特色。本课程确定了 5 个学习情境，每个学习情境紧扣知识培养目标和能力培养目标，突出以就业为导向，以能力培养为目标，以适应职业岗位需要为准绳，加强针对性、实用性教学，培养理论够用、技能过硬、综合素质较好的应用型人才。

本课程以培养学生"三种能力（基本能力、专业能力和实践能力）、三种素质（基本素质、专业素质和综合素质）"为重点，在实际学习情境中使学生获得真正的职业能力，并使理论认知水平得到发展。因此，本课程要求打破传统的教学方式，实施项目教学，以改变学与教的行为。

本教材由克拉玛依职业技术学院组织编写，赵贺、李刚任主编，赵贺负责全书的统稿工作。喻朝善、李长海、张伟参与了学习情境的编写，其中赵贺编写了学习情境一和学习情境二，喻朝善、李刚编写了学习情境三，李刚、张伟编写了学习情境四，李长海编写了学习情境五。

本教材的编审工作得到了克拉玛依职业技术学院副院长付梅莉和中国石油独山子石化公司技能专家薛魁的精心指导和大力支持，在此一并表示诚挚的谢意。

限于编者水平有限，书中不妥和错误之处在所难免，敬请读者批评指正。

编　者
2012 年 5 月

目　　录

学习情境一　乙烯装置操作与控制

学习目标

一、能力目标

（1）具有从专业书籍、操作手册和网络等途径获取专业知识的能力；

（2）能看懂专业操作规程，能进行设备标志识别，能读懂设备流程图；

（3）能够从事乙烯装置的开车和停车操作；

（4）能进行乙烯装置异常工况的处理操作；

（5）具有乙烯装置基本操作技能和化工工艺指标分析能力；

（6）具有与人沟通、合作的能力。

二、知识目标

（1）掌握乙烯裂解工艺基本理论；

（2）了解乙烯装置生产工艺流程；

（3）掌握乙烯装置特点；

（4）了解乙烯产品性质、用途；

（5）了解乙烯生产特点；

（6）掌握化工操作基本知识、安全用电常识、环保常识和安全生产常识。

三、素质目标

（1）具有吃苦耐劳、爱岗敬业的职业素质；

（2）具有团队协作的精神和石油化工行业的职业道德；

（3）具有不伤害自己、不伤害他人、不被他人伤害的安全意识；

（4）具有环境意识、社会责任感、参与意识和自信心；

（5）具备大胆创新精神；

（6）具备锲而不舍、不怕困难的素质，面对失败能勇于承担责任的精神。

任务描述

乙烯装置操作与控制工作是由内操人员通过 DCS 操作系统并在外操人员的协助下对整个装置进行操作、控制，包括装置的开车、停车、正常运行中的工艺参数调整和事故处理等。

通过仿真软件模拟真实现场操作，学生在操作仿真装置的过程中，学习乙烯装置工艺流程与原理，学会装置的 DCS 操作并能够对异常工况进行分析和处理。

要求学生以小组为单位，根据装置生产情况和装置的开车、停车及事故处理的操作规程，制定出工作计划，完成仿真操作；能够分析和处理操作中遇到的异常情况，写出工作报告。

任务1　烃类热裂解原理

石油化工系列原料包括天然气、炼厂气、石脑油、柴油、重油等，它们都是由烃类化合物组成。烃类化合物在高温下不稳定，容易发生碳链断裂和脱氢等反应。

烃类热裂解就是以烃类化合物为原料，利用其在高温下不稳定、易分解的性质，在隔绝空气和高温条件下，使大分子的烃类发生断链和脱氢等反应，以制取低级烯烃的过程。工业上制取烯烃的方法有许多，其中最主要的方法是烃类热裂解。

工业上烃类热裂解制乙烯的主要生产过程是：原料—热裂解—裂解气预处理—裂解气分离—产品（乙烯、丙烯）及联产品。虽然各生产装置所用的原料和生产技术有所差异，相应的工艺流程也不完全相同，但均包括裂解和分离两个基本过程。裂解是天然气或石油中的烃原料经一定的预加工后，进行高温裂解化学反应而获得裂解气的过程。分离则是裂解的后续加工过程，其任务是将裂解气分离，生产出高纯度的乙烯、丙烯和其他烃类产品。

烃类热裂解的主要目的是生产乙烯，同时可以得到丙烯、丁二烯，以及苯、甲苯和二甲苯等产品。它们都是重要的基本有机原料，所以烃类热裂解是有机化学工业获取基本有机原料的主要手段，因而乙烯装置能力的大小实际上反映了一个国家有机化学工业的发展水平。

一、热裂解过程的化学反应

（一）烃类裂解的一次反应

所谓一次反应是指生成目的产物乙烯、丙烯等低级烯烃为主的反应。

1. 烷烃裂解的一次反应

（1）断链反应。

断链反应是 C—C 链断裂反应，反应后产物有两个：一个是烷烃；另一个是烯烃，其碳原子数都比原料烷烃减少。其通式为：

$$C_{m+n}H_{2(m+n)+2} \longrightarrow C_nH_{2n} + C_mH_{2m+2}$$

（2）脱氢反应。

脱氢反应是 C—H 链断裂的反应，生成的产物是碳原子数与原料烷烃相同的烯烃和氢气。其通式为：

$$C_nH_{2n+2} \longrightarrow C_nH_{2n} + H_2$$

2. 环烷烃的断链（开环）反应

环烷烃的热稳定性比相应的烷烃好。环烷烃热裂解时，可以发生 C—C 链的断裂（开环）与脱氢反应，生成乙烯、丙烯、丁烯和丁二烯等烃类。以环己烷为例，断链反应如下：

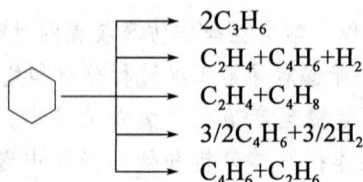

$$
\bigcirc
\begin{cases}
\longrightarrow 2C_3H_6 \\
\longrightarrow C_2H_4+C_4H_6+H_2 \\
\longrightarrow C_2H_4+C_4H_8 \\
\longrightarrow 3/2C_4H_6+3/2H_2 \\
\longrightarrow C_4H_6+C_2H_6
\end{cases}
$$

环烷烃的脱氢反应生成的是芳烃，芳烃缩合最后生成焦炭，所以不能生成低级烯烃，即不属于一次反应。

3. 芳烃的断侧链反应

芳烃的热稳定性很高，一般情况下，芳烃不易发生断裂。因此，由苯裂解生成乙烯的可能性极小。但烷基芳烃可以断侧链生成低级烷烃、烯烃和苯。

4. 烯烃的断链反应

常减压蒸馏装置的直馏馏分中一般不含烯烃，但二次加工的馏分油中可能含有烯烃。大分子烯烃在热裂解温度下能发生断链反应，生成小分子的烯烃，例如：

$$C_5H_{10} \longrightarrow C_3H_6 + C_2H_4$$

（二）烃类裂解的二次反应

所谓二次反应就是一次反应生成的乙烯、丙烯继续反应并转化为炔烃、二烯烃、芳烃，直至生炭或结焦的反应。

烃类热裂解的二次反应比一次反应复杂。原料经过一次反应后，生成氢气、甲烷和一些低相对分子质量的烯烃，如乙烯、丙烯、丁二烯、异丁烯、戊烯等，氢气和甲烷在裂解温度下很稳定，而烯烃则可以继续反应，其主要的二次反应有：

（1）低分子烯烃脱氢反应：

$$C_2H_4 \longrightarrow C_2H_2 + H_2$$
$$C_3H_6 \longrightarrow C_3H_4 + H_2$$
$$C_4H_8 \longrightarrow C_4H_6 + H_2$$

（2）二烯烃叠合芳构化反应：

$$2C_2H_4 \longrightarrow C_4H_6 + H_2$$
$$C_2H_4 + C_4H_6 \longrightarrow C_6H_6 + 2H_2$$

（3）结焦反应。

烃的结焦反应，要经过生成芳烃的中间阶段，芳烃在高温下发生脱氢缩合反应而形成多环芳烃，它们继续发生多阶段的脱氢缩合反应生成稠环芳烃，最后生成焦炭。

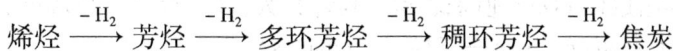

$$烯烃 \xrightarrow{-H_2} 芳烃 \xrightarrow{-H_2} 多环芳烃 \xrightarrow{-H_2} 稠环芳烃 \xrightarrow{-H_2} 焦炭$$

除烯烃外，环烷烃脱氢生成的芳烃和原料中含有的芳烃都可以脱氢发生结焦反应。

（4）生炭反应。

在较高温度下，低分子烷烃、烯烃都有可能分解为碳和氢，这一过程是随着温度升高而分步进行的。如乙烯脱氢先生成乙炔，再由乙炔脱氢生成炭。

$$CH_2 \!=\!\!=\! CH_2 \xrightarrow{-H_2} CH \!\equiv\! CH \longrightarrow 2C + H_2$$

因此，实际上生炭反应只有在高温条件下才可能发生，并且乙炔生成的炭不是断链生成单个碳原子，而是脱氢稠合成几百个碳原子。

结焦和生炭过程二者机理不同，结焦是在较低温度下（<927℃）通过芳烃缩合而成，生炭是在较高温度下（>927℃），通过生成乙炔的中间阶段，脱氢为稠合的碳原子。

由此可以看出，一次反应是生产的目的，而二次反应既造成烯烃的损失，浪费原料又会生炭或结焦，致使设备或管道堵塞，影响正常生产，所以是不希望发生的。因此，无论在选取工艺条件或进行设计，都要尽力促进一次反应，千方百计地抑制二次反应。

从以上讨论，可以归纳各族烃类的热裂解反应的大致规律。

烷烃：正构烷烃最利于生成乙烯、丙烯，是生产乙烯的最理想原料。相对分子质量越小则烯烃的总收率越高。异构烷烃的烯烃总收率低于同碳原子数的正构烷烃。随着相对分子质量的增大，这种差别就减少。

环烷烃：在通常裂解条件下，环烷烃脱氢生成芳烃的反应优于断链（开环）生成单烯烃的反应。含环烷烃多的原料，其丁二烯、芳烃的收率较高，乙烯的收率较低。

芳烃：无侧链的芳烃基本上不易裂解为烯烃；有侧链的芳烃，主要是侧链逐步断链及脱氢。芳烃倾向于脱氢缩合生成稠环芳烃，直至结焦。所以芳烃不是裂解的合适原料。

烯烃：大分子的烯烃能裂解为乙烯和丙烯等低级烯烃，但烯烃会发生二次反应，最后生成焦和炭。所以含烯烃的原料如二次加工产品作为裂解原料不好。

因此，高含量的烷烃、低含量的芳烃和烯烃是理想的裂解原料。

二、裂解过程的工艺参数和操作指标

影响热裂解结果的因素有许多，主要有原料特性、裂解工艺条件（裂解温度、停留时间、烃分压）等。烃类裂解反应使用的原料是组成性质有很大差异的混合物，因此原料的特性无疑对裂解效果起着重要的决定作用，它是决定反应效果的内因，而工艺条件的调整、优化则是其外部条件。

（一）裂解原料特性

石油烃裂解所得产品收率与裂解原料的性质密切相关。而对相同裂解原料而言，则裂解所得产品收率取决于裂解过程的工艺条件。只有选择合适的工艺条件，并在生产中平稳操作，才能达到理想的裂解产品收率分布，并保证合理的清焦周期。

对于单纯的烃类或已知的原料，其性质可由各组成的特性来表示。但裂解原料（尤其是液体燃料）通常是组成复杂、组分不定、性质差异很大的混合物，其性质很难用各组分的性质来表示，因此常用下述指标来表征原料特性。

1. 族组成（PONA 值）

裂解原料油中各种烃，按其结构可以分为四大族，即烷烃族、烯烃族、环烷烃族和芳香族。这四大族的族组成以 PONA 值来表示，其含义为：P—烷烃（Paraffin）；O—烯烃（Olefin）；N—环烷烃（Naphtene）；A—芳烃（Aromatics）。

根据 PONA 值可以定性评价液体燃料的裂解性能，也可以根据族组成通过简化的反应动力学模型对裂解反应进行定量描述，因此 PONA 值是一个表征各种液体原料裂解性能的有实用价值的参数。

2. 氢含量

氢含量可以用裂解原料中所含氢的质量分数表示，也可以用裂解原料中 C 与 H 的质量比（称为碳氢比）表示。

（1）氢含量：

$$w(H_2) = \frac{n(H)}{12n(C) + n(H)} \times 100\%$$

（2）碳氢比：

$$C/H = \frac{12n(C)}{n(H)}$$

式中，$n(H)$、$n(C)$ 分别为原料烃中氢原子数和碳原子数，氢含量顺序 $P > N > A$。

通过裂解反应，使一定含氢量的裂解原料生成含氢量较高的 C_4 和 C_4 以下轻组分和含氢

量较低的 C_5 和 C_5 以上的液体。从氢平衡可以断定，裂解原料含氢量越高，获得的 C_4 和 C_4 以下轻烃的收率越高，相应乙烯和丙烯收率一般也较高。显然，根据裂解原料的氢含量既可判断该原料可能达到的裂解深度，也可评价该原料裂解所得 C_4 和 C_4 以下轻烃的收率。

3. 特性因数

特性因数 K 是表示烃类和石油馏分化学性质的一种参数，即：

$$K = \frac{1.216(T_B)^{1/3}}{d_{15.6}^{15.6}}$$

$$T_B = (\sum_{i=1}^{n} \varphi_i T_i^{1/3})^3$$

式中　T_B——立方平均沸点，K；

　　　$d_{15.6}^{15.6}$——相对密度；

　　　φ_i——i 组分的体积分数；

　　　T_i——i 组分的沸点，K。

K 值以烷烃最高，环烷烃次之，芳烃最低，它反映了烃的氢饱和程度。乙烯和丙烯总体收率大体上随裂解原料特性因数的增大而增加。

4. 关联指数（BMCI 值）

馏分油的关联指数（BMCI 值）是表示油品芳烃含量的指数。关联指数越大，则表示油品的芳烃含量越高。其定义如下：

$$BMCI = \frac{48640}{T_V} + 473 \times d_{15.6}^{15.6} - 456.8$$

式中　T_V——体积平均沸点，K；

　　　$d_{15.6}^{15.6}$——相对密度。

烃类化合物的芳香性按下列顺序递增：正构烷烃＜带支链烷烃＜烷基单环环烷烃＜无烷基单环环烷烃＜双环环烷烃＜烷基单环芳烃＜无烷基单环芳烃（苯）＜双环芳烃＜三环芳烃＜多环芳烃。烃类化合物的芳香性越强，则 BMCI 值越大。

总之，裂解原料的各项指标大体有如下规律：原料含碳原子数越多，平均相对分子质量就越高，相对密度也越大，流程沸点就越高。而烃原料中烷烃含量高，则芳烃含量就低，含氢量也高，BMCI 值小，特性因数高。

烃类裂解制乙烯的原料来源很广。目前世界上的乙烯约有 50% 是由石脑油馏分制取，而气体原料约占 40%（其中乙烷 30%，丙烷 10%），其余由丁烷、粗柴油和其他原料制取。

世界不同地区和国家乙烯原料的选择不仅受本国资源的限制，更主要还受世界能源消费结构、油品市场、技术经济等复杂因素的影响。

（二）裂解温度

从自由基反应机理分析，温度对一次产物分布的影响，是通过影响各种链式反应相对量实现的。在一定温度范围内，提高裂解温度有利于提高一次反应所得的乙烯和丙烯的收率。理论计算在 600℃ 和 1000℃ 下正戊烷和异戊烷一次反应的产品收率见表 1-1。

表 1-1　温度对一次反应的影响

裂解产物收率，%（质量分数）	正戊烷裂解		异戊烷裂解	
	600℃	1000℃	600℃	1000℃
H_2	1.2	1.1	0.7	1.0
CH_4	12.3	13.1	16.4	14.5

裂解产物收率,% （质量分数）	正戊烷裂解		异戊烷裂解	
	600℃	1000℃	600℃	1000℃
C_2H_4	43.2	46.0	10.1	12.6
C_3H_6	26	23.9	15.2	20.3
其他	17.3	15.9	57.6	50.6
总计	100.0	100.0	100.0	100.0

从裂解反应的化学平衡也可以看出，提高裂解温度有利于生成乙烯的反应，并相对减少乙烯消失的反应，因而有利于提高裂解的选择性。

从热力学分析，裂解是吸热反应，需要在高温下才能进行。温度越高对生成乙烯、丙烯越有利，但对烃类分解成碳和氢的副反应也越有利，即二次反应在热力学上占优势。因此，裂解生成烯烃的反应必须控制在一定的裂解深度范围内，换言之，裂解反应主要由反应动力学控制。

从动力学角度分析，升高温度，石油烃裂解生成乙烯的反应速率的提高大于烃分解为碳和氢的反应速率，即提高反应温度，有利于提高一次反应对二次反应的相对速率，有利于乙烯收率的提高，所以一次反应在动力学上占优势。因此，应选择一个最适宜的裂解温度，发挥一次反应在动力学上的优势，而克服二次反应在热力学上的优势，既可提高转化率，也可得到较高的乙烯收率。

一般当温度低于750℃时，生成乙烯的可能性较小，或者说乙烯收率较低；在750℃以上生成乙烯可能性增大，温度越高，反应的可能性越大，乙烯的收率越高。但当反应温度太高，特别是超过900℃时，甚至达到1100℃时，对结焦和生炭反应极为有利，同时生成的乙烯又会经历乙炔中间阶段而生成炭，这样原料的转化率虽有增加，产品的收率却大大降低。表1-2列出的温度对乙烷转化率及乙烯收率的关系正说明了这一点。

表1-2　温度对乙烷转化率及乙烯收率的关系

温度,℃	832	871
停留时间, s	0.0278	0.0278
乙烷单程转化率,%	14.8	34.4
按分解乙烷计的乙烯收率,%	89.4	86.0

理论上烃类裂解制乙烯的最适宜温度一般在750～900℃之间。而实际裂解温度的选择还与裂解原料、产品分布、裂解技术、停留时间等因素有关。

不同的裂解原料具有不同最适宜的裂解温度，较轻的裂解原料裂解温度较高，较重的裂解原料裂解温度较低。例如，某厂乙烷裂解炉的裂解温度是850～870℃，石脑油裂解炉的裂解温度是840～865℃，轻柴油裂解炉的裂解温度是830～860℃。若改变反应温度，裂解反应进行的程度就不同，一次产物的分布也会改变，所以可以选择不同的裂解温度，达到调整一次产物分布的目的。如果裂解目的产物是乙烯，则裂解温度可适当地提高；如果要多产丙烯，裂解温度可适当降低。提高裂解温度还受炉管合金的最高耐热温度的限制，也正是管材合金和加热炉设计方面的进展，使裂解温度可从最初的750℃提高到900℃以上。目前某些裂解炉管已允许壁温达到1115～1150℃，但这并不意味着裂解温度可选择1100℃以上，它还受到停留时间的限制。

（三）停留时间

管式裂解炉中物料的停留时间是裂解原料经过辐射盘管的时间。由于辐射盘管中裂解反应是在非等温变容的条件下进行，很难计算其真实的停留时间。工程中常用如下几种方式计算裂解反应的停留时间。

1. 表观停留时间 t_B

表观停留时间表述了裂解管内所有物料（包括稀释蒸汽）在管中的停留时间。表观停留时间 t_B 为

$$t_B = \frac{V_R}{V} = \frac{SL}{V}$$

式中　V_R——反应器容积，m^3；

S——裂解管截面积，m^2；

L——管长，m；

V——单位时间通过裂解炉的气体体积，m^3/s。

2. 平均停留时间 t_A

平均停留时间 t_A 为

$$t_A = \int_0^{V_R} \frac{dV}{\alpha_V V}$$

式中　α_V——体积增大率，是转化率、温度、压力的函数；

V——原料气的体积流量。

近似计算

$$t_A = \frac{V_R}{\alpha_V' V'}$$

式中　V'——原料气在平均反应温度和平均反应压力下的体积流量；

α_V'——最终体积增大率。

如果裂解原料在反应区停留时间太短，大部分原料还来不及反应就离开了反应区，原料的转化率很低，这样就增加了未反应原料的分离、回收的能量消耗；原料在反应区停留时间过长，对促进一次反应是有利的，故转化率较高，但二次反应更有时间充分进行，一次反应生成的乙烯大部分都发生二次反应而消失，乙烯收率反而下降。同时二次反应的进行，生成更多焦和炭，缩短了裂解炉管的运转周期，既浪费了原料，又影响正常的生产进行。表1-3列出的某原料在832℃下裂解时，停留时间对乙烷转化率和乙烯收率的影响正可以说明这一问题。

表1-3　停留时间对乙烷转化率和乙烯收率的影响

温度，℃	832	832
停留时间，s	0.0278	0.0805
乙烷单程转化率，%	14.8	60.2
按分解乙烷计的乙烯收率，%	89.4	76.5

所以选择合适的停留时间，既可使一次反应充分进行，又能有效地抑制并减少二次反应。

3. 影响停留时间的因素

停留时间的选择主要取决于裂解温度，当停留时间在适宜的范围内，乙烯的生成量较

大，而乙烯的损失较小，即有一个最高的乙烯收率，称为峰值收率。不同的裂解温度，所对应的峰值收率不同，温度越高，乙烯的峰值收率越高，相对应的最适宜的停留时间越短，这是因为二次反应主要发生在转化率较高的裂解后期，如控制很短的停留时间，一次反应产物还没来得及发生二次反应就迅速离开了反应区，从而提高了乙烯的收率。

4. 停留时间的选择

停留时间的选择除与裂解温度有关，也与裂解原料和裂解工艺技术等有关。在一定的反应温度下，每一种裂解原料，都有它最适宜的停留时间：如裂解原料较重，则停留时间应短一些；原料较轻，则停留时间稍长一些。20 世纪 50 年代由于受裂解技术限制，停留时间为 $1.8 \sim 2.5s$，目前一般为 $0.15 \sim 0.25s$（二程炉管），单程炉管可达 0.1s 以下，即以毫秒计。

从化学平衡的观点看，如使裂解反应进行到平衡，所得烯烃很少，最后生成大量的氢和碳。为获得尽可能多的烯烃，必须采用尽可能短的停留时间进行裂解反应。从动力学来看，由于有二次反应，对每种原料都有一个最大乙烯收率的适宜停留时间。因此可以得出，短停留时间对生成烯烃有利。

（四）烃分压与稀释剂

1. 压力对平衡转化率的影响

烃类裂解的一次反应是分子数增加的反应，降低压力对反应平衡向正反应方向移动是有利的，但是高温条件下，断链反应的平衡常数很大，几乎接近全部转化，反应是不可逆的，因此改变压力对断链反应的平衡转化率影响不大。对于脱氢反应，它是一可逆过程，降低压力有利于提高转化率。二次反应中的聚合、脱氢缩合、结焦等二次反应，都是分子数减少的反应，因此降低压力不利于平衡向产物方向移动，可抑制此类反应的发生。

2. 压力对反应速度的影响

烃类裂解的一次反应，是单分子反应，烃类聚合或缩合反应为多分子反应，压力不能改变速率常数的大小，但能通过改变浓度的大小来改变反应速率的大小。降低压力会使气相的反应分子的浓度减少，也就减少了反应速率。浓度的改变虽对三个反应速率都有影响，但降低的程度不一样，浓度的降低使双分子和多分子反应速率的降低比单分子反应速率要大得多。

所以从动力学分析得出：压力不能改变反应速率常数，但降低压力能降低反应物浓度，降低压力可增大一次反应对于二次反应的相对速率，提高一次反应的选择性。

故无论从热力学还是动力学分析，降低裂解压力对增产乙烯的一次反应有利，可抑制二次反应，从而减轻结焦的程度。表 1-4 说明了压力对裂解反应的影响。

表 1-4　压力对一次反应和二次反应的影响

反　应		一次反应	二次反应
热力学因素	反应后体积的变化	增大	减少
	降低压力对平衡的影响	有利于提高平衡转化率	不利于提高平衡转化率
动力学因素	反应分子数	单分子反应	双分子或多分子反应
	降低压力对反应速率的影响	不利于提高	更不利于提高
	降低压力对反应速率的相对变化的影响	有利	不利

3. 稀释剂的降压作用

如果在生产中直接采用减压操作，因为裂解是在高温下进行的，当某些管件连接不严密时，有可能漏入空气，不仅会使裂解原料和产物部分氧化而造成损失，更严重的是空气与裂解气能形成爆炸性混合物而导致爆炸。另外，如果采用减压操作，而对后继分离部分的裂解气压缩操作就会增加负荷，即增加了能耗。工业上常用的办法是在裂解原料气中添加稀释剂以降低烃分压，而不是降低系统总压。

稀释剂可以是惰性气体（氮）或水蒸气。工业上都是用水蒸气作为稀释剂，其优点是：

（1）水蒸气在急冷时可以冷凝，很容易就实现了稀释剂与裂解气的分离。

（2）可以抑制原料中的硫对合金钢管的腐蚀。

（3）水蒸气在高温下能与裂解管中沉淀的焦炭发生如下反应：

$$C + H_2O \longrightarrow CO + H_2$$

使固体焦炭生成气体随裂解气离开，延长了炉管运转周期。

（4）水蒸气对金属表面起一定的氧化作用，使金属表面的铁、镍形成氧化物薄膜，可抑制这些金属对烃类气体分解生炭反应的催化作用。

（5）水蒸气的热容大，水蒸气升温时耗热较多，稀释水蒸气的加入，可以起到稳定炉管裂解温度，防止过热，保护炉管的作用。

（6）稀释蒸汽可降低炉管内的烃分压，水的摩尔质量小，同样质量的水蒸气其分压较大，在总压相同时，烃分压可降低较多。

加入水蒸气的量，不是越多越好，增加稀释水蒸气量，将增大裂解炉的热负荷，增加燃料的消耗量，增加水蒸气的冷凝量，从而增加能量消耗，同时会降低裂解炉和后部系统设备的生产能力。水蒸气的加入量随裂解原料而异，一般地说，轻质原料裂解时，所需稀释蒸汽量可以降低，随着裂解原料变重，为减少结焦，所需稀释水蒸气量将增大。

（五）裂解深度

裂解深度是指裂解反应的进行程度，由于裂解反应的复杂性，很难以一个参数准确地对其进行定量的描述。在工程中，根据不同的情况，常常采用某些参数衡量裂解深度，表 1 - 5 列出了表征裂解深度的常用指标。

表 1 - 5　裂解深度的常用指标

裂解深度指标	适 用 范 围	特 点	局 限
原料转化率 X	轻烃	容易分析测定	对于重馏分油原料由于反应复杂，不易确定代表成分
甲烷收率 Y（C1）	各种原料	容易分析测定	反应初期甲烷收率低
乙烯对丙烯的收率比	各种原料	容易分析测定	不宜用于裂解深度极高时
甲烷对丙烯的收率比	各种原料	容易分析测定，在裂解深度高时特别灵敏	裂解深度较浅时不敏感
液体产物的氢碳原子比	较重烃	可作为液相脱氢程度和引起结焦倾向的度量	轻烃裂解，液体产物不多时，用此指标无优点
裂解炉出口温度 T_{out}	各种原料	测量容易	不能用于不同炉型和不同操作条件的比较
裂解深度函数 S	各种原料	计算简单	不能用于停留时间过长情况
动力学裂解深度函数 KSF	各种原料	结合原料特性、温度和停留时间三个因素	不能用于停留时间过长情况

在表 1 - 5 的裂解深度各项指标中，科研和设计最常用的有动力学裂解深度函数 KSF 和转化率 X，在生产中最常用的有出口温度 T_{out}。为避开裂解原料性质的影响，将正戊烷裂解所得的 $\int k \mathrm{d}\theta$ 定义为动力学裂解深度函数（KSF）：

$$KSF = \int k_5 \, \mathrm{d}\theta = \int A_5 \exp\left(\frac{-E_5}{RT}\right) \mathrm{d}\theta$$

一般地，$KSF = 0 \sim 1$ 时，为浅度裂解区，原料饱和烃含量迅速下降，低级烯烃含量接近直线上升；$KSF = 1 \sim 2.3$ 时，为中度裂解区，乙烯含量继续上升；KSF 为 1.7 时，丙烯、丁烯含量出现峰值；$KSF > 2.3$ 时，为深度裂解区，一次反应已停止。

综合本节讨论，石油烃热裂解的操作条件宜采用高温、短停留时间、低烃分压，产生的裂解气要迅速离开反应区，这是因为裂解炉出口的高温裂解气在出口温度条件下将继续进行裂解反应，使二次反应增加，乙烯损失随之增加，故需将裂解炉出口的高温裂解气加以急冷，当温度降到 650℃ 以下时，裂解反应基本停止。

三、管式裂解炉及裂解工艺过程

（一）管式炉的基本结构和炉型

裂解条件需要高温、短停留时间，所以必须有一种能够获得相当高温度的裂解反应设备，这种设备通常采用管式裂解炉，裂解原料在裂解管内迅速升温并在高温下进行裂解，产生裂解气。管式炉炉型结构简单，操作容易，便于控制且能连续生产，乙烯、丙烯收率较高，动力消耗少，热效率高，裂解气和烟道气的余热大部分可以回收。

因此，作为裂解技术的反应设备管式炉，它既是乙烯装置的核心，又是挖掘节能潜力的关键设备。

对一个性能良好的管式炉来说，主要有以下几方面的要求：

（1）适应多种原料的灵活性。所谓灵活性是指同一台裂解炉可以裂解多种石油烃原料。

（2）炉管热强度高，炉子热效率高。由于原料升温，转化率增长快，需要大量吸热，所以要求热强度大，管径小可使比表面积增大，可满足要求；燃料燃烧除提供裂解反应所需的有效总热负荷外，还有散热损失、化学不完全燃烧损失、排烟损失等，损失越少，则炉子热效率越高。

（3）炉膛温度分布均匀。其目的是消除炉管局部过热所导致的局部结焦，达到操作可靠、运转连续、延长炉管寿命。

（4）生产能力大。裂解炉的生产能力一般以每台裂解炉每年生产的乙烯量来表示。为了适应乙烯装置向大型化发展的趋势，各乙烯技术专利商纷纷推出大型裂解炉。裂解炉大型化减少了各裂解装置所需的炉子数量，一方面降低了单位乙烯投资费用，减少了占地面积，另一方面，裂解炉台数减少，使散热损失下降，节约了能量，方便了设备操作、管理，降低了乙烯的生产成本、维修等费用。目前运行的单台气体裂解炉最大生产能力已达到 $21 \times 10^4 t/a$，单台液体裂解炉最大生产能力达到 $(18 \sim 20) \times 10^4 t/a$。

（5）运转周期长。裂解反应不可避免地总有一定数量的焦炭沉积在炉管管壁和急冷设备管壁上。当炉内管壁温度和压力降达到允许的极限范围值时，必须停炉进行清焦。裂解炉投料后，其连续运转操作时间，称为运转周期，一般以天数表示。所以，减缓结焦速度，延长炉子运转周期，同样是考核一台裂解炉性能的主要指标。

不同的乙烯生产技术对裂解炉要求不同，因而有各种不同炉型的裂解炉以适应并满足其要求。

1. 管式炉的基本结构

为了提高乙烯收率和降低原料的能量消耗，多年来管式炉技术取得了较大进展，并不断开发出各种新炉型。尽管管式炉有不同形式，但从结构上看，总是包括对流段（或称对流室）和辐射段（或称辐射室）组成的炉体、炉体内适当布置的由耐高温合金钢制成的炉管、燃料燃烧器等三个主要部分。

（1）炉体。由两部分组成，即对流段和辐射段。对流段内设有数组水平放置的换热管用来预热原料、工艺稀释水蒸气、急冷锅炉进水和过热的高压蒸汽等；辐射段由耐火砖（里层）和隔热砖（外层）砌成，在辐射段炉墙或底部的一定部位安装有一定数量的燃烧器，所以辐射段又称为燃烧室或炉膛，裂解炉管垂直放置在辐射室中央。为放置炉管，还有一些附件，如管架、吊钩等。

（2）炉管。炉管前一部分安置在对流段的称为对流管，对流管内物料被管外的高温烟道气以对流方式进行加热并汽化，达到裂解反应温度后进入辐射管，故对流管又称为预热管。炉管后一部分安置在辐射段的称为辐射管，通过燃料燃烧的高温火焰、产生的烟道气、炉墙辐射加热将热量经辐射管管壁传给物料，裂解反应在该管内进行，故辐射管又称为反应管。

在管式炉运行时，裂解原料的流向是先进入对流管，再进入辐射管，反应后的裂解产物离开裂解炉经急冷段给予急冷。燃料在燃烧器燃烧后，则先在辐射段生成高温烟道气并向辐射管提供大部分反应所需热量。然后，烟道气再进入对流段，把余热提供给刚进入对流管内的物料，然后经烟道从烟囱排放。烟道气和物料是逆向流动的，这样热量利用更为合理。

（3）燃烧器。燃烧器又称为烧嘴，它是管式炉的重要部件之一。管式炉所需的热量是通过燃料在燃烧器中燃烧得到的。性能优良的烧嘴不仅对炉子的热效率、炉管热强度和加热均匀性起着十分重要的作用，而且使炉体外形尺寸缩小、结构紧凑、燃料消耗低，烟气中NO_x等有害气体含量低。烧嘴因其所安装的位置不同分为底部烧嘴和侧壁烧嘴。管式裂解炉的烧嘴设置方式可分为三种：一是全部由底部烧嘴供热；二是全部由侧壁烧嘴供热；三是由底部和侧壁烧嘴联合供热。按所用燃料不同，燃烧器又分为气体燃烧器、液体（油）燃烧器和气油联合燃烧器。

2. 管式裂解炉的炉型

由于裂解炉管构型及布置方式和烧嘴安装位置及燃烧方式的不同，管式裂解炉的炉型有多种，最具代表性的裂解炉介绍如下。

1）鲁姆斯 SRT 型裂解炉

SRT（Short Residence Time）型裂解炉即短停留时间炉，是美国鲁姆斯（Lummus）公司于 1963 年开发，1965 年工业化，是为了进一步缩短停留时间，改善裂解选择性，提高乙烯的收率，对不同的裂解原料有较大的灵活性，以后又不断地改进了炉管的炉型及炉子的结构，先后推出了 SRT－Ⅰ～SRT－Ⅵ型裂解炉，是目前世界上大型乙烯装置中应用最多的炉型。中国石化燕山石化公司、扬子石化公司和齐鲁石化公司的乙烯生产装置均采用此种裂解炉。SRT－Ⅰ型竖管裂解炉结构如图 1－1 所示。

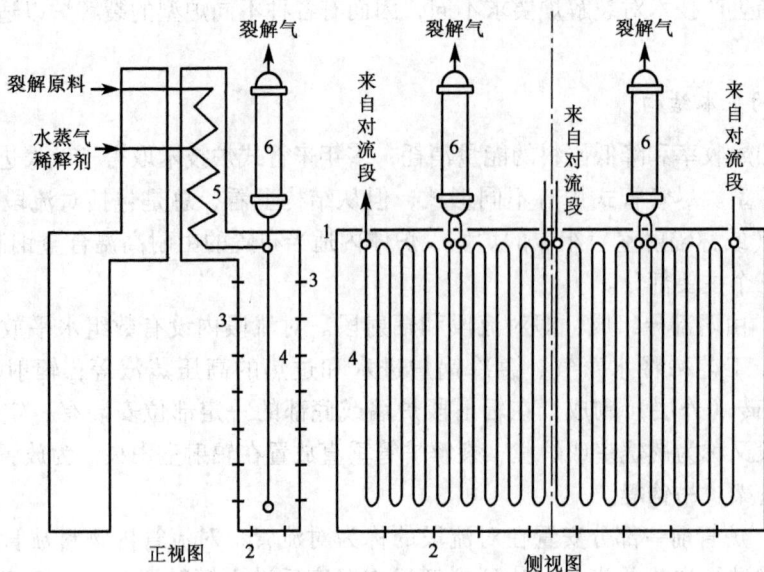

图 1-1　SRT-Ⅰ型竖管裂解炉示意图

1—炉体；2—油气联合烧嘴；3—气体无焰烧嘴；4—辐射段炉管；5—对流段炉管；6—急冷锅炉

（1）炉型结构。SRT 型裂解炉为单排双辐射立管式裂解炉，已从 SRT-Ⅰ型发展为近期采用的 SRT-Ⅵ型。SRT 型裂解炉的对流段设置在辐射室上部的一侧，对流段顶部设置烟道和引风机。对流段内设置进料、稀释蒸汽和锅炉给水的预热。从 SRT-Ⅲ型裂解炉开始，对流段还设置高压蒸汽过热，取消了高压蒸汽过热炉。在对流段预热原料和稀释蒸汽过程中，一般采用一次注入的方式将稀释的蒸汽注入裂解原料。当裂解炉需要裂解重质原料时，也采用二次注入稀释蒸汽的方案。

（2）盘管结构。SRT-Ⅰ型炉采用多程等径辐射盘管，从 SRT-Ⅱ型裂解炉开始，SRT 型裂解炉均采用分支变径辐射盘管，分支变径管是在入口段采用多根并联的小口径炉管，而出口段采用大口径炉管，沿管长流通截面积大体保持不变。由于小管径炉管单位体积的表面积大，相应可以提高入口段单位体积的热强度，并将热量更多转移到入口段，减低了高温出口段的热负荷，这就使沿管长的热负荷分配更趋合理，沿管长的物料温度和管壁温度趋于平缓，相应可以保证缩短停留时间并提高裂解温度。随着炉型的改进，辐射盘管的程数逐渐减少。SRT 型炉盘管结构如图 1-2 所示。

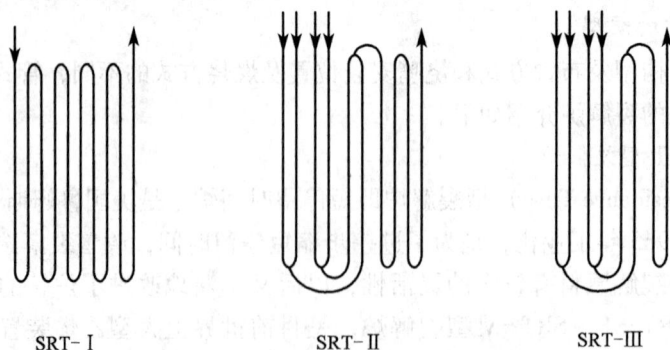

SRT-Ⅰ　　　　　SRT-Ⅱ　　　　　SRT-Ⅲ

图 1-2　SRT 型炉盘管结构

随着辐射盘管的改进，其裂解工艺性能随之改变，裂解的烯烃收率也随之提高。以某石脑油为例，在不同炉型中裂解，在相同裂解深度下得到的产品收率见表1-6。

表1-6　不同SRT炉型所得裂解产品收率（质量分数）

裂解产物组分	SRT-Ⅲ	SRT-Ⅴ	SRT-Ⅵ
甲烷,%	18.3	17.4	17.35
乙烷,%	4.8	4.2	4.15
乙烯,%	27.95	30.0	30.3
丙烯,%	14.0	15.1	15.25
C_4,%	8.95	9.20	9.23
裂解汽油,%	19.16	17.56	17.29
燃料油,%	4.25	3.63	3.56
裂解气相对分子质量	28.30	28.08	28.02

（3）SRT型裂解炉的优化及改进措施。裂解炉设计开发的根本思想是提高过程选择性和设备的生产能力，根据烃类热裂解的热力学和动力学分析，降低烃分压是提高过程选择性的主要途径。

在众多改进措施中辐射盘管的设计是决定裂解选择性，提高烯烃收率和对裂解原料适应性的关键。改进辐射盘管的结构，成为管式裂解炉技术发展中最核心的部分。20多年来，相继出现了单排分支变径管、混排分支变径管、不分支变径管、单程等径管等不同结构的辐射盘管。根据反应前期和反应后期的不同特征，采用变径管，使入口端（反应前期）管径小于出口端（反应后期），这样可以比等径管的停留时间缩短，传热强度、处理能力和生产能力有所提高。

2）凯洛格毫秒裂解炉

超短停留时间裂解炉简称USRT炉，是美国凯洛格（Kellogg）公司在20世纪60年代开始研究开发的一种炉型，1978年开发成功。在高裂解温度下，使物料在炉管内的停留时间缩短到0.05~0.1s（50~100ms），所以也称为毫秒裂解炉。

毫秒裂解炉由于管径较小，所需炉管数量多，致使裂解炉结构复杂，投资相对较高。因裂解管是一程，没有弯头，阻力降小，烃分压低，因此乙烯收率比其他炉型高。

3）USC裂解炉

超选择性裂解炉简称USC裂解炉，是美国斯通—韦伯斯特（Stone & Webster）公司在20世纪70年代开发的一种炉型。USC裂解技术是根据停留时间、裂解温度和烃分压条件的选择，使生成的产品中乙烷等副产品较少、乙烯收率较高而命名的。

短的停留时间和低的烃分压使裂解反应具有良好的选择性。中国石油大庆石化公司以及世界上很多石油化工厂都采用它来生产乙烯及其联产品。

目前，工业装置中所采用的管式炉裂解技术有十几种，除以上介绍的以外，还有KTI公司的GK裂解炉、Linde公司的LSCC型裂解炉等。

（二）裂解气急冷

1. 急冷工艺

从裂解炉出来的裂解气是富含烯烃的气体和大量的水蒸气，温度为727~927℃，烯烃反应性很强，若任它们在高温下长时间停留，仍会发生二次反应，引起结焦、烯烃收率下降及生成经济价值不高的副产物，因此需要将裂解炉出口高温裂解气尽快冷却，通过急冷以终止其裂解反应。当裂解气温度降至650℃以下时，裂解反应基本终止。

急冷的方法有两种：一种是直接急冷；另一种是间接急冷。

（1）直接急冷。用急冷剂与裂解气直接接触，急冷剂用油或水，急冷下来的油水密度相差不大，分离困难，污水量大，不能回收高品位的热量。

（2）间接急冷。裂解炉出来的高温裂解气温度在800~900℃左右，在急冷的降温过程中要释放大量热，是一个可以利用的热源，为此可用换热器进行间接急冷，回收这部分热量发生蒸汽，以提高裂解炉的热效率，降低产品成本。用于此目的的换热器称为急冷换热器。急冷换热器与汽包所构成的发生蒸汽的系统称为急冷锅炉。也有将急冷换热器称为急冷锅炉或废热锅炉的。采用间接急冷的目的是回收高品位的热量，产生高压水蒸气作动力能源以驱动裂解气、乙烯、丙烯的压缩机、汽轮机发电及高压水泵等机械，同时终止二次反应。

（3）急冷方式的比较。直接急冷设备费少，操作简单，系统阻力小，由于是冷却介质直接与裂解气接触，传热效果较好。但形成大量含油污水，油水分离困难，且难以利用回收的热量。而间接急冷对能量利用合理，可回收裂解气被急冷时所释放的热量，经济性较好，且无污水产生，故工业上多用间接急冷。

生产中一般都先采用间接急冷，即裂解产物先进急冷换热器，取走热量，然后采用直接急冷，即油洗和水洗来降温。

裂解原料不同，急冷方式也有所不同，如裂解原料为气体，则适合的急冷方式为"水急冷"，而裂解原料为液体时，适合的急冷方式为"先油后水"。

2. 急冷设备

间接急冷的关键设备是急冷换热器（常以 TLE 或 TLX 表示）。急冷换热器与汽包所构成的水蒸气发生系统称为急冷废热锅炉。急冷废热锅炉的配置合理与否，直接影响到裂解技术性能的先进性、经济性和可靠性。例如，裂解反应的停留时间、烃分压、目的产品（烯烃）收率、炉子运行周期、蒸汽发生量、系统的压力降分配、温度分配以及炉子的操作控制及结构设计无不与 TLE 的配置有着密切的关系。

一般急冷换热器管内走高温裂解气，裂解气的压力约低于0.1MPa，温度高达800~900℃，进入急冷换热器后要在极短的时间（一般在0.1s以下）下降到350~600℃，传热强度约达418.7MJ/（m²·h）左右。管外走高压热水，压力为11~12MPa，在此产生高压水蒸气，出口温度为320~326℃。因此急冷换热器具有热强度高、操作条件极为苛刻、管内外必须同时承受较高的温度差和压力差的特点；同时在运行过程中还有结焦问题，所以生产中使用的不同类型的急冷锅炉都是考虑这些特点来研究和开发的，而与普通的换热器不同。

裂解气经过急冷换热器后，进入油洗和水洗。油洗的作用一是将裂解气继续冷却，并回收其热量；二是使裂解气中的重质油和轻质油冷凝洗涤下来回收，然后送去水洗。水洗的作用一是将裂解气继续降温到40℃左右，二是将裂解气中所含的稀释蒸汽冷凝下来，并将油洗时没有冷凝下来的一部分轻质油也冷凝下来，同时也可回收部分热量。

以往采用美国 Lummus 公司技术的国内乙烯装置，大多配置 SHG 公司传统的双套管施密特式 TLE。20世纪90年代中期 Lummus 公司与 SHG 公司推出"浴缸"式和"快速淬冷"式 TLE，首先被用于欧美乙烯装置，近年来，在中国石化集团公司与 Lummus 公司合作开发并在国内几家乙烯改扩建项目中使用的 10×10^4 t/a 乙烯大型裂解炉装置上开始应用这两项

TLE 新技术。

由 Lummus 公司与 SHG 公司合作开发的"快速淬冷"式 TLE 已被用于短停留时间（停留时间在 200ms 以下）、中等处理能力炉管的裂解炉。该设计被特别用于 Lummus 最新型裂解炉 SRT－Ⅵ型炉，然而，它也适用于其他炉管结构。新型 TLE 结合了传统 TLE 高比表面积和迅速冷却功能，即在传统 TLE 中具有低的进口停留时间和在线性 TLE 中可以消除返混的功能。新型 TLE 的设计如图 1－3 所示，为讨论方便，可以将设备分为 3 部分。第一部分，进口部分，包括用空气动力学原理特别设计的可以有效分配和分布气体进入冷却管的通道。第二部分，主冷却部分，利用在传统 TLE 和近年来在线性单元 TLE 中已经使用多年的双套管、椭圆连接管冷却系统。第三部分，出口部分，TLE 的出口封头形式和与传统 TLE 功能相同的气体收集部分相结合。

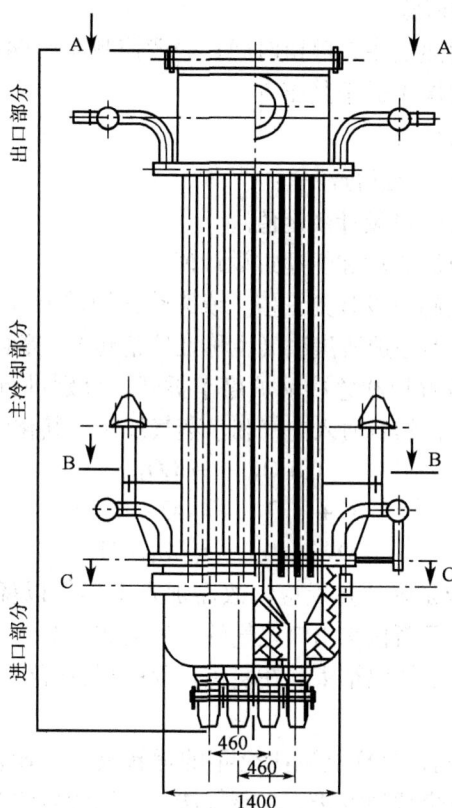

图 1－3　快速淬冷式 TLE 结构图

（三）裂解炉和急冷锅炉的结焦与清焦

1. 裂解炉和急冷锅炉的结焦

在裂解和急冷过程中不可避免地会发生二次反应，最终会结焦，积附在裂解炉管的内壁上和急冷锅炉换热管的内壁上。

随着裂解炉运行时间的延长，焦的积累量不断地增加，有时结成坚硬的环状焦层，使炉管内径变小，阻力增大，使进料压力增加。另外，由于焦层导热系数比合金钢低，有焦层的地方局部热阻大，导致反应管外壁温度升高，一是增加了燃料消耗，二是影响反应管的寿命，同时破坏了裂解的最佳工况，故在炉管结焦到一定程度时应及时清焦。

为减少裂解炉结焦，国内外采用的结焦抑制技术主要有：

（1）采用结焦抑制剂。在裂解原料或稀释蒸汽中加入防焦添加剂，主要是含硫的化合物，以钝化炉管表面，减少自由基结焦的有效表面积，在炉管表面形成氧化层，延长炉管结焦周期。

（2）炉管表面涂层。国外许多公司在辐射段炉管的内表面喷涂特定的涂层来抑制和减少结焦，延长运转周期，在这方面取得了显著的成果。

（3）新型炉管材料。Stone&Webster 公司和 Linde 公司正在开发一种防结焦的"陶瓷裂解炉管"，可以从根本上避免炉管结焦。

当急冷锅炉出现结焦时，除阻力较大外，还引起急冷锅炉出口裂解气温度上升，以致减少副产高压蒸汽的回收，并加大急冷油系统的负荷。

减少急冷换热器结焦的措施：

（1）控制裂解气急冷换热器中在停留时间，一般控制在 0.04s 以下。

（2）控制裂解气冷却温度不低于其露点。

2. 裂解炉和急冷锅炉的清焦

当出现下列任一情况时，应进行清焦：

（1）裂解炉管管壁温度超过设计规定值。

（2）裂解炉辐射段入口压力增加值超过设计值。

（3）废热锅炉出口温度超过设计允许值，或废热锅炉进出口压差超过设计允许值。

清焦方法有停炉清焦和不停炉清焦法（也称在线清焦）。停炉清焦法是将进料及出口裂解气切断（离线）后，将裂解炉和急冷锅炉停车拆开，分别进行除焦，用惰性气体和水蒸气清扫管线，逐渐降低炉温，然后通入空气和水蒸气烧焦。其化学反应为：

$$C + O_2 \longrightarrow CO_2$$
$$C + H_2O \longrightarrow CO + H_2$$
$$CO + H_2O \longrightarrow CO_2 + H_2$$

由于氧化（燃烧）反应是强放热反应，故需加入水蒸气以稀释空气中的氧的浓度，以减慢燃烧速度。烧焦期间，不断检查出口尾气的二氧化碳含量，当二氧化碳浓度降至 0.2% 以下时，可以认为在此温度下烧焦结束。在烧焦过程中裂解管出口温度必须严格控制，不能超过 750℃，以防烧坏炉管。

停炉清焦需 3~4 天时间，这样会减少全年的运转天数，设备生产能力不能充分发挥。不停炉清焦是一个改进，有交替裂解法、水蒸气法、氢气清焦法等。交替裂解法是使用重质原料（轻柴油等）裂解一段时间后有较多的焦生成，需要清焦时切换轻质原料（乙烷）去裂解，并加入大量的水蒸气，这样可以起到裂解和清焦的作用。当压降减少后（焦已大部分被清除），再切换为原来的裂解原料。水蒸气、氢气清焦是定期将原料切换成水蒸气、氢气，方法同上，也能达到不停炉清焦的目的。对整个裂解炉系统，可以将炉管组轮流进行清焦操作。不停炉清焦时间一般在 24h 之内，这样裂解炉运转周期大为增加。

在裂解炉进行清焦操作时，废热锅炉均在一定程度上可以清理部分焦垢，管内焦炭不能完全用燃烧方法清除，所以一般需要在裂解炉 1~2 次清焦周期内对废热锅炉进行水力清焦或机械清焦。

（四）裂解工艺流程

裂解工艺流程包括原料供给和预热系统、裂解和高压水蒸气系统、急冷油和燃料油系统、急冷水和稀释水蒸气系统。图1-4所示是轻柴油裂解工艺流程。

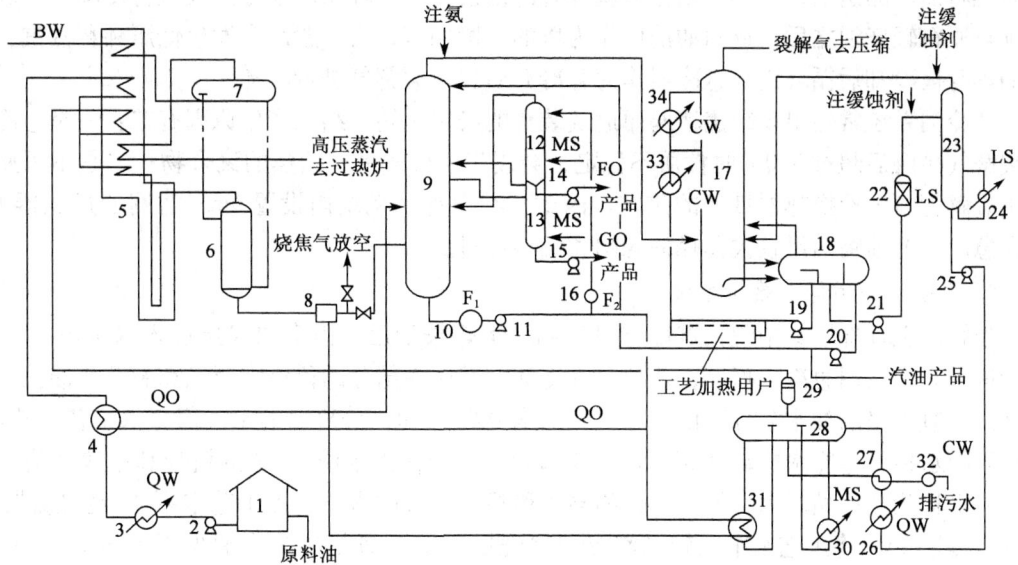

图1-4 轻柴油裂解工艺流程

1—原料油储罐；2—原料油泵；3，4—原料油预热器；5—裂解炉；6—急冷换热器；7—汽包；8—急冷器；9—油洗塔；10—急冷油过滤器；11—急冷油循环泵；12—燃料油汽提塔；13—裂解轻柴油汽提塔；14—燃料油输送泵；15—裂解轻柴油输送泵；16—燃料油过滤器；17—水洗塔；18—油水分离器；19—急冷水循环泵；20—汽油回流泵；21—工艺水泵；22—工艺水过滤器；23—工艺水汽提塔；24—再沸器；25—稀释蒸汽发生器给水泵；26，27—预热器；28—稀释蒸汽发生器汽包；29—分离器；30—中压蒸汽加热器；31—急冷油换热器；32—排污水冷却器；33，34—急冷水冷却器；QW—急冷水；CW—冷却水；MS—中压水蒸气；LS—低压水蒸气；QO—急冷油；BW—锅炉给水；GO—轻柴油；FO—燃料油

1. 原料油供给和预热系统

原料油从储罐1经预热器3和4与过热的急冷水和急冷油热交换后进入裂解炉的预热段。原料油供给必须保持连续、稳定，否则直接影响裂解操作的稳定性，甚至有损毁炉管的危险。因此，原料油泵必须有备用泵及自动切换装置。

2. 裂解和高压蒸汽系统

预热过的原料油入对流段初步预热后与稀释蒸汽混合，再进入裂解炉的第二预热段预热到一定温度，然后进入裂解炉5的辐射段进行裂解。炉管出口的高温裂解气迅速进入急冷换热器6中，使裂解反应很快终止。

急冷换热器的给水先在对流段预热并局部汽化后送入高压汽包7，靠自然对流流入急冷换热器6中，产生11MPa的高压水蒸气，从汽包送出的高压水蒸气进入裂解炉预热段过热，过热至470℃后供压缩机的蒸汽透平使用。

3. 急冷油和燃料油系统

从急冷换热器6出来的裂解气再去油急冷器8中用急冷油直接喷淋冷却，然后与急冷油一起进入油洗塔9，塔顶出来的气体为氢、气态烃和裂解汽油以及稀释水蒸气和酸性气体。

裂解轻柴油从油洗塔9的侧线采出，经汽提塔13汽提其中的轻组分后，作为裂解轻柴油产品。裂解轻柴油含有大量的烷基萘，是制萘的好原料，常称为制萘馏分。塔釜采出重质燃料油。自油洗塔釜采出的重质燃料油，一部分经汽提塔 12 汽提出其中的轻组分后，作为重质燃料油产品送出，大部分则作为循环急冷油使用。循环急冷油分两股进行冷却，一股用来预热原料轻柴油之后，返回油洗塔作为塔的中段回流，另一股用来发生低压稀释蒸汽，急冷油本身被冷却后循环送至急冷器作为急冷介质，对裂解气进行冷却。

急冷油系统常会出现结焦堵塞而危及装置的稳定运转，结焦产生原因有二：一是急冷油与裂解气接触后超过 300℃ 时性质不稳定，会逐步缩聚成易于结焦的聚合物；二是不可避免地由裂解管、急冷换热器带来的焦粒。因此，在急冷油系统内设置 6mm 滤网的过滤器 10，并在急冷器油喷嘴前设较大孔径的滤网和燃料油过滤器 16。

4. 急冷水和稀释水蒸气系统

裂解气在油洗塔 9 中脱除重质燃料油和裂解轻柴油后，由塔顶采出进入水洗塔 17，此塔的塔顶和中段用急冷水喷淋，使裂解气冷却，其中一部分的稀释水蒸气和裂解汽油就冷凝下来。冷凝下来的油水混合物由塔釜引至油水分离器 18，分离出的水一部分供工艺加热用，冷却后的水再经急冷水冷却器 33 和 34 冷却后，分别作为水洗塔 17 的塔顶和中段回流，此部分的水称为急冷循环水。另一部分相当于稀释水蒸气的水量，由工艺水泵 21 经过滤器 22 送入汽提塔 23，将工艺水中的轻烃汽提回水洗塔 17，保证塔釜中含油少于 $100\mu g/g$。此工艺水由稀释水蒸气发生器给水泵 25 送入稀释水蒸气发生器汽包 28，再分别由中压水蒸气加热器 30 和急冷油换热器 31 加热汽化产生稀释水蒸气，经气液分离器 29 分离后再送入裂解炉。这种稀释水蒸气循环使用系统，节约了新鲜的锅炉给水，也减少了污水的排放量。

油水分离器 18 分离出的汽油，一部分由泵 20 送至油洗塔 9 作为塔顶回流而循环使用，另一部分从裂解气中分离出的裂解汽油作为产品送出。

经脱除绝大部分水蒸气和裂解汽油的裂解气，温度约为 40℃，送至裂解气压缩系统。

5. 裂解中不正常现象产生的原因与处理方法

在烃类热裂解实际操作中常常出现许多异常现象，需要对其产生原因加以分析并及时处理，现归纳总结见表 1-7。

表 1-7　裂解中不正常现象产生的原因与处理方法

序　号	异常现象	产　生　原　因	处　理　方　法
1	裂解气出口温度升高	(1) 指示仪表失灵； (2) 燃料油量太高	(1) 检查仪表指标是否正确； (2) 调节燃料油量
2	炉管局部超温	管内壁结焦	清焦
3	汽油精馏塔塔釜温度升高	(1) 急冷油循环泵及附属过滤器堵塞； (2) 去急冷器循环量不足	(1) 检查急冷器循环泵及附属过滤器是否堵塞； (2) 检查调节阀是否开足，启动备用泵
4	工艺水解吸塔塔釜温度偏低	(1) 仪表失灵或误动作； (2) 工艺水解吸塔进水泵发生故障； (3) 釜温高	(1) 检查仪表； (2) 检查进水泵，必要时启动备用泵； (3) 调节再沸器及中间回流量，降低釜温
5	急冷废热锅炉液面波动	(1) 指示仪表失灵； (2) 锅炉给水不正常	(1) 检查仪表是否正常，必要时切断遥控，改用现场手动控制； (2) 检查锅炉给水系统

四、裂解气的净化与压缩

裂解气中含有 H_2S、CO_2、H_2O、C_2H_2、CO 等气体杂质，其来源主要有三个方面：一是原料中带来；二是裂解反应过程产生；三是裂解气处理过程引入。裂解气中的杂质含量见表 1-8。

表 1-8　管式裂解炉裂解气中的杂质含量

杂　质	质　量　分　数	杂　质	质　量　分　数
$CO_2 + H_2S$	$(200 \sim 400) \times 10^{-6}$	C_2H_2	$(2000 \sim 5000) \times 10^{-6}$
H_2O	$(400 \sim 700) \times 10^{-6}$	C_3H_6	$(100 \sim 1500) \times 10^{-6}$

这些杂质含量虽不大，但对深冷分离过程是有害的，而且这些杂质不脱除，进入乙烯、丙烯产品，使产品达不到规定的标准。尤其是生产聚合级的乙烯、丙烯，其杂质含量的控制是很严格的，为了达到产品所要求的规格，必须脱除杂质，对裂解气进行净化。

此外，裂解气分离过程中需加压、降温，所以必须进行压缩与制冷来保证生产的要求。

（一）酸性气体的脱除

裂解气中的酸性气体主要是指 CO_2、H_2S 和其他气态硫化物。此外尚含有少量的有机硫化物，如氧硫化碳（COS）、二硫化碳（CS_2）、硫醚（RSR'）、硫醇（RSH）、噻吩等，也可以在脱酸性气体操作过程中除去。

1. 酸性气体的来源

裂解气中的酸性气体，一部分是由裂解原料带来的，另一部分是由裂解原料在高温裂解过程中发生反应而生成的。例如：

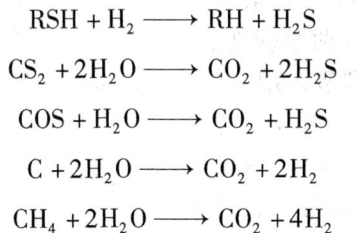

$$RSH + H_2 \longrightarrow RH + H_2S$$
$$CS_2 + 2H_2O \longrightarrow CO_2 + 2H_2S$$
$$COS + H_2O \longrightarrow CO_2 + H_2S$$
$$C + 2H_2O \longrightarrow CO_2 + 2H_2$$
$$CH_4 + 2H_2O \longrightarrow CO_2 + 4H_2$$

2. 酸性气体的危害

酸性气体含量过多时，对分离过程会带来危害：H_2S 能腐蚀设备管道，使干燥用的分子筛寿命缩短，还能使加氢脱炔用的催化剂中毒；CO_2 则在深冷操作中会结成干冰，堵塞设备和管道，影响正常生产。对于下游加工装置而言，酸性气体杂质对于乙烯或丙烯的进一步利用也有危害。例如，生产低压聚乙烯时，二氧化碳和硫化物会破坏聚合催化剂的活性；生产高压聚乙烯时，二氧化碳在循环乙烯中积累，降低乙烯的有效压力，从而影响聚合速度和聚乙烯的相对分子质量。所以必须将这些酸性气体脱除。

3. 酸性气体脱除的方法

工业生产中，一般采用吸收法脱除酸性气体，即在吸收塔内让吸收剂和裂解气进行逆流接触，裂解气中的酸性气体则有选择性地进入吸收剂中或与吸收剂发生化学反应。工业生产中常采用的吸收剂有 NaOH 或乙醇胺，用 NaOH 脱酸性气体的方法称为碱洗法，用乙醇胺脱酸性气体的方法称为乙醇胺法。两种方法具体情况比较见表 1-9。

表 1-9　碱洗法与乙醇胺法脱除酸性气体的比较

方　法	碱　洗　法	乙　醇　胺　法
吸收剂	氢氧化钠（NaOH）	乙醇胺（HOCH$_2$CH$_2$NH$_2$）
原理	$CO_2 + 2NaOH \longrightarrow Na_2CO_3 + H_2O$ $H_2S + 2NaOH \longrightarrow Na_2S + 2H_2O$	$2HOCH_2CH_2NH_2 + H_2S \Longleftrightarrow (HOCH_2CH_2NH_3)_2S$ $2HOCH_2CH_2NH_2 + CO_2 \Longleftrightarrow (HOCH_2CH_2NH_3)_2CO_3$
优点	对酸性气体吸收彻底	吸收剂可再生循环使用，吸收液消耗少
缺点	碱液不能回收，消耗量较大	（1）乙醇胺法吸收不如碱洗法彻底； （2）乙醇胺法对设备材质要求高，投资相应增大（乙醇胺水溶液呈碱性，但当有酸性气体存在时，溶液 pH 值急剧下降，从而对碳钢设备产生腐蚀）； （3）乙醇胺溶液可吸收丁二烯和其他双烯烃 （吸收双烯烃的吸收剂在高温下再生时易生成聚合物，由此既造成系统结垢，又损失了丁二烯）
适用情况	裂解气中酸性气体含量少时	裂解气中酸性气体含量多时

4. 酸性气体脱除工艺流程

1）碱洗法工艺流程

碱洗可以采用一段碱洗，也可以采用多段碱洗。为了提高碱液利用率，目前乙烯装置大多采用多段（两段或三段）碱洗。

图 1-5 所示为两段碱洗。裂解气压缩机三段出口的裂解气经冷却并分离凝液后，再由 37℃ 预热至 42℃，进入碱洗塔，该塔分三段，Ⅰ 段为水洗段（泡罩塔板），Ⅱ 段和 Ⅲ 段为碱洗段（填料层），裂解气经两段碱洗后，再经水洗段水洗进入压缩机四段吸入罐。

补充新鲜碱液含量为 18% ~ 20%，保证 Ⅱ 段循环碱液 NaOH 含量约为 5% ~ 7% 部分 Ⅱ 段循环碱液补充到 Ⅲ 段循环碱液中，以平衡塔釜排出的废碱。Ⅲ 段循环碱液 NaOH 含量为 2% ~ 3%。

2）乙醇胺法工艺流程

用乙醇胺做吸收剂除去裂解气中的 CO_2 和 H_2S，是一种物理吸收和化学吸收相结合的方法，所用的吸收剂主要是一乙醇胺（MEA）和二乙醇胺（DEA）。

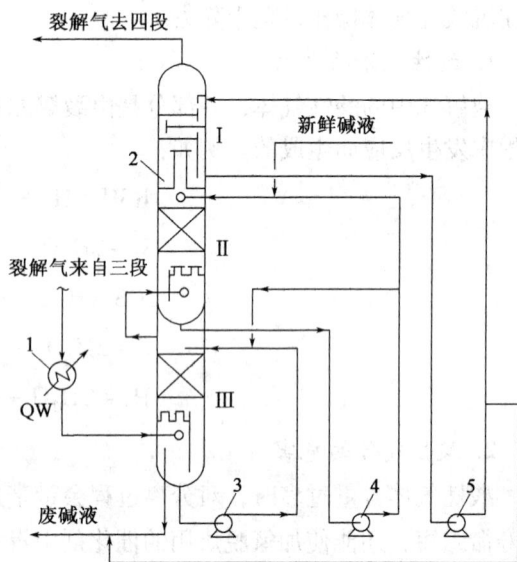

图 1-5　两段碱洗工艺流程

1—加热器；2—碱洗塔；3，4—碱液循环泵；
5—水洗循环泵

图 1-6 所示是 Lummus 公司采用的乙醇胺法脱酸性气的工艺流程。乙醇胺加热至 45℃ 后送入吸收塔的塔顶部，裂解气中的酸性气体大部分被乙醇胺溶液吸收后，送入碱洗塔进一步净化。吸收了的 CO_2 和 H_2S 的富液，由吸收塔釜采出，在富液中注入少量洗油（裂解汽油）以溶解富液中重质烃及聚合物。富液和洗油经分离器分离洗油后，送到汽提塔进行解吸。汽提塔中解吸出的酸性气体经塔顶冷却并回收凝液后放空。解吸后的贫液再返回吸收塔进行吸收。

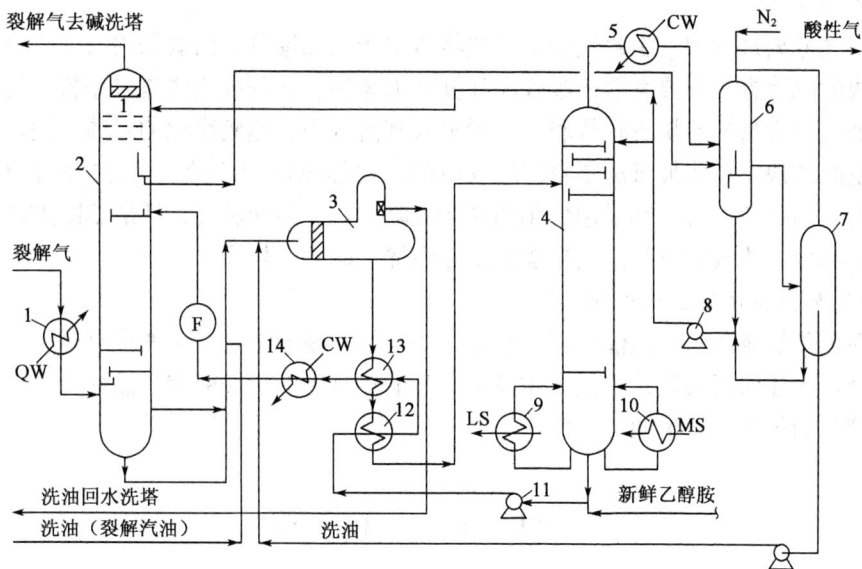

图 1-6 乙醇胺脱酸性气工艺流程

1—加热器；2—吸收塔；3—汽油—胺分离器；4—汽提塔；5—冷却器；6，7—分离罐；
8—回流泵；9，10—再沸器；11—胺液泵；12，13—换热器，14—冷却器

（二）脱水

1. 裂解气中水分的来源

由于裂解原料在裂解时加入一定量的稀释蒸汽，所得裂解气经急冷水洗和脱酸性气体的碱洗等处理，裂解气中不可避免地带一定量的水（400～700mg/kg）。

2. 水分的危害

在低温分离时，水会凝结成冰。另外，在一定压力和温度下，水还能与烃类生成白色的晶体水合物，水合物在高压低温下是稳定的。

冰和水合物结在管壁上，轻则增大动力消耗，重者使管道堵塞，影响正常生产。

3. 脱水的方法

工业上对裂解气进行深度干燥的方法很多，主要采用固体吸附方法。吸附剂有硅胶、活性氧化铝、分子筛等。目前广泛采用的效果较好的是分子筛吸附剂。

（三）脱炔

1. 炔烃的来源

在裂解反应中，由于烯烃进一步脱氢反应，使裂解气中含有一定量的乙炔，还有少量的丙炔、丙二烯。裂解气中炔烃的含量与裂解原料和裂解条件有关，对一定裂解原料而言，炔烃的含量随裂解深度的提高而增加。在相同裂解深度下，高温短停留时间的操作条件将生成更多的炔烃。

2. 炔烃的危害

少量乙炔、丙炔和丙二烯的存在严重地影响乙烯、丙烯的质量。乙炔的存在还将影响合成催化剂寿命，恶化乙烯聚合物性能，若积累过多还具有爆炸的危险。丙炔和丙二烯的存在，将影响丙烯聚合反应的顺利进行。

3. 脱除的方法

在裂解气分离过程中，裂解气中的乙炔将富集于碳二馏分，丙炔和丙二烯将富集于碳三馏分。乙炔的脱除方法主要有溶剂吸收法和催化加氢法，溶剂吸收法是采用特定的溶剂选择性地将裂解气中少量的乙炔或丙炔和丙二烯吸收到溶剂中，达到净化的目的，同时也相应地回收一定量的乙炔。催化加氢法是将裂解气中的乙炔加氢成为乙烯，两种方法各有优缺点。一般在不需要回收乙炔时，都采用催化加氢法脱除乙炔。丙炔和丙二烯的脱除方法主要是催化加氢法，此外一些装置也曾采用精馏法脱除丙烯产品中的炔烃。

1）催化加氢除炔的反应原理

选择性催化加氢法，是在催化剂存在下，炔烃加氢变成烯烃。它的优点是不会给裂解气和烯烃馏分带入任何新杂质，工艺操作简单，又能将有害的炔烃变成产品烯烃。

碳二馏分加氢可能发生如下反应：

主反应：

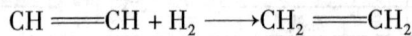

副反应：

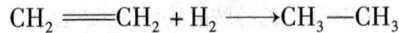

乙炔也可能聚合生成二聚、三聚等俗称绿油的物质。

碳三馏分加氢可能发生下列反应：

主反应：

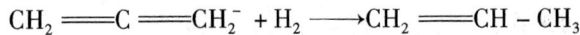

副反应：

$$C_4H_6 \longrightarrow 高聚物$$

生产中希望主反应发生，这样既脱除炔烃，又增加烯烃的收率，而不发生或少发生副反应，因为副反应虽除去了炔烃，乙烯或丙烯却受到损失，远不及主反应那样对生产有利。要实现这样的目的，最主要的是催化剂的选择，工业上脱炔用钯系催化剂为多，它是一种加氢选择性很强的催化剂，其加氢反应难易顺序为：丁二烯 > 乙炔 > 丙炔 > 丙烯 > 乙烯。

2）前加氢与后加氢

用催化加氢法脱除裂解气中的炔烃有前加氢和后加氢两种不同的工艺技术。在脱甲烷塔之前进行加氢脱炔称为前加氢，即氢气和甲烷尚没有分离之前进行加氢除炔，前加氢因氢气未分出就进行加氢，加氢用氢气是由裂解气中带入的，不需外加氢气。因此，前加氢又称为自给加氢；在脱甲烷塔之后进行加氢脱炔称为后加氢，即裂解气中所含氢气、甲烷等轻质馏分分出后，再对分离所得到的碳二馏分和碳三馏分分别进行加氢的过程，后加氢所需氢气由外部供给。

前加氢由于氢气自给，故流程简单，能量消耗低，但前加氢也有不足之处：

（1）加氢过程中，乙炔浓度很低，氢分压较高，因此，加氢选择性较差，乙烯损失量多；同时副反应的剧烈发生，不仅造成乙烯、丙烯加氢遭受损失，而且可能导致反应温度的失控，乃至出现催化剂床层温度飞速上升。

（2）当原料中乙炔、丙炔、丙二烯共存时，当乙炔脱除到合格指标时，丙炔、丙二烯却达不到要求的脱除指标。

（3）在顺序分离流程中，裂解气的所有组分均进入加氢除炔反应器，丁二烯未分出，导致丁二烯损失量较高，此外裂解气中较重组分的存在，对加氢催化剂性能有较大的影响，使催化剂寿命缩短。

后加氢是对裂解气分离得到的碳二馏分和碳三馏分，分别进行催化选择加氢，将碳二馏分中的乙炔，碳三馏分中的丙炔和丙二烯脱除，其优点有：

①因为是在脱甲烷塔之后进行，氢气已分出，加氢所用氢气按比例加入，加氢选择性高，乙烯几乎没有损失；

②加氢产品质量稳定，加氢原料中所含乙炔、丙炔和丙二烯的脱除均能达到指标要求；

③加氢原料气体中杂质少，催化剂使用周期长，产品纯度也高。

但后加氢属外加氢操作，通入的本装置所产氢气中常含有甲烷。为了保证乙烯的纯度，加氢后还需要将氢气带入的甲烷和剩余的氢脱除，因此，需设第二脱甲烷塔，导致流程复杂，设备费用高。前加氢与后加氢的技术比较见表1-10：

表1-10　前加氢与后加氢的技术比较

项　目	前　加　氢	后　加　氢
工艺流程	比较简单	比较复杂（多第二脱甲烷塔）
反应器体积	较大	较小
能量消耗	较少	较多
操作难易	操作较易	较难
催化剂用量	较多，但不需经常再生	较少，但需经常再生
乙烯损失量	较多	较少

前加氢与后加氢各有其优缺点，目前更多厂家采用后加氢方案，但前脱乙烷分离流程和前脱丙烷分离流程配上前加氢脱炔工艺技术，经济指标也较好。

3）后加氢工艺流程

目前工业中脱乙炔过程仍以采用后加氢为主，使用钯系催化剂。

进料中乙炔的含量高于0.7%，一般采用多段绝热床或等温反应器。图1-7所示为Lummus公司采用的双段绝热床加氢的工艺流程。脱乙烷塔顶回流罐中未冷凝C_2馏分经预热并配注氨之后进入第一段加氢反应器，反应后的气体经段间冷却后进入第二段加氢反应器。反应后的气体经冷却后送入绿油塔，在此用乙烯塔抽出的C_2馏分吸收绿油。脱除绿油后的C_2馏分经干燥后送入乙烯精馏塔。

两段绝热反应器设计时，通常使运转初期在第一段转化乙炔80%，其余20%在第二段转化。而在运转后期，随着第一段加氢反应器内催化剂的活性的降低，逐步过渡到第一段转化20%，第二段转化80%。

（四）裂解气的压缩和制冷

1. 裂解气的压缩

在深冷分离装置中用低温精馏方法分离裂解气时，温度最低的部位是在甲烷和氢气的分离，而且所需的温度随操作压力的降低而降低。例如，脱甲烷塔操作压力为3.0MPa时，为分离甲烷所需塔顶温度约-90～-100℃左右；当脱甲烷塔压力为0.5MPa时，为分离甲烷所需塔顶温度则需下降到-130～-140℃。而为获得一定纯度的氢气，则所需温度更低，不

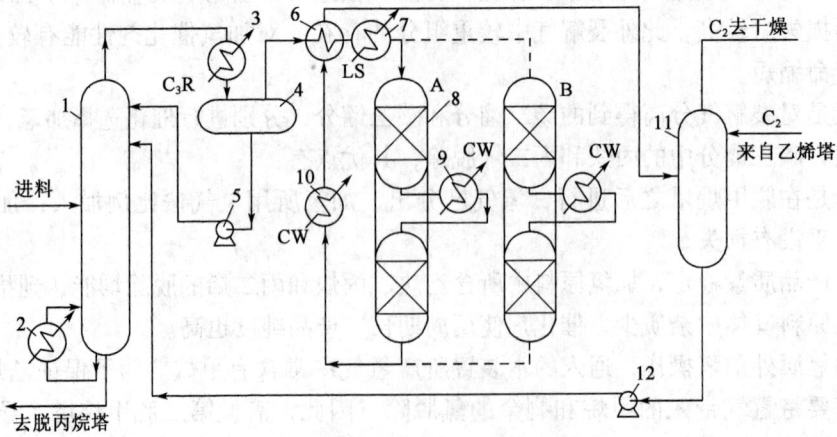

图 1-7 双段绝热床加氢工艺流程

1—脱乙烷塔；2—再沸器；3—冷凝器；4—回流罐；5—回流泵；6—换热器；7—加热器；
8—加氢反应器；9—段间冷却器；10—冷却器；11—绿油吸收塔；12—绿油泵

仅需要大量的冷量，而且要用很多耐低温钢材制造的设备，这无疑增大了投资和能耗，在经济上不够合理。所以生产中根据物质的冷凝温度随压力增加而升高的规律，可对裂解气加压，从而使各组分的冷凝点升高，即提高深冷分离的操作温度，这既有利于分离，又可节约冷冻量和低温材料。不同压力下某些组分的沸点见表1-11。从表中可以看出，乙烯在常压下沸点是 -104℃，即乙烯气体需冷却到 -104℃ 才能冷凝为液体，但当加压到 1.013MPa 时，只需冷却到 -55℃ 即可。

对裂解气压缩冷却，能除掉相当量的水分和重质烃，以减少后续干燥及低温分离的负担。提高裂解气压力还有利于裂解气的干燥过程，提高干燥过程的操作压力，可以提高干燥剂的吸湿量，减少干燥器直径和干燥剂用量，提高干燥度。所以裂解气的分离首先需要进行压缩。

表 1-11 不同压力下某些组分的沸点   ℃

组 分	0.1103MPa	1.013MPa	1.519MPa	2.026MPa	2.523MPa	3.039MPa
H_2	-263	-244	-239	-238	-237	-235
CH_4	-162	-129	-114	-107	-101	-95
C_2H_4	-104	-55	-39	-29	-20	-13
C_2H_6	-86	-33	-18	-7	3	11
C_3H_6	-47.7	9	29	37	44	47

裂解气经压缩后，不仅会使压力升高，而且气体温度也会升高，为避免压缩过程温升过大造成裂解气中双烯烃，尤其是丁二烯之类的二烯烃在较高的温度下发生大量的聚合，以至形成聚合物堵塞叶轮流道和密封件，裂解气压缩后的气体温度必须要限制，压缩机出口温度一般不能超过100℃，在生产上主要是通过裂解气的多段压缩和段间冷却相结合的方法来实现。

裂解气段间冷却通常采用水冷，相应各段入口温度一般为 38~40℃ 左右。采用多段压缩可以节省压缩做功的能量，效率也可提高，根据深冷分离法对裂解气的压力要求及裂解气压缩过程中的特点，目前工业上对裂解气大多采用三段至五段压缩。

同时，压缩机采用多段压缩可减少压缩比，也便于在压缩段之间进行净化与分离。例如，脱酸性气体、干燥和脱重组分可以安排在段间进行。

2. 制冷

深冷分离裂解气需要把温度降到 -100℃ 以下。为此，需要向裂解气提供低于环境温度的冷剂。获得冷量的过程称为制冷。深冷分离中常用的制冷方法有两种：冷冻循环制冷和节流膨胀制冷。

1）冷冻循环制冷

冷冻循环制冷的原理是利用制冷剂自液态汽化时，要从物料或中间物料吸收热量因而使物料温度降低的过程。所吸收的热量，在热值上等于它的汽化潜热。液体的汽化温度（即沸点）是随压力的变化而改变的，压力越低，相应的汽化温度也越低。

（1）氨蒸气压缩制冷。氨蒸气压缩制冷系统可由四个基本过程组成：

①蒸发。在低压下液氨的沸点很低，如压力为 0.12MPa 时沸点为 -30℃。液氨在此条件下，在蒸发器中蒸发变成氨蒸气，则必须从通入液氨蒸发器的被冷物料中吸取热量，产生制冷效果，使被冷物料冷却到接近 -30℃。

②压缩。蒸发器中所得的是低温、低压的氨蒸气。为了使其液化，首先通过氨压缩机压缩，使氨蒸气压力升高。

③冷凝。高压下的氨蒸气的冷凝点是比较高的。例如，把氨蒸气加压到 1.55MPa 时，其冷凝点是 40℃，此时，可由普通冷水作冷却剂，使氨蒸气在冷凝器中变为液氨。

④膨胀。若液氨在 1.55MPa 压力下汽化，由于沸点为 40℃，不能得到低温，为此，必须把高压下的液氨，通过节流阀降压到 0.12MPa，若在此压力下汽化，温度可降到 -30℃。节流膨胀后形成低压，低温的气液混合物进入蒸发器，在此液氨又重新开始下一次低温蒸发，形成一个闭合循环操作过程。

氨通过上述四个过程，构成了一个循环，称为冷冻循环。这一循环，必须由外界向循环系统输入压缩功才能进行，因此，这一循环过程是消耗了机械功，换得了冷量。

氨是上述冷冻循环中完成转移热量的一种介质，工业上称为制冷剂或冷冻剂，冷冻剂本身物理化学性质决定了制冷温度的范围。如液氨降压到 0.098MPa 时进行蒸发，其蒸发温度为 -33.4℃，如果降压到 0.011MPa，其蒸发温度为 -40℃，但是在负压下操作是不安全的。因此，用氨作制冷剂，不能获得 -100℃ 的低温。所以要获得 -100℃ 的低温，必须用沸点更低的气体作为制冷剂。

原则上，沸点低的物质都可以用作制冷剂，而实际选用时，则需选用可以降低制冷装置投资、运转效率高，来源容易、毒性小的制冷剂。对乙烯装置而言，乙烯和丙烯为本装置产品，已有储存设施，且乙烯和丙烯已具有良好的热力学特性，因而均选用乙烯和丙烯作为制冷剂。在装置开工初期尚无乙烯产品时，可用混合 C_2 馏分代替乙烯作为制冷剂，待生产出合格乙烯后再逐步置换为乙烯。

（2）丙烯制冷系统。在裂解气分离装置中，丙烯制冷系统为装置提供 -40℃ 以上温度级的冷量。其主要冷量用户为裂解气的预冷、乙烯制冷剂冷凝、乙烯精馏塔、脱乙烷塔、脱丙烷塔塔顶冷凝等。最大用户是乙烯精馏塔塔顶冷凝器，约占丙烯制冷系统总功率的 60%～70%；其次是乙烯制冷剂的冷凝和冷却占 17%～20%。在需要提供几个温度级冷量时，可采用多级节流多级压缩多级蒸发，以一个压缩机组同时提供几种不同温度级冷量，如丙烯冷剂从冷凝压力逐级节流到 0.9MPa、0.5MPa、0.26MPa、0.14MPa，并相应制取 16℃、

－5℃、－24℃、－40℃四个不同温度级的冷量。

（3）乙烯制冷系统。乙烯制冷系统用于提供裂解气低温分离装置所需 －40～－102℃各温度级的冷量。其主要冷量用户为裂解气在冷箱中的预冷以及脱甲烷塔塔顶冷凝。如对高压脱甲烷的顺序分离流程，乙烯制冷系统冷量的 30%～40% 用于脱甲烷塔塔顶冷凝，其余 60%～70% 用于裂解气脱甲烷塔进料的预冷。大多数乙烯制冷系统均采用三级节流的制冷循环，相应提供三个温度级的冷量，通常提供 －50℃、－70℃、－100℃左右三个温度级的冷量。

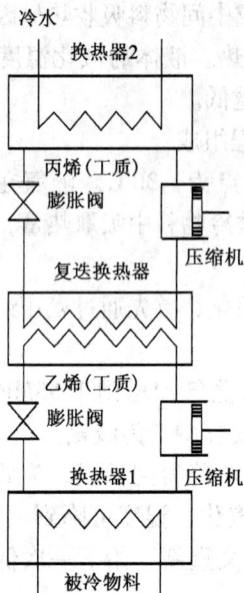

图 1-8　乙烯—丙烯复迭制冷

（4）乙烯—丙烯复迭制冷。用丙烯作制冷剂构成的冷冻循环制冷过程，把丙烯压缩到 1.864MPa 的条件下，丙烯的冷凝点为 45℃，很容易用冷水冷却使之液化，但是在维持压力不低于常压的条件下，其蒸发温度受丙烯沸点的限制，只能达到 －45℃左右的低温条件，即在正压操作下，用丙烯作制冷剂，不能获得 －100℃的低温条件。用乙烯作制冷剂构成冷冻循环制冷中，维持压力不低于常压的条件下，其蒸发温度可降到 －103℃左右，即乙烯作制冷剂可以获得 －100℃的低温条件，但是乙烯的临界温度为 9.9℃，临界压力为 5.15MPa，在此温度之上，不论压力多大，也不能使其液化，即乙烯冷凝温度必须低于其临界温度 9.9℃，所以不能用普通冷却水使之液化。为此，乙烯冷冻循环制冷中的冷凝器需要使用制冷剂冷却。工业生产中常采用丙烯作制冷剂来冷却乙烯，这样丙烯的冷冻循环和乙烯冷冻循环制冷组合在一起，构成乙烯—丙烯复迭制冷，如图 1-8 所示。

在乙烯—丙烯复迭制冷循环中，冷水在换热器 2 中向丙烯供冷，带走丙烯冷凝时放出的热量，丙烯被冷凝为液体，然后，经节流膨胀降温，在复迭换热器中汽化，此时向乙烯气供冷，带走乙烯冷凝时放出的热量，乙烯气变为液态乙烯，液态乙烯经膨胀阀降压到换热器 1 中汽化，向被冷物料供冷，可使被冷物料冷却到 －100℃左右。复迭换热器既是丙烯的蒸发器（向乙烯供冷），又是乙烯的冷凝器（向丙烯供热）。当然，在复迭换热器中一定要有温差存在，即丙烯的蒸发温度一定要比乙烯的冷凝温度低，才能组成复迭制冷循环。

用乙烯作制冷剂在正压下操作，不能获得 －103℃以下的制冷温度。生产中需要 －103℃以下的低温时，可采用沸点更低的制冷剂，如甲烷在常压下沸点是 －161.5℃，因而可制取 －160℃温度级的冷量。但是由于甲烷的临界温度 是 －82.5℃，若要构成冷冻循环制冷，需用乙烯作制冷剂为其冷凝器提供冷量，这样就构成了甲烷—乙烯—丙烯三元复迭制冷。在这个系统中，冷水向丙烯供冷，丙烯向乙烯供冷，乙烯向甲烷供冷，甲烷向低于 －100℃冷量用户供冷。

2）节流膨胀制冷

所谓节流膨胀制冷，就是气体由较高的压力通过一个节流阀迅速膨胀到较低的压力，由于过程进行得非常快，来不及与外界发生热交换，膨胀所需的热量，必须由自身供给，从而引起温度降低。

工业生产中脱甲烷分离流程中，利用脱甲烷塔顶尾气的自身节流膨胀可降温到获得

$-130 \sim -160℃$ 的低温。

3）热泵

常规的精馏塔都是从塔顶冷凝器取走热量，由塔釜再沸器供给热量，通常塔顶冷凝器取走的热量是塔釜再沸器加入热量的 90% 左右，能量利用很不合理。如果能将塔顶冷凝器取走的热量传递给塔釜再沸器，就可以大幅度地降低能耗。但同一塔的塔顶温度总是低于塔釜温度，根据热力学第二定律"热量不能自动地从低温流向高温"，所以需从外界输入功。这种通过做功将热量从低温热源传递给高温热源的供热系统称为热泵系统。该热泵系统是既向塔顶供冷又向塔釜供热的制冷循环系统。

常用的热泵系统有闭式热泵系统、开式 A 型热泵系统和开式 B 型热泵系统等几种，如图 1－9 所示。

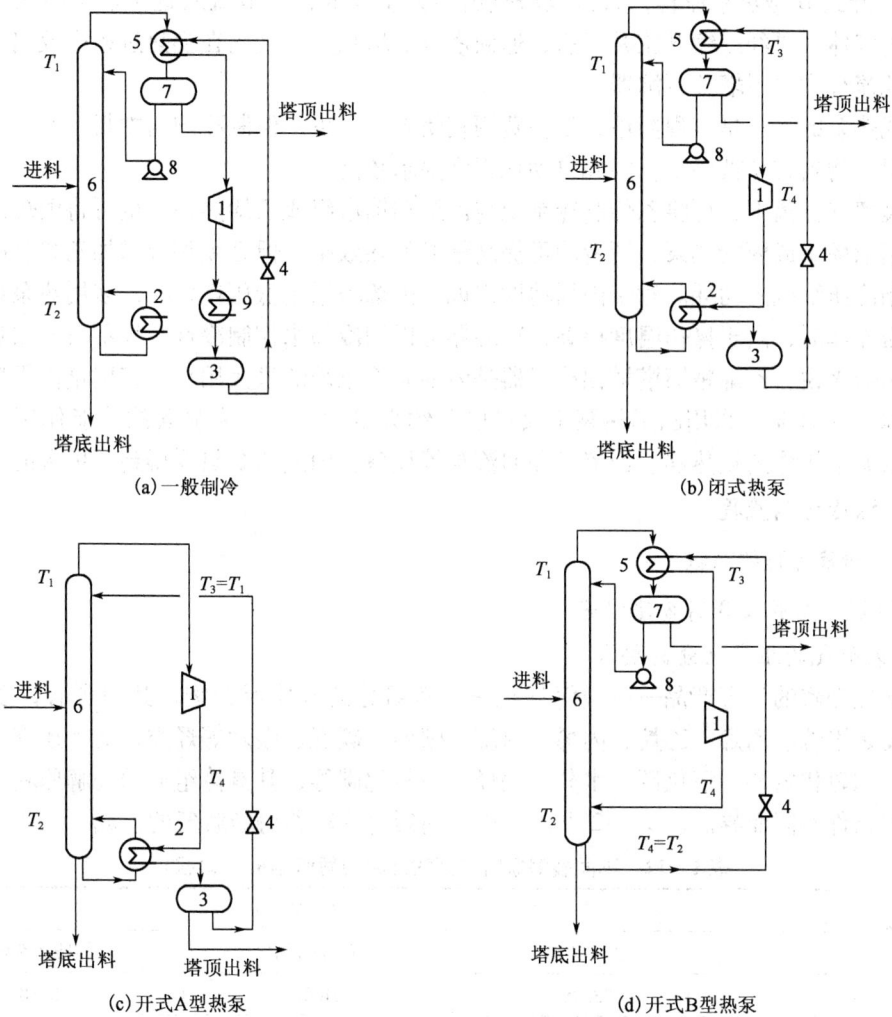

(a)一般制冷

(b)闭式热泵

(c)开式A型热泵

(d)开式B型热泵

图 1－9　热泵的三种形式与一般制冷的比较

1—压缩机；2—再沸器；3—制冷剂储罐；4—节流阀；5—塔顶冷凝器；6—精馏塔；7—回流罐；8—回流泵；9—冷剂冷凝器；T_1—塔顶温度；T_2—塔底温度；T_3—塔顶循环物料温度；T_4—塔底循环物料温度

（1）闭式热泵。塔内物料与制冷系统介质之间是封闭的，而用外界的工作介质为制冷剂。液态制冷剂在塔顶冷凝器 5 中蒸发，使塔顶物料冷凝，蒸发的制冷剂气体再进入压缩机 1 升高压力，然后在塔釜再沸器 2 中冷凝为液体，放出的热量传递给塔釜物料，液体制冷剂通过节流阀 4 降低压力后再去塔顶换热，完成一个循环，这样塔顶低温处的热量，通过制冷剂而传到塔釜高温处。在此流程中，制冷循环中的制冷剂冷凝器与塔釜再沸器合成一个设备，在此设备中，制冷剂冷凝放热，而釜液吸热蒸发。闭式热泵特点是操作简便、稳定，物料不会污染，出料质量容易保证，但流程复杂，设备费用较高。

（2）开式 A 型热泵流程，不用外来制冷剂，直接以塔顶蒸出低温烃蒸气作为制冷剂，经压缩提高压力和温度后，送去塔釜换热，放出热量而冷凝成液体。凝液部分出料，部分经节流降温后流入塔。此流程省去了塔顶换热器。

（3）开式 B 型热泵流程，直接以塔釜出料为制冷剂，经节流后送至塔顶换热，吸收热量蒸发为气体，再经压缩升压升温后，返回塔釜。塔顶烃蒸气则在换热过程中放出热量凝成液体。此流程省去了塔釜再沸器。

开式热泵的特点是流程简单，设备费用较闭式热泵少，但制冷剂与物料合并，在塔操作不稳定时，物料容易被污染，因此自动化程度要求较高。

在裂解气分离中，可将乙烯制冷系统与乙烯精馏塔组成乙烯热泵，也可将丙烯制冷系统与丙烯精馏塔组成丙烯热泵，两者均可提高精馏的热效率，但必须相应增加乙烯制冷压缩机或丙烯制冷压缩机的功耗。对于丙烯精馏来说，丙烯塔采用低压操作时，多用热泵系统。当采用高压操作时，由于操作温度提高，冷凝器可以用冷却水作制冷剂，故不需要用热泵。对于乙烯精馏来说，乙烯精馏塔塔顶冷凝器是丙烯制冷系统的最大用户，其用量占丙烯制冷总功率的 60% ~70%，采用乙烯热泵不仅可以节约大量的冷量，有显著的节能作用，而且可以省去低温下操作的换热器、回流罐和回流泵等设备，因此乙烯热泵得到了更多的利用。

五、深冷分离流程

（一）分离流程的组织

1. 裂解气组成及分离方法概述

1）裂解气的组成及分离要求

石油烃裂解的气态产品——裂解气是一个多组分的气体混合物，其中含有许多低级烃类，主要是甲烷、乙烯、乙烷、丙烯、丙烷、碳四、碳五、碳六等烃类，此外还有氢气和少量杂质，如硫化氢和二氧化碳、水分、炔烃、一氧化碳等，其具体组成随裂解原料、裂解方法和裂解条件不同而异。表 1-12 列出了用不同裂解原料所得裂解气的组成。

表 1-12 不同裂解原料得到的几种裂解气组成（体积）

组　分	原料来源		
	乙烷裂解	石脑油裂解	轻柴油裂解
H_2	33.98	14.09	13.18
$CO + CO_2 + H_2S$	0.19	0.32	0.27
CH_4	4.39	26.78	21.24
C_2H_2	0.19	0.41	0.37
C_2H_4	31.51	26.10	29.34
C_2H_6	24.35	5.78	7.58

组　　分	原　料　来　源		
	乙烷裂解	石脑油裂解	轻柴油裂解
C_3H_4	—	0.48	0.54
C_3H_6	0.76	10.30	11.42
C_3H_8	—	0.34	0.36
C_4	0.18	4.85	5.21
C_5	0.09	1.04	0.51
$\geqslant C_6$	—	4.53	4.58
H_2O	4.36	4.98	5.40

　　要得到高纯度的单一的烃，如重要的基本有机原料乙烯、丙烯等，就需要将它们与其他烃类和杂质等分离开来，并根据工业上的需要，使之达到一定的纯度，这一操作过程，称为裂解气的分离。裂解、分离、合成是有机化工生产中的三大加工过程。分离是裂解气提纯的必然过程，为有机合成提供原料，所以起到举足轻重的作用。

　　各种有机产品的合成，对于原料纯度的要求是不同的。有的产品对原料纯度要求不高，例如用乙烯与苯烷基化生产乙苯时，对乙烯纯度要求不太高。对于聚合用的乙烯和丙烯的质量要求则很严，生产聚乙烯、聚丙烯要求乙烯、丙烯纯度在99.9%以上，其中有机杂质不允许超过5～10mg/kg。这就要求对裂解气进行精细的分离和提纯，分离的程度可根据后续产品合成的要求来确定。

　　2）裂解气分离方法简介

　　裂解气的分离和提纯工艺，是以精馏分离的方法完成的。精馏方法要求将组分冷凝为液态。甲烷和氢气不容易液化，碳二以上的馏分相对地比较容易液化。因此，裂解气在除去甲烷、氢气以后，其他组分的分离就比较容易。因此分离过程的主要矛盾是如何将裂解气中的甲烷和氢气先行分离。解决这对矛盾有不同的措施，构成了不同的分离方法。

　　工业生产上采用的裂解气分离方法，主要有深冷分离和油吸收精馏分离两种。

　　油吸收法是利用裂解气中各组分在某种吸收剂中的溶解度不同，用吸收剂吸收除甲烷和氢气以外的其他组分，然后用精馏的方法，把各组分从吸收剂中逐一分离。此方法流程简单，动力设备少，投资少，但技术经济指标和产品纯度差，现已被淘汰。

　　工业上一般把冷冻温度高于－50℃称为浅度冷冻（简称浅冷），而在－50～－100℃之间称为中度冷冻；把等于或低于－100℃称为深度冷冻（简称深冷）。

　　深冷分离是在－100℃左右的低温下，将裂解气中除了氢和甲烷以外的其他烃类全部冷凝下来，然后利用裂解气中各种烃类的相对挥发度不同，在合适的温度和压力下，以精馏的方法将各组分分离开来，达到分离的目的。因为这种分离方法采用了－100℃以下的冷冻系统，故称为深度冷冻分离，简称深冷分离。

　　深冷分离法是目前工业生产中广泛采用的分离方法。它的经济技术指标先进，产品纯度高，分离效果好，但投资较大，流程复杂，动力设备较多，需要大量的耐低温合金钢。因此，适用于加工精度高的大工业生产。

　　2. 分离流程组织

　　经预分馏系统处理后的裂解气是含氢和各种烃的混合物，可利用各组分沸点的不同，在加压低温条件下经多次精馏分离，并在精馏分离的过程中采用吸收、吸附或化学反应的方法脱除裂解气中残余的水分、酸性气（CO_2、H_2S）、一氧化碳、炔烃等杂质，得到合格的分离产品。

裂解气分离装置由三部分组成：

（1）压缩和制冷系统。该系统的任务是加压、降温，以保证分离过程顺利进行。

（2）净化系统。为了排除对后继操作的干扰，提高产品的纯度，通常设置有脱酸性气体、脱水、脱炔和脱一氧化碳等操作过程。

（3）精馏分离系统。这是深冷分离的核心，其任务是将各组分进行分离并将乙烯、丙烯产品精制提纯。它由一系列塔器构成，如脱甲烷塔、乙烯精馏塔和丙烯精馏塔等。

由不同精馏分离方案和净化方案可以组成不同的裂解气分离流程，见表1-13。

表1-13 裂解气分离流程组织方案

精馏分离方案	净化方案	分离流程组织方案
顺序分离流程：先脱甲烷再脱乙烷最后脱丙烷	（1）前加氢：脱乙炔塔在脱甲烷塔前；（2）后加氢：脱乙炔塔在脱甲烷塔后	（1）顺序分离流程（后加氢）；（2）前脱乙烷前加氢流程；（3）前脱乙烷后加氢流程；（4）前脱丙烷前加氢流程；（5）前脱丙烷后加氢流程
前脱乙烷流程：先脱乙烷再脱甲烷最后脱丙烷		
前脱丙烷流程：先脱丙烷再脱甲烷最后脱乙烷		

不同分离工艺流程的主要差别在于精馏分离烃类的顺序和脱炔烃的安排，共同点是先分离不同碳原子数的烃，再分离同碳原子数的烷烃和烯烃。

3. 深冷分离流程

裂解气经压缩和制冷、净化过程为深冷分离创造了条件——高压、低温、净化。深冷分离的任务就是根据裂解气中各低碳烃相对挥发度的不同，用精馏的方法逐一进行分离，最后获得纯度符合要求的乙烯和丙烯产品。

深冷分离工艺流程比较复杂，设备较多，能量消耗大，并耗用大量钢材，故在组织流程时需全面考虑，因为这直接关系到建设投资、能量消耗、操作费用、运转周期、产品的产量和质量、生产安全等多方面的问题。裂解气深冷分离工艺流程，包括裂解气深冷分离中的每一个操作单元。每个单元所处的位置不同，可以构成不同的流程。目前具有代表性的三种分离流程是：顺序分离流程、前脱乙烷分离流程和前脱丙烷分离流程。

1）顺序分离流程

顺序分离流程是按裂解气中各组分碳原子数由小到大的顺序进行分离，即先分离出甲烷、氢，其次是脱乙烷及乙烯的精馏，接着是脱丙烷和丙烯的精馏，最后是脱丁烷，塔底得碳五馏分。

顺序深冷分离流程如图1-10所示。裂解气经过压缩机Ⅰ、Ⅱ、Ⅲ段压缩，压力达到1.0MPa，送入碱洗塔2，脱除酸性气体。碱洗后的裂解气再经压缩机的Ⅳ、Ⅴ段压缩，压力达到3.7MPa，送入干燥器4用分子筛脱水。干燥后的裂解气进入冷箱5逐级冷凝，分出的凝液分为四股按其温度高低分别进入脱甲烷塔6的不同塔板，分出的富氢经过甲烷化脱除CO及干燥器脱水后，作为碳二馏分和碳三馏分加氢脱炔用氢气。在脱甲烷塔顶脱除甲烷馏分，塔釜是C_2以上馏分，送入第一脱乙烷塔7。在脱乙烷塔顶分出的C_2馏分，经加氢反应器10脱除乙炔和经干燥器脱水后送入第二脱甲烷塔8，在塔顶脱除加氢时带入的甲烷、氢，循环回压缩机；塔釜主要是乙烷和乙烯，送入乙烯精馏塔9，通过精馏操作塔顶得乙烯产品，塔釜的乙烷循环回裂解炉；脱乙烷塔釜的 C_3 以上馏分，进入脱丙烷塔 11，塔顶分出 C_3 馏分经加氢反应器 10 脱除丙炔、丙二烯和经干燥器脱水后送入第二脱乙烷塔 12，在塔顶脱除加氢时带入的 C_2 以下馏分，循环回压缩机；塔釜主要是丙烷和丙烯，送入丙烯精馏塔 13，通过精馏操作塔顶得丙烯产品，塔釜的丙烷循环回裂解炉；脱丙烷塔釜的 C_4 以上馏分进入脱丁烷塔 14，塔顶分出 C_4 馏分，塔底得 C_5 馏分。

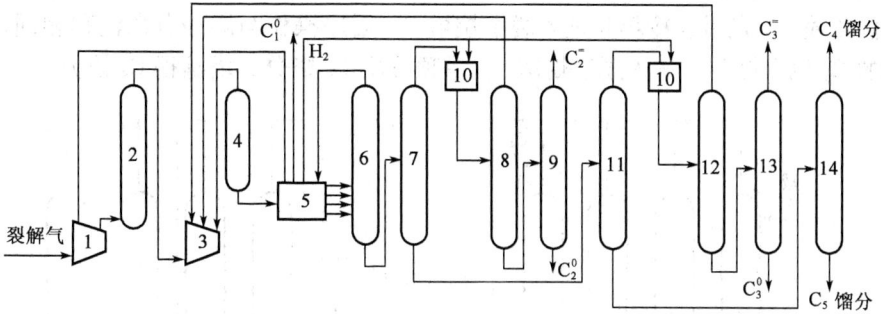

图 1-10 顺序深冷分离工艺流程图

1—压缩 I、II、III 段；2—碱洗塔；3—压缩IV、V 段；4—干燥器；5—冷箱；6—脱甲烷塔；
7—第一脱乙烷塔；8—第二脱甲烷塔；9—乙烯塔；10—加氢反应器；11—脱丙烷塔；
12—第二脱乙烷塔；13—丙烯塔；14—脱丁烷塔

2）前脱乙烷分离流程

前脱乙烷分离流程是以脱乙烷塔为界限，将物料分成两部分：一部分是轻组分，即甲烷、氢、乙烷和乙烯等组分；另一部分是重组分，即丙烯、丙烷、丁烯、丁烷以及碳五以上的烃类。然后再将这两部分各自进行分离，分别获得所需的烃类。

前脱乙烷分离流程如图 1-11 所示。该流程的压缩、碱洗及干燥等部分与顺序分离流程相同。不同的是干燥后的裂解气首先进入脱乙烷塔 5，塔顶分出 C_2 以下馏分，即甲烷、氢、C_2 馏分，然后送入（前）加氢反应器 6 脱除乙炔，脱除乙炔后的裂解气进入脱甲烷塔 7（顶部设置有冷箱 8，冷箱作用与顺序分离流程相同），塔顶分出甲烷、氢，塔釜的乙烷和乙烯送入乙烯精馏塔 9，经精馏塔顶得到乙烯产品；脱乙烷塔釜的 C_3 以上馏分，送入脱丙烷塔 11，后续流程与顺序分离流程相同。

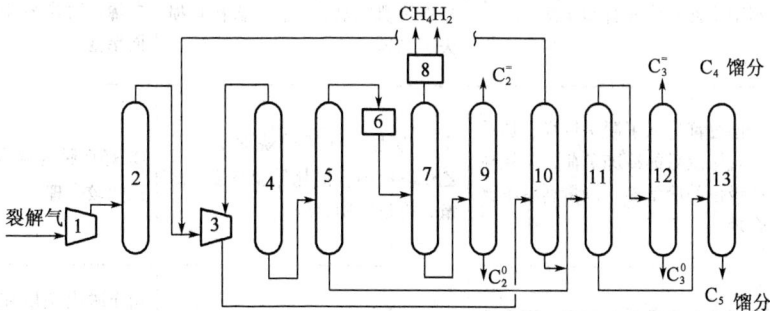

图 1-11 前脱乙烷深冷分离工艺流程图

1—I～III 段压缩；2—碱洗塔；3—IV、V 段压缩；4—干燥器；5—脱乙烷塔；6—加氢反应器；
7—脱甲烷塔；8—冷箱；9—乙烯塔；10—甲烷化；11—脱丙烷塔；12—丙烯塔；13—脱丁烷塔

3）前脱丙烷分离流程

前脱丙烷分离流程是以脱丙烷塔为界限，将物料分为两部分：一部分为丙烷及比丙烷更轻的组分；另一部分为碳四及比碳四更重的组分。然后再将这两部分各自进行分离，获得所需产品。

前脱丙烷分离流程如图 1-12 所示。裂解气经 Ⅰ 、 Ⅱ 、 Ⅲ 段压缩 1 后，经碱洗塔 2 和干燥器 3 首先进入脱丙烷塔 4，塔顶分出 C_3 以下馏分，即甲烷、氢、C_2 馏分和 C_3 馏分，再进入Ⅳ、Ⅴ段压缩 6，之后经冷箱 8 进入脱甲烷塔 9，后序操作与顺序分离流程相同；脱丙烷塔釜得到的 C_4 以上馏分，送入脱丁烷塔 5，塔顶分出 C_4 馏分，塔釜得 C_5 馏分。

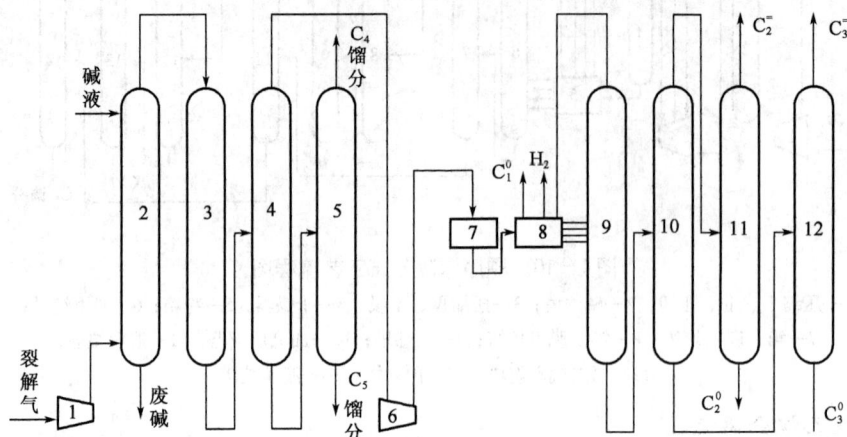

图 1-12 前脱丙烷深冷分离工艺流程图

1—Ⅰ~Ⅲ段压缩；2—碱洗塔；3—干燥器；4—脱丙烷塔；5—脱丁烷塔；6—Ⅳ~Ⅴ段压缩；
7—加氢除炔反应器；8—冷箱；9—脱甲烷塔；10—脱乙烷塔；11—乙烯塔；12—丙烯塔

4）三种流程的比较

三种工艺流程的比较见表 1-14。

表 1-14 三种工艺流程的比较

比较项目	顺序分离流程	前脱乙烷分离流程	前脱丙烷分离流程
操作问题	脱甲烷塔在最前，釜温低，再沸器中不易发生聚合而堵塞	脱乙烷塔在最前，压力高，釜温高，如 C_4 以上烃含量多，二烯烃在再沸器聚合，影响操作且损失丁二烯	脱丙烷塔在最前，且放置在压缩机段间，低压时就除去了丁二烯，再沸器中不易发生聚合而堵塞
冷量消耗	全馏分都进入了脱甲烷塔，加重了脱甲烷塔的冷冻负荷，消耗高能级位的冷量多，冷量利用不够合理	C_3、C_4 烃不在脱甲烷而是在脱乙烷塔冷凝，消耗低能级位的冷量，冷量利用合理	C_4 烃在脱丙烷塔冷凝，冷量利用比较合理
分子筛干燥负荷	分子筛干燥是放在流程中压力较高、温度较低的位置，对吸附有利，容易保证裂解气的露点，负荷小	与顺序分离流程相同	由于脱丙烷塔在压缩机三段出口，分子筛干燥只能放在压力较低的位置，对吸附不利，且三段出口 C_3 以上重质烃不能较多冷凝下来，负荷大

比较项目	顺序分离流程	前脱乙烷分离流程	前脱丙烷分离流程
加氢脱炔方案	多采用后加氢	可用后加氢，但最有利于采用前加氢	可用后加氢，但前加氢经济效果更好
塔径大小	脱甲烷塔负荷大，塔径大，且耐低温钢材耗用多	脱甲烷塔负荷小，塔径小，而脱乙烷塔塔径大	脱丙烷塔负荷大，塔径大，脱甲烷塔塔径介于前两种流程之间
对原料的适应性	对原料适应性强，无论裂解气轻、重，均可	最适合 C_3、C_4 烃含量较多而丁二烯含量少的气体	可处理较重的裂解气，对含 C_4 烃较多的裂解气，本流程更能体现其优点

4. 分离流程的主要评价指标

（1）乙烯回收率。现代乙烯工厂的分离装置，乙烯回收率高低对于工厂的经济性有很大影响，它是评价分离装置是否先进的一项重要技术经济指标。影响乙烯回收率高低的关键是冷箱尾气中乙烯的损失（占乙烯总量的 2.25%）和乙烯塔釜液 C_2 馏分中带出的损失（占乙烯总量的 0.40%）。

（2）能量的综合利用水平。它决定了单位产品（乙烯、丙烯等）所需的能耗，主要能耗设备的分析表明，冷量主要消耗在甲烷塔（52%）和乙烯塔（36%）。

由上述可知，脱甲烷塔和乙烯塔既是保证乙烯回收率和乙烯产品质量（纯度）的关键设备，又是冷量主要消耗所在。因此，对脱甲烷塔和乙烯塔作为重点讨论。

（二）脱甲烷塔

脱甲烷塔的中心任务是将裂解气中甲烷和氢气与乙烯及比乙烯更重的组分进行分离，分离过程是利用低温，使裂解气中除甲烷和氢气外的各组分全部液化，然后将不凝气体甲烷和氢气分出。分离的轻关键组分是甲烷，重关键组分为乙烯。对于脱甲烷塔，希望塔釜中甲烷的含量应该尽可能低，以利于提高乙烯的纯度。塔顶尾气中乙烯的含量应尽可能少，以利于提高乙烯的回收率，所以脱甲烷塔对保证乙烯的回收率和纯度起着决定性的作用。同时脱甲烷塔是分离过程中温度最低的塔，能量消耗也最多，所以脱甲烷塔是精馏过程中关键塔之一。对整个深冷分离系统来说，设计上的考虑、工艺上的安排、设备和材料的选择，都是围绕脱甲烷塔进行的。影响脱甲烷的操作条件有进料中 CH_4/H_2 分子比、温度和压力。

1. 进料中 CH_4/H_2 分子比

CH_4/H_2 分子比大，尾气中乙烯含量低，即提高乙烯的回收率。这是由于裂解气中所含的氢气和甲烷都进入了脱甲烷塔塔顶，在塔顶为了满足分离要求，要有一部分甲烷的液体回流。但如有大量氢气存在，降低了甲烷的分压，甲烷气体的冷凝温度会降低，即不容易冷凝，会减少甲烷的回流量。所以在满足塔顶露点的要求条件下，在同一温度和压力水平下，分子比越大，乙烯损失率越小。

2. 温度和压力

图 1-13 所示反映了脱甲烷塔操作温度和操作压力关系。降低温度和提高压力都有利于提高乙烯的回收率，但温度的降低，压力的提高都受到一定条件的制约，温度的降低受温度级位的限制，压力升高主要影响分离组分的相对挥发度。所以工业中有高压法、中压法和低

压法三种不同的压力操作方法。

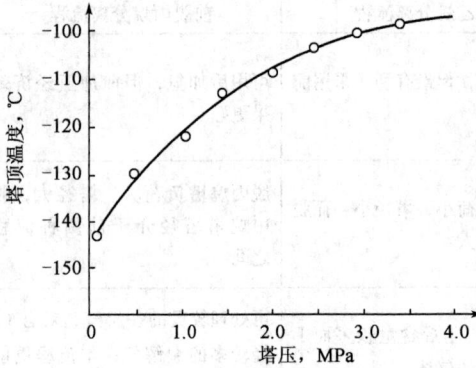

图 1-13　脱甲烷塔操作温度和操作压力

（1）低压法。操作条件为压力 0.6～0.7MPa，顶温 -140℃左右，釜温 -50℃左右。由于压力低，相对挥发度较大，所以分离效果好；又由于温度低，所以乙烯回收率高。虽然需要低温级冷剂，但因易分离，回流比较小，折算到每吨乙烯的能量消耗，低压法仅为高压法的 70% 多一些。低压法也有不利之处，如需要耐低温钢材、多一套甲烷制冷系统、流程比较复杂，同时低压法并不适合所有的裂解气分离，只适用于裂解气中的 CH_4/C_2H_4 比值较大的情况，但该法是脱甲烷技术发展方向。

（2）中压法。压力为 1.05～1.25 MPa，脱甲烷塔顶温度为 -113℃。采用低压脱甲烷，为了满足脱甲烷塔顶温度的要求，低压脱甲烷工艺增加了独立的闭环甲烷制冷系统，因此低压脱甲烷只适用于以石脑油和轻柴油等重质原料裂解的气体分离，以保证有足够的甲烷进入系统，以提供一定量的回流。而对乙烷、丙烷等轻质原料进行裂解，则由于裂解气中甲烷量太少，不适宜采用低压脱甲烷工艺。为此 TPL 公司采用了中压脱甲烷的工艺流程。

（3）高压法。压力为 3.1～4.1MPa，高压法的脱甲烷塔顶温度为 -96℃左右，不必采用甲烷制冷系统，只需用液态乙烯冷剂即可。由于脱甲烷塔顶尾气压力高，可借助高压尾气的自身节流膨胀获得额外的降温，比甲烷冷冻系统简单。此外，提高压力可缩小精馏塔的容积，所以从投资和材质要求看，高压法是有利的，但分离效果不如低压法。

3. 前冷和后冷

在生产中，脱甲烷塔系统为了防止低温设备散冷，减少其与环境接触的表面积，常把节流膨胀阀、高效板式换热器、气液分离器等低温设备，封闭在一个用绝热材料做成的箱子中，此箱称之为冷箱。冷箱可用于气体和气体、气体和液体、液体和液体之间的热交换，在同一个冷箱中允许多种物质同时换热，冷量利用合理，从而省掉了一个庞大的列管式换热系统，起到了节能的作用。

按冷箱在流程中所处的位置，可分为前冷（又称前脱氢）和后冷（又称后脱氢）两种。冷箱在脱甲烷塔之前的称为前冷流程，前冷是将塔顶馏分的冷量将裂解气预冷，通过分凝将裂解气中大部分氢和部分甲烷分离，这样使 H_2/CH_4 比下降，提高了乙烯回收率，同时减少了甲烷塔的进料量，节约能耗。该过程也称为前脱氢工艺。冷箱在脱甲烷塔之后的称为后冷流程，后冷仅将塔顶的甲烷氢馏分冷凝分离而获富甲烷馏分和富氢馏分。此时裂解气是经脱甲烷塔精馏后才脱氢，故也称为后脱氢工艺。前冷流程适用于规模较大、自动化程度较高、原料较稳定、需要获得纯度较高的副产氢的场合。

（三）乙烯塔和丙烯塔

1. 乙烯塔

碳二馏分经加氢脱炔后，主要含有乙烷和乙烯。乙烯和乙烷馏分在乙烯塔中进行精馏，塔顶得到聚合级乙烯，塔釜液为乙烷，乙烷可返回裂解炉进行裂解。乙烯精馏塔是出成品的塔，它消耗冷量较大，为总制冷量的 38%～44%，仅次于脱甲烷塔。因此，它的操作好坏，直接影响着产品的纯度、收率和成本，所以乙烯精馏塔也是深冷分离中的一个关键塔，如图 1-14 所示。

1）乙烯精馏的方法

压力对乙烯和乙烷的相对挥发度有较大的影响，压力增大，相对挥发度降低，使塔板数增多或回流比加大，对乙烯和乙烷的分离不利。当压力一定时，塔顶温度就决定了出料组成，如操作温度升高，塔顶重组分含量就会增加，产品纯度就下降；如果温度太低，则浪费冷量，同时，塔釜温度控制低了，塔釜轻组分含量升高，乙烯收率下降；如釜温太高，会引起重组分结焦，对操作不利。

生产中有低压乙烯精馏工艺流程和高压乙烯精馏工艺流程。

低压乙烯精馏塔的操作压力一般为 0.5 ~ 0.8MPa，此时塔顶冷凝温度为 -50 ~ -60℃ 左右，塔顶冷凝器需要乙烯作为制冷剂。生产中常采用开式热泵。

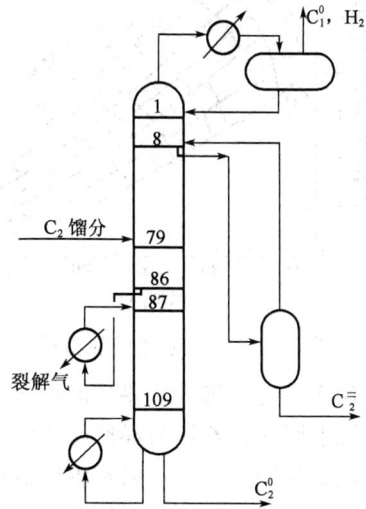

图 1-14　乙烯塔示意图

高压乙烯精馏塔的操作压力一般为 1.9 ~ 2.3MPa，相应塔顶温度为 -23 ~ -35℃ 左右，塔顶冷凝器使用丙烯冷剂即可。

2）乙烯塔的操作条件

表 1-15 是乙烯塔的操作条件。从表中可见低压法，塔的温度低；高压法，塔的温度较高。

表 1-15　乙烯塔的操作条件

厂别	塔压，MPa	塔顶温度，℃	塔底温度，℃	回流比	乙烯纯度，%	实际塔板数		
						精馏段	提馏段	总板数
X	2.1 ~ 2.2	-27.5	10 ~ 20	7.4	≥98	41	50	91
H	2.2 ~ 2.4	-18 ± 2	0 ± 5	9	≥95	41	32	73
G	0.6	-70	-43	5.13	≥99.5	—	—	70
L	0.57	-69	-49	2.01	≥99.9	41	29	70
C	2.0	-32	-8	3.73	>99.9	—	—	119

乙烯塔进料中乙烷和乙烯占 99.5% 以上，所以乙烯塔可看作是二元精馏系统。根据相律，乙烯和乙烷二元气液系统的自由度为 2。塔顶乙烯纯度是根据产品质量要求来规定的。所以温度与压力两个因素只能规定一个，例如，规定了塔压，相应温度也就定了。压力、温度以及乙烯相对浓度与相对挥发度的关系如图 1-15 所示。

从图 1-15 可以看出，随着操作压力的增加，乙烯和乙烷的相对挥发度将减小；随着操作温度的增加，乙烯和乙烷的相对挥发度也减小。

操作压力对相对挥发度有较大的影响，一般可以采取降低操作压力的办法来增大相对挥发度，从而使精馏塔的塔板数和回流比降低，如图 1-16 所示。操作压力降低以后，精馏塔的操作温度也降低，因而需要制冷剂的温度级位低，对精馏塔的材质有比较高的要求，从这些方面来看，操作压力低是不利的，还是高一些为好。

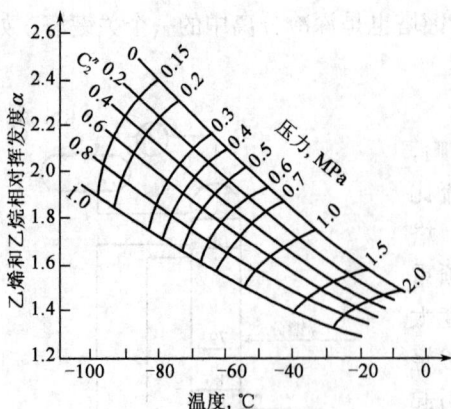

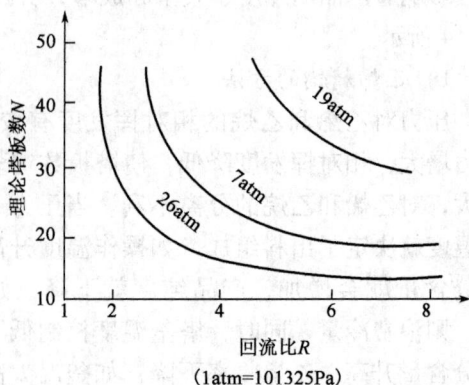

图 1-15 乙烯和乙烷的相对挥发度 图 1-16 压力对回流比和理论塔板数的影响

操作压力的选择还要考虑乙烯的输送压力。此外,压力的确定还要与整个流程相适应。

综上所述,乙烯塔操作压力的确定可由下列因素来决定:制冷的能量消耗、设备投资、产品乙烯的输送压力,以及脱甲烷塔的操作压力等。

此外,乙烯塔沿塔板的温度和组成分布不是成线性关系,图 1-17 所示是乙烯塔温度分布的实际生产数据。加料板为第 29 块塔板。由图可见精馏段靠近塔顶的各板的温度变化较小。在提馏段温度变化很大,即乙烯在提馏段中沿塔板向下,乙烯的浓度下降很快,而在精馏段沿塔板向上温度下降很少,即乙烯浓度增大较慢。因此,乙烯塔与脱甲烷塔不同,乙烯塔精馏段塔板数较多,回流比大。

3) 乙烯精馏塔的节能

对于顶温低于环境温度,而且顶底温差较大的精馏塔,如在精馏段设置中间冷凝器,可用温度比塔顶回流冷凝器稍高的较廉价的冷剂作为冷源,以代替一部分塔顶原来用的低温级冷剂提供的冷量,可节省能量消耗。

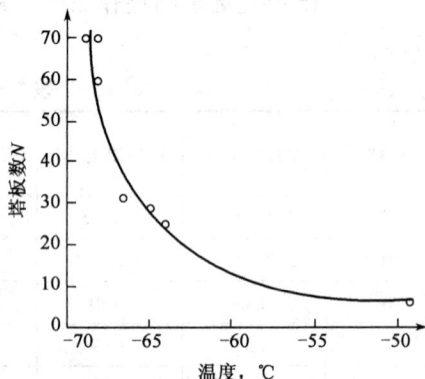

图 1-17 乙烯塔温度分布

在提馏段设置中间再沸器,可用温度比塔釜再沸器稍低的较廉价的热剂作热源,同样也可节约能量消耗。

乙烯精馏塔与脱甲烷塔相比,前者精馏段的塔板数较多,回流比大。大回流比对精馏段操作有利,可提高乙烯产品的纯度,对提馏段则不起作用。为了回收冷量在提馏段采用中间再沸器装置,这是对乙烯塔的一个改进。

在后加氢工艺中乙烯精馏塔的进料还含有少量甲烷,它会带入塔顶馏分乙烯中,影响产品的纯度。因此,在乙烯精馏塔之前可设置第二脱甲烷塔,将甲烷脱去后再做乙烯精馏塔的进料。但目前工业上多不设第二脱甲烷塔,而采用侧线出料法,即在乙烯塔顶附近的几块塔板(7~8 块),侧线引出高纯度乙烯,而塔顶引出含少量甲烷的粗乙烯回压缩系统,这是对乙烯精馏塔的第二个改进。这一改进就相当于一塔起到二塔的作用。由于拔顶段(侧线出料口至塔顶)采用了乙烯的大量回流,因而这对脱甲烷作用要比设置第二脱甲烷塔还有利,既简化了流程,又节省了能量。由于将两个塔的负荷集中于一个塔进行,所以对塔的自动化控制程度要求较高。另外,因为塔顶气相引入冷凝器的不是纯乙烯,故此时乙烯塔就不能采用热泵精馏。

4）脱甲烷塔和乙烯塔比较

脱甲烷塔和乙烯塔由于两塔的关键组分不同，所以有很多不同，见表1-16。

表1-16　脱甲烷塔和乙烯塔的对比

塔　型	对乙烯产量的作用	关键组分		关键组分相对挥发度	回流比	塔板数	精馏段与提馏段之比
		轻	重				
脱甲烷塔	控制乙烯损失率	CH_4	C_2H_4	较大	较小	较少	较小
乙烯精馏塔	决定乙烯纯度	C_2H_4	C_2H_6	较小	较大	较多	较大

2. 丙烯塔

丙烯精馏塔就是分离丙烯和丙烷的塔，塔顶得到丙烯，塔底得到丙烷。由于丙烯和丙烷的相对挥发度很小，彼此不易分离，要达到分离目的，就得增加塔板数、加大回流比，所以，丙烯塔是分离系统中塔板数最多，回流比最大的一个塔，也是运转费和投资费较多的一个塔。丙烯塔是石油气分离中一个超精馏的典型例子。

目前，丙烯精馏塔操作有高压法和低压法两种。压力在1.7MPa以上的称为高压法，高压法的塔顶蒸汽冷凝温度高于环境温度，因此，可以用工业水进行冷凝，产生凝液回流。塔釜用急冷水（目前较多的是利用水洗塔出来的约85℃以上温度的急冷水作加热介质）或低压蒸汽进行加热，其设备简单，易于操作。缺点是回流比大，塔板数多。压力在1.2MPa以下的称为低压法，低压法的操作压力低，有利于提高物料的相对挥发度，从而塔板数和回流比就可减少。由于此时塔顶温度低于环境温度，故塔顶蒸汽不能用工业水来冷凝，必须采用制冷剂才能达到凝液回流的目的。工业上往往采用热泵系统。

由于操作压力不同，塔的操作条件和动力的相对消耗也有较大的差异。低压法（热泵流程）多消耗丙烯压缩动力，而少消耗水和蒸汽；高压法则少消耗丙烯压缩动力，而多消耗冷却水。由于丙烯塔的操作压力不同，精馏塔的操作条件也有比较大的出入。丙烯塔的操作条件见表1-17，表中L厂是低压法，B厂是高压法。

表1-17　丙烯塔的操作条件

厂别	塔径，mm	实际塔板数			塔压MPa	温度，℃		回流比
		精馏段	提馏段	合计		塔顶	塔釜	
L	1000	62	38	100	1.15	23	25	15
B	4500	93	72	165	1.75	41	50	14.5

丙烯塔可由一个塔身或两个塔身串联而成。当两个塔身串联时中间需要一个接力泵进行连接。

（四）裂解气分离操作中的异常现象

在裂解气分离实际操作中，常常遇到许多异常现象，将其归纳总结见表1-18。

表1-18　裂解气分离操作中的异常现象

序号	生产工序	不正常现象	产生原因
1	碱洗法脱硫	(1) 碱洗塔 H_2S 分析不合格； (2) 碱洗塔 CO_2 分析不合格	(1) 碱洗液浓度过低，碱洗液循环量过少，泵停车； (2) 碱洗液浓度过高

序号	生产工序	不正常现象	产生原因
2	脱水	干燥后水含量不合格	干燥剂再生不好,使用周期过长,物料含水量过高,干燥剂结炭,装填量不够或干燥剂质量不合格
3	脱炔及一氧化碳	(1) 加氢反应器反应温度过高; (2) 加氢反应器温差低; (3) 甲烷化反应器反应温度过低	(1) 氢气加入量过高,进口温度过高,催化剂活性太高而选择性太差,导致乙烯浓度加大; (2) 氢气与甲烷之比过小,催化剂中毒; (3) 预热温度不高,氢气流量过高或过低
4	制冷	(1) 制冷机喘振; (2) 冷剂回后温度高	(1) 流量低于波动点,吸入的物料温度过高,制冷剂中含不凝气过高; (2) 制冷剂蒸发压力高,冷剂量少,冷剂中重组分含量高
5	深冷分离	(1) 塔液泛; (2) 冻塔	(1) 加热太激烈,釜温过高,负荷过大; (2) 物料干燥不好,水分积累太多

任务2 裂解反应实验装置操作与控制

一、用途及特点

实验室管式炉裂解装置是测定石油烃类裂解反应和其他有机物裂解反应过程的有效手段,能根据实验结果找出最适宜的操作条件,给工业操作提供可靠的参考数据,同时为放大提供必要的参数。该装置为一空管,内部插入热电偶套管,能测定床内任意位置的温度,结构简单,流程紧凑,能更换不同管径反应器,反应操作灵活,性能可靠。此外,还可根据需要装填固体催化剂进行气固相催化反应,是教学、科研、工业设计必备的设备之一。

装置可根据用户的使用要求进行组合,如:原料为气体、液体、气液混合物,进料方式可以从反应管上部进入(普通流程),也可从反应管下部进入(特殊流程),不同进料方式在冷凝器的安装位置上也不同,使用中可方便地改变各接口位置,以达到所需要的操作方式。

本装置内部可装填固体催化剂做气固相催化反应使用。带计算机数据采集接口,能实现计算机控制。

教学实验采用普通上加料的流程,不能改变加料位置。

二、技术指标

(1) 反应炉为四段加热,各段功率 1.0kW。

(2) 最高使用温度 800℃,反应管由耐热无缝钢管制作,内径 16mm,长 750mm,热电偶套管 ϕ3mm,热电偶 ϕ1.0mm。

(3) 混合预热器内径 12mm,长 280mm,加热功率 8kW。

(4) 气液分离器直径 42mm,高 180mm。

(5) 湿式流量计:2L。

(6) 液体加料泵为进口电磁泵,额定流量为 0.76L/h。

（7）含有计算机数据采集与温度控制软件，计算机、打印机由用户自备。

三、面板布置及流程示意图

面板布置如图 1-18 所示。

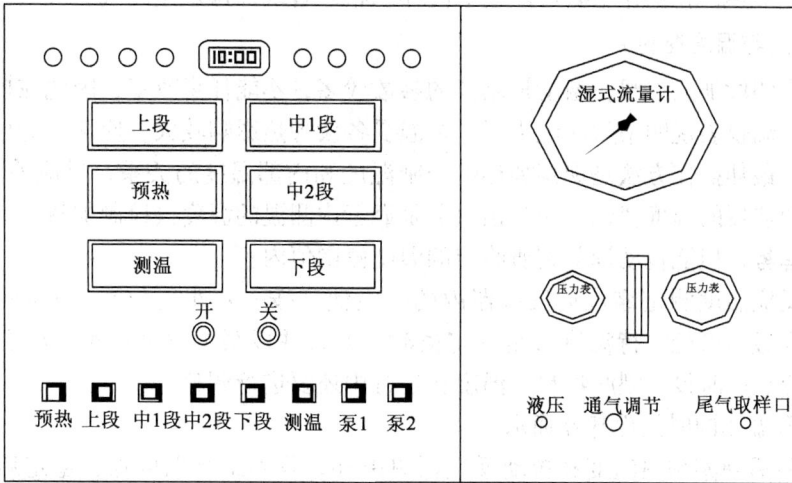

图 1-18　裂解反应实验装置面板布置

装置流程如图 1-19 所示。

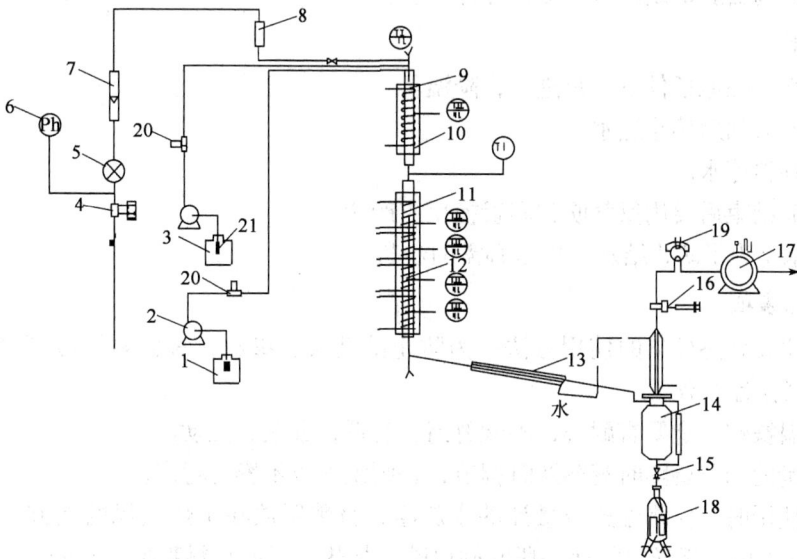

图 1-19　裂解反应实验装置流程示意图

T_{1-5}—控温热电偶；T_6—测温热电偶

1—烷烃原料瓶；2—液体加料泵；3—储水瓶；4—稳压阀；5—调节阀；6—压力计；7—转子流量计；
8—缓冲器；9—预热器；10—预热炉；11—裂解反应器；12—加热炉；13—冷凝器；14—气液分离器；
15—截止阀；16—取样器；17—湿式流量计；18—油水分离器；19—六通阀；20—阻尼器；21—过滤器

四、操作步骤

（一）装置的安装与试漏

将三通阀放在进气位置，进入空气或氮气，卡死出口，充压至 0.1MPa，5min 不下降为合格。否则要用毛刷涂肥皂水在各接点涂拭，找出漏点重新处理后再次试漏，直至合格为止。打开卡死的管路，可进行实验。

注意，在试漏前首先确定反应介质是气体还是液体或两者。如果仅仅是气体就要关死液体进口接口。不然，在操作中有可能会从液体加料泵管线部位发生漏气。

（二）升温与温度控制

本装置为四段加热控温，温度控制仪的参数较多，不能任意改变，因此在控制方法上必须详细阅读控温仪表说明书后才能进行。控温受各段加热影响较大，应该较好地配合才能得到所需温度。最佳操作方法是观察加热炉控制温度和内部温度的关系，反应前后微有差异，主要表现在预热器的温度变化，因为预热器是靠管内测温的温度去控制加热，当加料时该温度有下降的趋势，但能自动调节到所给定的温度范围值内。

操作时反应温度测定靠拉动反应器内的热电偶（按一定距离拉），并在显示仪表上观察，放至温度最高点处，待温度升至一定值时，开泵并以某个速度进水，温度还要继续升高，到达反应温度时投入裂解物料。温度在运行中还要进行调整。

（1）在升温的同时给冷却器通水。

（2）进料后观察预热温度和拉动反应器热电偶，找到最高温度点，稳定后再按等距离拉动热电偶，并记录各位置温度数据。

（3）当反应正常后，记录时间与湿式流量计读数。

（4）在分离器底部放出水与油，并计量。

五、停车

（1）进料，在原条件下，只进水，降温。

（2）一段时间后停止进水。

（3）冷却器停水。

（4）试验结束后要用氮气吹扫和置换反应产物。

注：进水是为了防止结炭，也是必需的步骤。

六、注意事项

（1）一定要熟悉仪器的使用方法；为防止乱动仪表参数，参数调好后可将 Loc 参数改为新值，即锁住各参数。

（2）升温操作一定要有耐心，不能忽高、忽低，乱改、乱动。

（3）流量的调节要随时观察及时调节，否则温度也不容易稳定。

（4）不使用时，应将湿式流量计的水放净，将装置放在干燥通风的地方，如果再次使用，一定要在低电流下通电加热一段时间以除去加热炉保温材料吸附的水分。

（5）每次试验后一定要将分离器的液体放净。

七、故障处理

（1）开启电源开关指示灯不亮，并且没有交流接触器吸合声，则为熔断器坏或电源线没有接好。

（2）开启仪表各开关时指示灯不亮，并且没有继电器吸合声，则为熔断器坏或接线有脱落的地方。

（3）开启电源开关有强烈的交流振动声，则是接触器接触不良，应反复按动开关可消除。

（4）仪表正常但电流表没有指示，可能是熔断器坏或固态变压继电器损坏。

任务 3 乙烯装置工艺流程的识读

一、乙烯裂解单元

（一）工艺流程简介

1. 装置的生产过程

乙烯车间裂解单元是乙烯装置的主要组成部分之一。裂解是指烃类在高温下，发生碳链断裂或脱氢反应，生成烯烃和其他产物的过程。

裂解炉进料预热系统利用急冷水热源，将石脑油预热到 60℃，送入裂解炉裂解。

裂解炉系统利用高温、短停留时间、低烃分压的操作条件，裂解石脑油等原料，生产富含乙烯、丙烯和丁二烯的裂解气，送至急冷系统冷却。

急冷系统接收裂解炉来的裂解气，经过油冷和水冷两步工序，经过冷却和洗涤后的裂解气去压缩工段。

裂解炉废热锅炉系统回收裂解气的热量，产生超高压蒸汽作为裂解气压缩机等机泵的动力。

燃料油汽提塔利用中压蒸汽直接汽提，降低急冷油粘度。

稀释蒸汽发生系统接收工艺水，发生稀释蒸汽送往裂解炉管，作为裂解炉进料的稀释蒸汽，降低原料裂解中烃分压。

来自罐区、分离工段的燃料气，送入裂解炉，作为裂解炉的燃料气，为裂解炉高温裂解提供热量。

2. 装置流程说明

来自罐区的石脑油原料在送到裂解炉之前由急冷水预热至 60℃。被裂解炉烟道气进一步预热后，液体进料在 180℃ 条件下进入炉子裂解。在注入稀释蒸汽之前，将上述烃进料按一定的流量送到各个炉管。烃类—蒸汽混合物返回对流段，在进入裂解炉辐射管之前预热至横跨温度，在裂解炉辐射管中原料被裂解。辐射管出口与 TLE 相连，TLE 利用裂解炉流出物的热量生产超高压蒸汽。

TLE 通过同每一台裂解炉的汽包相连的热虹吸系统，在 12.4 MPa 的压力条件下生产 SS 蒸汽（超高压蒸汽）。锅炉给水（BFW）由烟道气预热后进入锅炉蒸汽汽包。蒸汽包排出的饱和蒸汽在裂解炉对流段中由烟道气过热至 400℃。通过在过热蒸汽中注入锅炉给水来控制过热器的出口温度。温度调节以后的蒸汽返回对流段并最终过热至所需的温度（520℃）。

来自裂解炉 TLE 的流出物由装在 TLE 出口处的急冷器用急冷油进行急冷，混合以后送至油冷塔。

在油冷塔，裂解气进一步被冷却，裂解燃料油（PFO）和裂解柴油（PGO）从油冷塔中抽出，汽油和较轻的组分作为塔顶气体。裂解气体中的热量的去除与回收是通过将急冷油从塔底循环至稀释蒸汽发生器和稀释蒸汽罐进料预热器进行的。低压蒸汽也在急冷油回路中产生。水冷塔中冷凝的汽油作为油冷塔的回流液。

裂解燃料油被泵送到裂解燃料油汽提塔（T102）。裂解柴油（来自油冷塔的侧线抽出物）被送至裂解燃料油汽提塔的下部汽提段，以控制闪点。用汽提蒸汽将裂解燃料油汽提，提高急冷油中馏程在260～340℃馏分的浓度，有助于降低急冷油粘度。塔底的燃料油通过燃料油泵送入燃料油罐。

油冷塔顶的裂解气，通过和水冷塔中的循环急冷水进行直接接触进行冷却和部分冷凝，温度冷却至28℃，水冷塔的塔顶裂解气被送到下一工段。

来自水冷塔的急冷水给乙烯装置工艺系统提供低等级热量，即提供给装置中一些用户热量。换热后的急冷水由循环水和过冷水进一步冷却，作为水冷塔的回流，冷却裂解气。

在水冷塔冷凝的汽油，与循环急冷水和塔底冷凝的稀释蒸汽分离，冷凝后的汽油一部分作为回流进入油冷塔，另一部分送往其他工段。

在水冷塔冷凝的稀释蒸汽（工艺水）进入工艺水汽提塔，在工艺水汽提塔，利用低压蒸汽汽提，将酸性气体和易挥发烃类汽提后返回水冷塔。安装有顶部物流—进料换热器以预热去工艺水汽提塔的进料。

汽提后的工艺水在进入稀释蒸汽发生器前用急冷油预热。然后被中压蒸汽和稀释蒸汽发生器中的急冷油汽化。产生的蒸汽被中压蒸汽过热，然后用作裂解炉中的稀释蒸汽。

来自罐区、分离工段的燃料气，送入裂解炉，作为裂解炉的燃料气。

（二）设备列表

乙烯装置设备见表1-19。

表1-19 乙烯装置设备

序号	位 号	名 称	说 明
1	D101	蒸汽汽包	
2	D102	稀释蒸汽发生器	
3	E101	TLE 换热器	
4	E102	TLE 换热器	
5	E103	原料油进料预热器	
6	E104	稀释蒸汽发生器底再沸器	
7	E105	稀释蒸汽发生器进料预热器	
8	E106	低压蒸汽发生器	
9	E107	裂解燃料油冷却器	
10	E108	急冷水冷却器	
11	E109	急冷水调温冷却器	
12	E110	工艺水汽提塔进料预热器	
13	E111	工艺水汽提塔再沸器	
14	E112	稀释蒸汽过热器	
15	E113	中压—稀释蒸汽换热器	
16	E114	排污冷却器	
17	E120	急冷水循环换热器群	
18	F101	裂解炉	
19	L101	油急冷器	
20	L102	油急冷器	

序号	位　号	名　　称	说　明
21	ME101	蒸汽减温器	
22	ME102	蒸汽减温器	
23	P101	急冷油泵	
24	P102	裂解燃料油泵	
25	P103	急冷水循环泵	
26	P104	油冷塔回流泵	
27	P105	工艺水汽提塔进料泵	
28	P106	稀释蒸汽发生器进料泵	
29	S101	急冷油过滤器	
30	T101	油冷塔	
31	T102	裂解燃料油汽提塔	
32	T103	水冷塔	
33	T104	工艺水汽提塔	
34	Y101	裂解炉引风机	

（三）仪表列表

乙烯装置仪表见表1-20。

表1-20　乙烯装置仪表

仪　表　号	单　位	正　常　值	描　述
AI1101	%	4	F101 烟气氧含量
FIC1101	t/h	9.0	原料油一路进料
FIC1102	t/h	9.0	原料油二路进料
FIC1103	t/h	9.0	原料油三路进料
FIC1104	t/h	9.0	原料油四路进料
FIC1105	t/h	4.5	稀释蒸汽一路进料
FIC1106	t/h	4.5	稀释蒸汽二路进料
FIC1107	t/h	4.5	稀释蒸汽三路进料
FIC1108	t/h	4.5	稀释蒸汽四路进料
FF1109	%		原料与稀释蒸汽的比值
FIC1110	t/h	36.0	原料油进料总量
FI1111	t/h	20.0	锅炉给水流量
FI1112	t/h	28.0	过热蒸汽流量
FI1201	t/h	925.7	裂解气进油冷塔
FIC1202	t/h	3.28	QO 去裂解燃料油汽提塔
FIC1203	t/h	147.0	QO 循环流量
FIC1204	t/h	0.0	P101 出口返回量
FIC1205	t/h	34.0	汽油自 P104 进 T101
FI1207	t/h	5.4	汽油出 T101

続表

仪 表 号	单 位	正 常 值	描 述
FI1209	t/h	125.0	气体出 T101
FIC1301	t/h	5.4	汽油进 T102
FIC1302	t/h	4.5	MS 进 T102
FI1303	t/h	6.7	T102 气体出料
FI1304	t/h	3.48	T102 底部出料
FIC1401	t/h	1400.0	急冷水返回流量
FIC1402	t/h	350.0	急冷水返回流量
FI1404	t/h	56.2	T103 顶部出料
FI1405	t/h	37.4	汽油出 T103
FIC1501	kg/h	500	LS 进 T104
FIC1502	t/h	100.0	LS 进 E111
FI1503	t/h	95.0	P105 出口
FI1504	t/h	3.6	T104 顶部出料
FI1505	t/h	18.0	D102 顶部排污
FIC1506	t/h	73.9	D102 底部出料
FI1507	t/h	50.0	MS 进 E112
LIC1101	%	60	蒸汽汽包液位
LIC1201	%	60	T101 液位
LIC1202	%	60	E106 液位
LIC1203	%	50	T101 侧采段液位
LIC1301	%	50	T102 液位
LIC1401	%	70	T103 油相液位
LI1402	%	60	T103 界位
LIC1501	%	60	T104 液位
LIC1502	%	60	D102 液位
PIC1101	Pa	-30	F101 炉膛负压
PI1103	MPa	12.4	D101 压力
PIC1104	kPa	85	F101 侧壁燃料气压力
PIC1105	kPa	166	F101 底部燃料气压力
PI1201	kPa	37	T101 压力
PI1202	kPa	350	E106 压力
PI1301	kPa	44	T102 压力
PIC1401	kPa	20	T103 压力
PIC1402	kPa	20	T103 压力
PDC1402	MPa	0.7	水冷塔急冷水压差控制
PIC1501	MPa	0.66	D102 压力
PI1502	kPa	100	T104 压力
TIC1101	℃	180	原料油经烟道气预热后温度

仪 表 号	单 位	正 常 值	描　　述
TIC1102	℃	213	L101 出口温度
TIC1103	℃	213	L102 出口温度
TIC1104	℃	932	F101 裂解气出口温度
TIC1105	℃	400	ME101 出口温度
TIC1106	℃	520	ME102 出口温度
TI1107	℃	60	原料预热后温度
TI1108	℃	660	对流室进辐射室一路温度
TI1109	℃	660	对流室进辐射室二路温度
TI1110	℃	660	对流室进辐射室三路温度
TI1111	℃	660	对流室进辐射室四路温度
TI1112	℃	832	裂解炉出口一路温度
TI1113	℃	832	裂解炉出口二路温度
TI1114	℃	832	裂解炉出口三路温度
TI1115	℃	832	裂解炉出口四路温度
TI1116	℃	450	E101 出口温度
TI1117	℃	450	E102 出口温度
TI1118	℃	320	蒸汽汽包温度
TI1119	℃	200	稀释蒸汽入口温度
TI1120	℃	1160	F101 炉膛温度
TI1121	℃	130	烟气出口温度
TI1201	℃	198	T101 塔底温度
TIC1202	℃	104	T101 塔顶温度
TI1203	℃	130	T101 上部温度
TI1204	℃	155	T101 下部温度
TI1205	℃	213	裂解气进 T101 温度
TI1206	℃	155	E106 热物流出口温度
TI1207	℃	158	E105 热物流出口温度
TI1208	℃	175	E104 热物流出口温度
TIC1301	℃	80	E107 热物流出口温度控制
TI1302	℃	190	T102 顶部温度
TI1303	℃	181	T102 底部温度
TI1304	℃	80	E107 热物流出口温度
TIC1401	℃	85	水冷塔塔底温度控制
TIC1402	℃	58	循环水回流温度控制
TI1403	℃	28	T103 塔顶温度
TI1404	℃	85	T103 底部温度
TI1405	℃	25	E109 管程出口温度
TIC1501	℃	118	T104 顶部温度控制

仪 表 号	单 位	正 常 值	描 述
TI1502	℃	112	T104 进料温度
TI1503	℃	122	T104 底部温度
TI1504	℃	123	T104 再沸器出口温度
TI1505	℃	115	E110 去 T103 管线温度
TI1506	℃	160	D102 进料温度
TI1507	℃	169	D102 底部温度
TI1508	℃	169	D102 顶部温度
TI1509	℃	171	E104 冷物流出口温度
TI1510	℃	170	E113 冷物流出口温度
TI1511	℃	220	E112 热物流出口温度
TI1512	℃	43	E114 热物流出口温度
TI1513	℃	200	E112 出口稀释蒸汽温度

（四）操作参数

1. 裂解炉 F101

裂解炉 F101 操作参数见表 1-21。

表 1-21 裂解炉 F101 操作参数

名 称	温度,℃	压力（表）,Pa	流量,t/h
石脑油进料	60	—	36
横跨段	1160	—	—
横跨段炉管	660	—	—
炉膛负压	—	-30	—
裂解炉出口	832	—	—
裂解炉烟气	130	—	—
TLE 出口温度	450	—	—
急冷器出口温度	213	—	—
底部燃料气	—	—	0.9~1.0
侧壁燃料气	—	—	2.8~3.2

2. 蒸汽系统 D101

蒸汽系统 D101 操作参数见表 1-22。

表 1-22 蒸汽系统 D101 操作参数

名 称	温度,℃	压力（表）,MPa	流量,t/h
锅炉给水	147	14.0	20.0
D101	320	12.4	—
一段过热	400	12.4	5.0
二段过热	520	12.4	3.0

3. 急冷系统

急冷系统操作参数见表 1-23。

表 1-23　急冷系统操作参数

名　　称	温度，℃	压力（表），kPa	流量，t/h
T101	底部：198	—	—
	顶部：104	37	—
T102	—	50	—
T103	底部：85	—	—
	顶部：28	44	—
T104	底部：122	—	—
	顶部：118	100	—
D102	169	660	—

（五）重点设备的操作

裂解炉的点火操作：裂解炉的点火总体顺序是先点燃长明线烧嘴，再点燃底部烧嘴，最后点燃侧壁烧嘴。

为了保证四路裂解炉管的出口温度尽量接近，裂解炉的点火操作要求对称进行，具体操作按点火顺序图进行。

（六）乙烯装置裂解单元仿真 PI&D 图

乙烯装置裂解单元仿真 PI&D 图如图 1-20 ~ 图 1-27 所示。

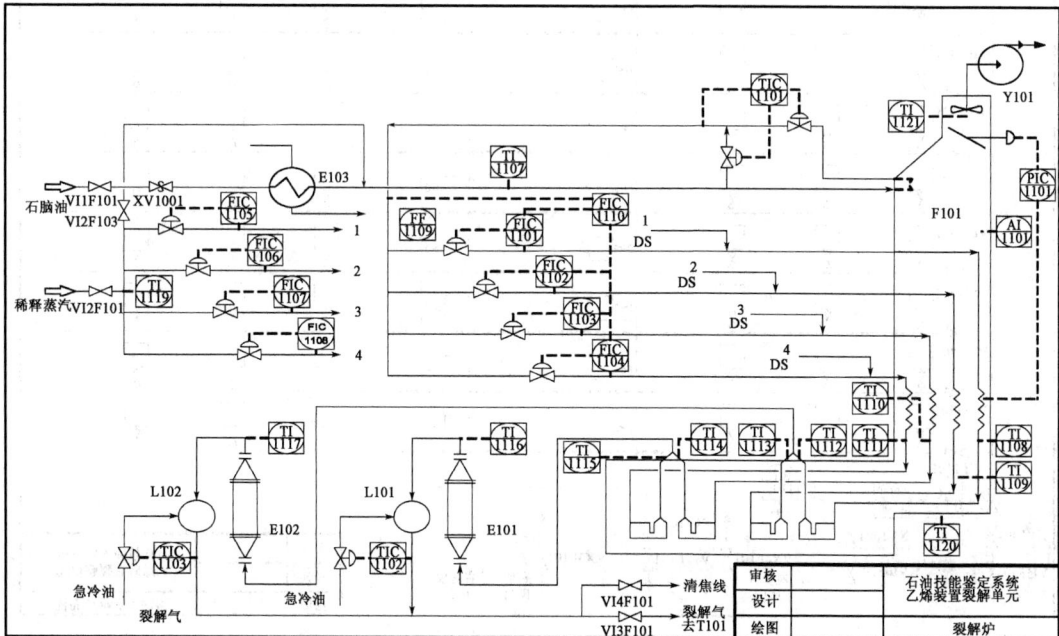

图 1-20　裂解炉部分

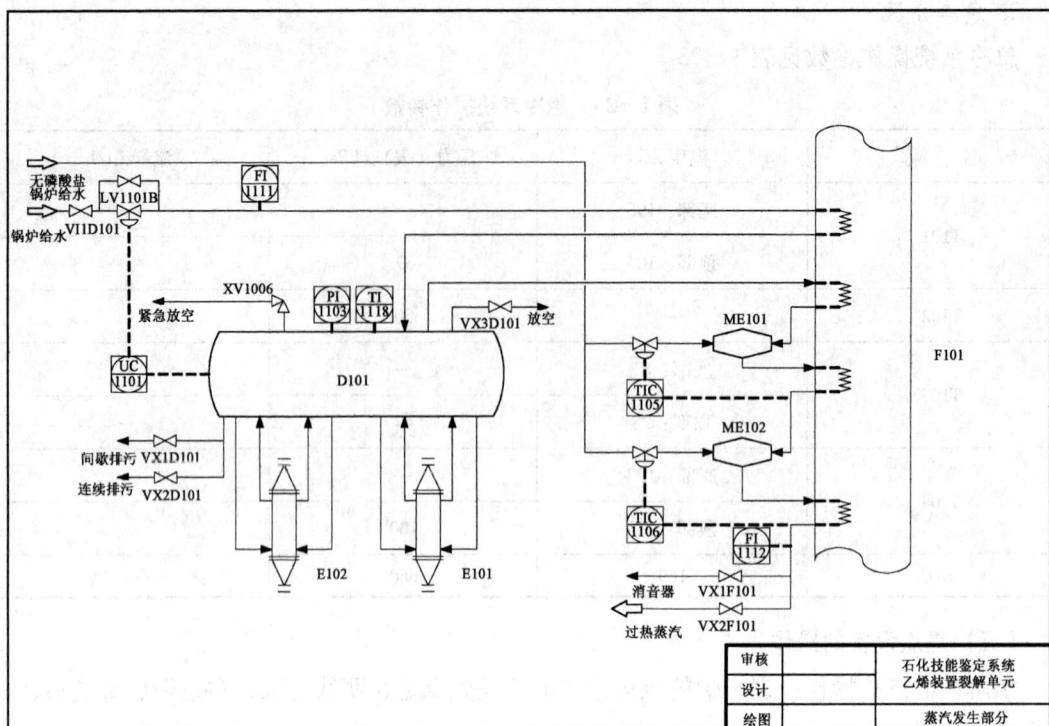

图 1-21　蒸汽发生部分

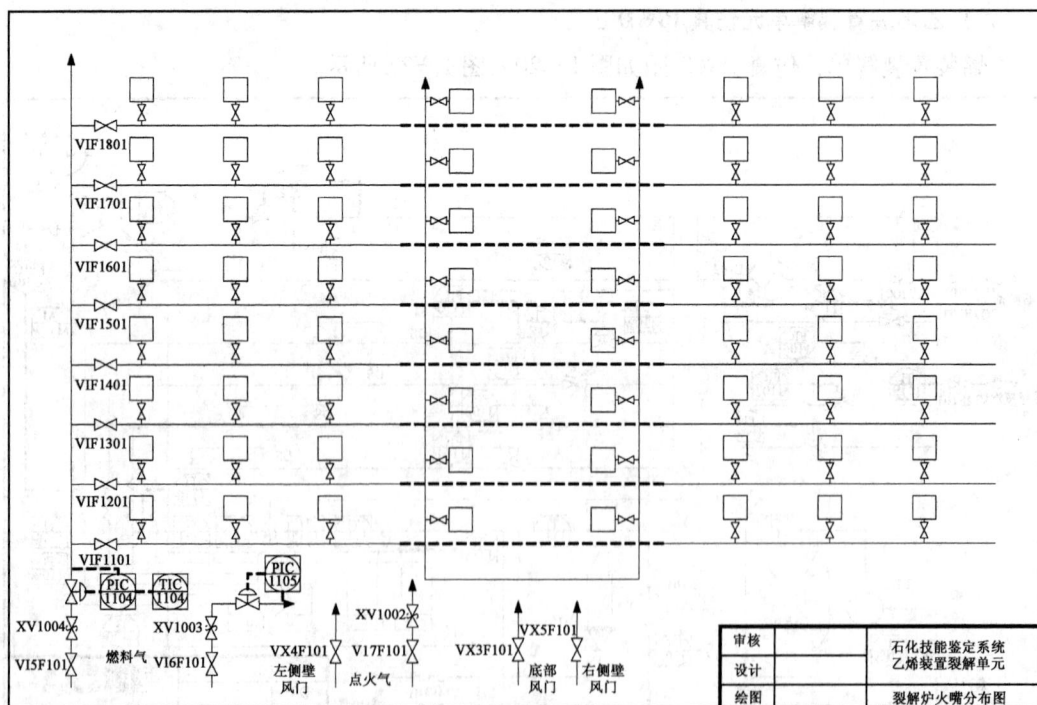

图 1-22　裂解炉火嘴分布图

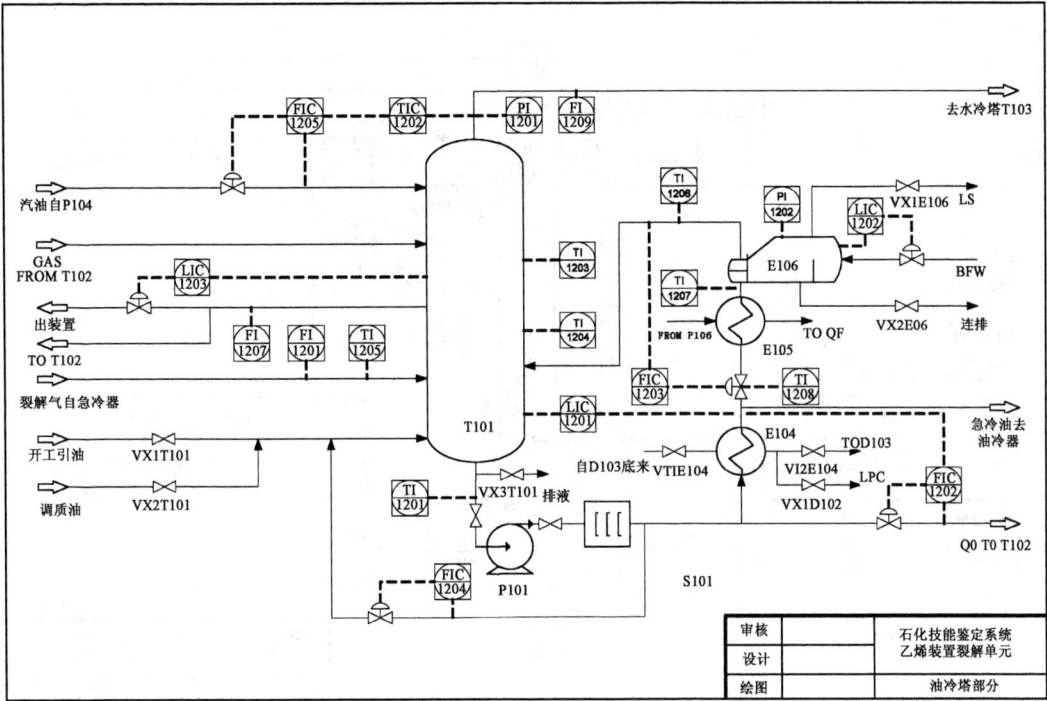

图 1-23 油冷塔

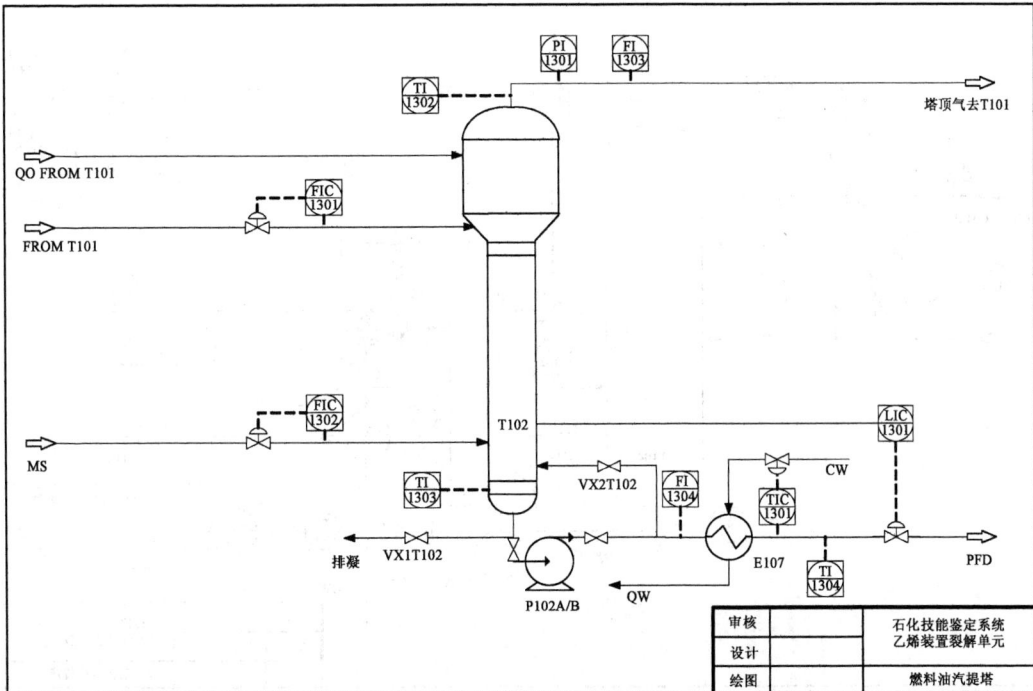

图 1-24 燃料油汽提塔

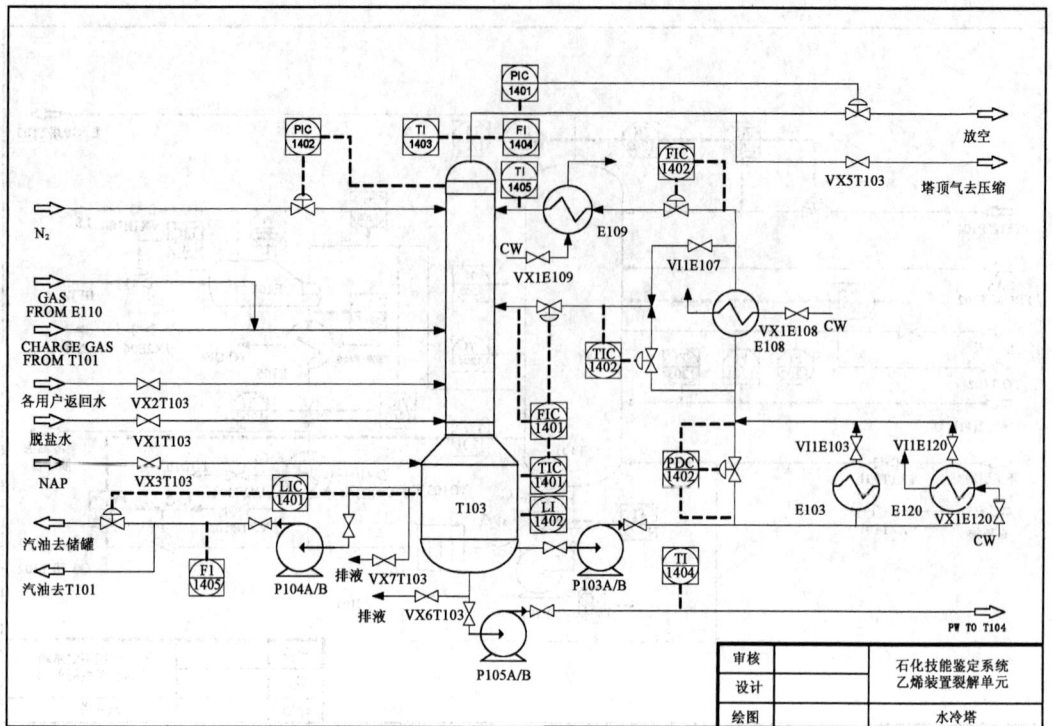

图 1-25 水冷塔

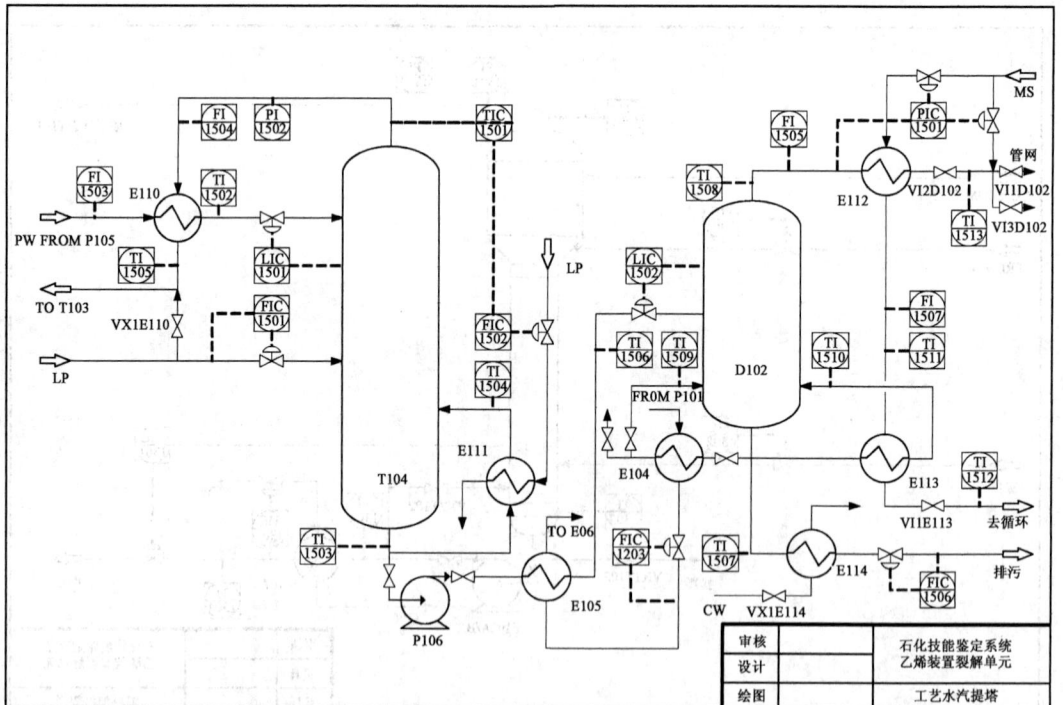

图 1-26 工艺水汽提塔

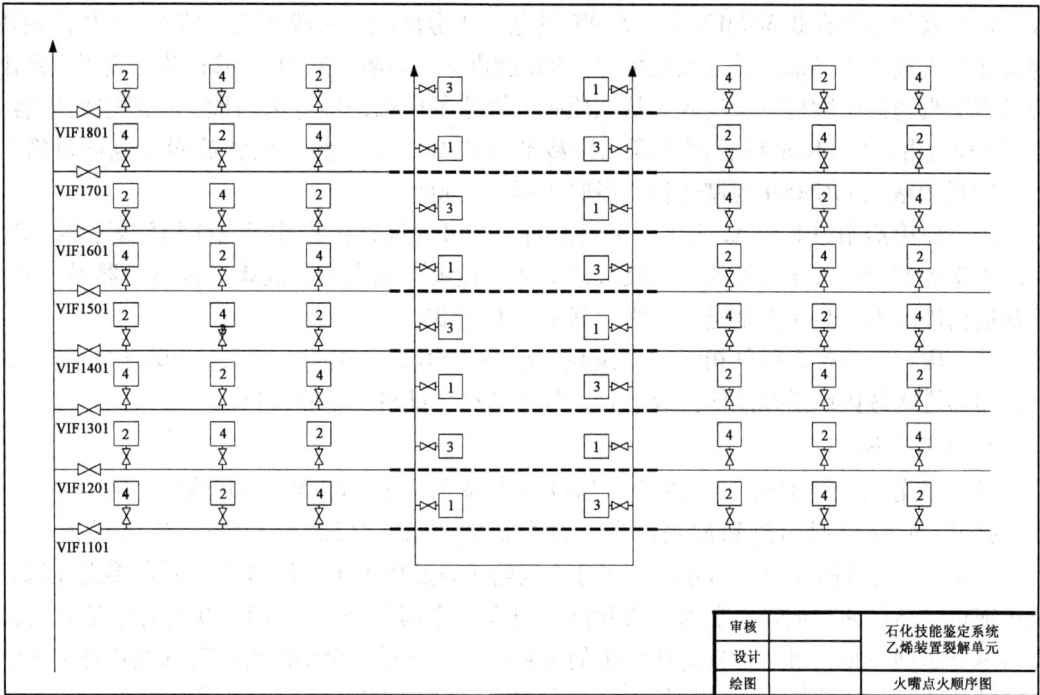

图 1-27　裂解炉火嘴点火顺序图

二、丙烯压缩制冷单元

（一）工艺流程简介

本部分包括一个多段离心式压缩机 C-501 以及相连的罐和换热器。段间没有使用中间冷却器，因为每段吸入的丙烯气提供了所需的冷量。

所用冷剂为装置内所生产的聚合级丙烯。制冷过程提供四个标准温度-40℃、-27℃、-6℃和13℃，制冷过程是在与这些温度相应的压力下通过丙烯的蒸发来实现的。蒸发后的丙烯经压缩后到 1.528MPa，79.5℃的条件下，其在丙烯冷剂冷凝器内用冷却水冷凝。

生产装置流程如下所述。

1. 压缩机制冷循环系统

从压缩机出口来的经 E-505 冷凝后的 36.9℃的丙烯进入到丙烯冷剂收集罐 D-505，从 D-505 出来的丙烯在换热器 E-511 内通过加热流出的某工艺材料而被过冷。

然后冷剂分成两股，第一股为用于四段冷剂用户 E-404 的丙烯液；第二股通过液位 LIC5009 控制进入丙烯制冷压缩机四段吸入罐 D-504。

从四段冷剂用户 E-504 来的蒸汽进入四段吸入罐 D-504，在此进行汽液分离开，一部分蒸汽物流从吸入罐出来进入换热器 E-512，在此加热冷物流而自身被冷凝下来，然后进入收集罐 D-507，通过液位 LIC5011 送往三段吸入罐 D-503；剩下的部分蒸汽作为四段吸入进入压缩机。从四段吸入罐出来的液体在通过冷却器 E-509 被冷却后分为两股：一股在液位 LIC5007 控制下被送到三段丙烯冷剂用户 E-503，剩下的液体通过液位 LIC5006 控制送到三段吸入罐 D-503。

从三段冷剂用户 E503 出来的蒸汽进入三段吸入罐 D503，在此进行汽液相分离，从三段吸入罐出来的蒸汽在 0.387MPa 和 -5.9℃ 的条件下分两股，一股在换热器 E-510 内加热冷物流而自身被冷凝下来，进入收集罐 D-506 后进入二段吸入罐 D-502；从三段吸入罐出来的过多蒸汽送往压缩机三段吸入。从三段吸入罐来的丙烯液体分为两股：一股被换热器 E-507 冷却后由液位 LIC5005 控制送到二段冷剂用户 E-502；另一股物流同样也通过换热器 E-508 后由液位 LIC5004 控制送往二段吸入罐 D-502。

从二段冷剂用户 E-502 出来的蒸汽流向二段吸入罐，在此进行汽液相分离，从二段吸入罐出来的蒸汽进入压缩机的二段吸入口。从二段吸入罐出来的液体经过换热器 E-506 被冷却后由液位 LIC5003 控制送往一段冷剂用户 E-501。

从一段用户口排出的气相送往一段吸入罐 D-501，气相间断蒸发，四段排出的气相经一分布器进入罐内或送往液体排放总管，气相送往压缩机一段吸入口。

2. 油路系统

46 号汽轮机油自油箱 D-508 出来后分为两部分：由泵 P-503A/B 输出，输出油一部分由压控 PIC5030 控制回流到油箱；另一部分经过油温冷却器 E-514A/B 后进入过滤器 S-501A/B，出口油分为三部分：一部分为汽轮机以及压缩机的润滑油，油直接送往汽轮机及压缩机，然后回到油箱，在这一段管路上设有一个高位槽 D-510，其上有溢流管直接将溢流部分送回油箱；另一部分为压缩机的密封油，油通过一个中间设有脱气及连通装置的高位槽的管路送往压缩机，经过压缩机后再经抽气器 S-502A/B 后回到油箱；第三部分为汽轮机的控制油，进入汽轮机，然后回到油箱，整个过程为循环系统。

3. 复水系统

汽轮机动力蒸汽自汽轮机出来后，进入表面冷凝器 E-515，冷却后由冷凝水泵 P-502A/B 送往换热器 E-516A/B，一部分换热后回到 E-515，另一部分部分送出以控制液位；E-515 中的不凝气由真空泵 L-503A/B 抽出后进入换热器 E-516A/B 与自 E-515 来的冷凝水进行换热，冷凝后回到 E-515。整个过程为循环系统，不凝气排放大气。

（二）设备列表

（1）丙烯压缩制冷设备见表 1-24。

表 1-24　压缩制冷设备

序　号	位　号	名　称	说　明
1	D-501	压缩机一段吸入罐	
2	D-502	压缩机二段吸入罐	
3	D-503	压缩机三段吸入罐	
4	D-504	压缩机四段吸入罐	
5	D-505	丙烯冷剂收集器	
6	D-506	三段蒸汽冷凝罐	
7	D-507	四段蒸汽冷凝罐	
8	E-501	一段吸入罐入口换热器	
9	E-502	二段吸入罐入口换热器	
10	E-503	三段吸入罐入口换热器	
11	E-504	四段吸入罐入口换热器	

序 号	位 号	名 称	说 明
12	E-511	四段出口冷箱	
13	E-505	四段出口产品换热器	
14	E-510	三段蒸汽冷凝器	
15	E-512	四段蒸汽冷凝器	
16	E-506	三段液相出口换热器	
17	E-507	三段液相出口换热器	
18	E-508	四段液相出口换热器	
19	E-509	二段液相出口换热器	
20	P-501	一段吸入罐积液抽出泵	
21	C-501	丙烯制冷压缩机	

（2）油及复水系统设备见表1-25。

表1-25　油及复水系统设备

序 号	位 号	名 称	说 明
1	D-508	油系统油箱	
2	D-509	缓冲油罐	
3	D-510	高位油罐	
4	D-511	高位油罐	
6	E-513	油箱加热器	
7	E-514A/B	油箱出口冷却器（泵后）	A泵为主泵，应先于B泵开
8	E-515	蒸汽表面冷凝器	
9	E-516	抽气器	
10	P-502	冷凝水泵	
11	P-503A/B	油泵	A泵为主泵，应先于B泵开
12	P-504	开工真空喷射泵	
13	P-505A/B	一级真空喷射泵	A泵为主泵，应先于B泵开
14	P-506A/B	二级真空喷射泵	A泵为主泵，应先于B泵开
15	S-501A	油过滤器	
16	S-501B	油抽气器	

（三）仪表列表

丙烯压缩制冷单元仪表见表1-26。

表1-26　丙烯压缩制冷单元仪表

序 号	仪表号	说 明	单 位	正 常 值	量 程	报 警 值
1	PI5001	四段出口压力	kPa	1528.0	0~4000.0	1734.0
2	PIC5002	系统压力控制	kPa	31.0	0~1500.0	L：10.0 H：50.0
3	PIC5003	D501 压控	kPa	31.0	0~1500.0	L：10.0 H：60.0
4	PIC5004	D502 压控	kPa	127.0	0~1500.0	—

序 号	仪 表 号	说 明	单 位	正 常 值	量 程	报 警 值
5	PIC5005	D503 压控	kPa	387.0	0~1500.0	—
6	PIC5006	D504 压控	kPa	745.0	0~1500.0	—
7	PIC5030	油泵出口压控	kPa	3450.0	0~5000.0	L：0 H：5000.0
8	PIC5031	汽轮机油压控	kPa	1450.0	—	—
9	PIC5032	润滑油压控	kPa	320.0	—	—
10	PDI5001	过滤器压差	kPa	40~60.0	—	—
11	PDI5002	压缩机 C-501 前后密封油压差	kPa	50.0	0.0~100.0	—
12	TI5001	四段出口温度	℃	79.5	-50.0~100.0	L：70 H：80 HH：120
13	TI5002	四段 E-505 出口温度	℃	36.9	-50.0~100.0	—
14	TIC5003	D-501 温控	℃	-40.0	-50.0~100.0	H：-30.0
15	TIC5004	D-502 温控	℃	-27.0	-50.0~100.0	H：-20.0
16	TIC5005	D-503 温控	℃	-6.0	-50.0~100.0	H：0.0
17	TI5006	D-504 温度	℃	13.0	-50.0~100.0	—
18	TI5007	四段出口冷箱后温度	℃	17.3	-50.0~100.0	—
19	TI5030	油箱 D-508 温度	℃	65.6	0.0~100.0	—
20	TI5031	润滑油回流温度	℃	75.0	0.0~100.0	—
21	TI5032	冷却器 E~514 出口油温	℃	45.0	0.0~100.0	—
22	TI5050	E-515 水温	℃	50.0	0.0~100.0	—
23	PI5050	边界蒸汽压力	kPa	4200.0	0.0~5000.0	—
24	PIC5002	汽轮机动力蒸汽 压控	kPa	31.0	0~1000.0	L：10.0 H：50.0
25	PI5052	E-515 压力	kPa	-88.0	—	—
26	PI5053	冷凝水泵 出口压控	kPa	700.0	—	—
27	HIC5001	四段出口放空	%	0	—	—
28	HIC5002	D-501 汽提手动阀	%	0	—	—
29	SI5001	压缩机转速	r/min	6500.0	0~9000.0	HH：8440.0

序号	仪表号	说　明	单　位	正　常　值	量　程	报　警　值
30	FIC5002	压缩机一段吸入量	t/h	87.806	0~500.0	—
31	FIC5003	压缩机二段吸入量	t/h	23.137	0~500.0	—
32	FIC5004	压缩机三段吸入量	t/h	10.037	0~500.0	—
33	FIC5001	压缩机四段排出量	t/h	125.937	0~500.0	—
34	FI5005	压缩机四段吸入量	%	13.957	0~500.0	—
35	LI5001	D-505 液位	%	50.0	—	L：10.0
36	LI5002	D-501 液位	%	0.0	0.0~100.0	HH：95.0
37	LIC5003	E-501 液控	%	50.0	0.0~100.0	H：70.0
38	LIC5004	D-502 液控	%	50.0	0.0~100.0	LL：2.0 H：95.0
39	LIC5005	E-502 液控	%	50.0	0.0~100.0	H：80.0
40	LIC5006	D-503 液控	%	50.0	0.0~100.0	LL：2.0 H：95.0
41	LIC5007	E-503 液控	%	50.0	0.0~100.0	HH：88.0
42	LIC5008	D-506 液控	%	50.0	0.0~100.0	LL：5.0
43	LIC5009	D-504 液控	%	50.0	0.0~100.0	LL：0.8 HH：97.0
44	LIC5010	E-504 液控	%	50.0	0.0~100.0	H：60.0
45	LIC5011	D-507 液控	%	50.0	0.0~100.0	LL：7.1
46	LI5030	D-508 液位	%	50.0	0.0~100.0	L：15.0 H：85.0
47	LI5031	D-510 液位	%	100.0	0.0~100.0	—
48	LIC5032	D-511 液控	%	50.0	0.0~100.0	L：15.0 H：85.0
49	LIC5050	E-515 液控	%	50.0	0.0~100.0	L：15.0 H：85.0

（四）操作参数

（1）压缩机操作参数见表1-27。

表1-27　压缩机操作参数

名　　称	参数正常值
压缩机总抽气量	125.937　　t/h
压缩机转速	6500.0　　r/min
压缩机出口温度	79.5　　℃
压缩机出口压力	1.528　　MPa

（2）各段用户冷级见表1-28。

表 1-28　各段用户冷级

名　　称	温度，℃	压力，kPa	流量，t/h
一段吸入罐 D101	-40.0	31.0	78.806
二段吸入罐 D102	-27.0	127.0	23.137
三段吸入罐 D103	-6.0	387.0	10.037
四段吸入罐 D104	13.0	745.0	13.957

（五）乙烯装置压缩单元仿真 PI&D 图

乙烯装置压缩单元仿真 PI&D 图如图 1-28 ~ 图 1-35 所示。

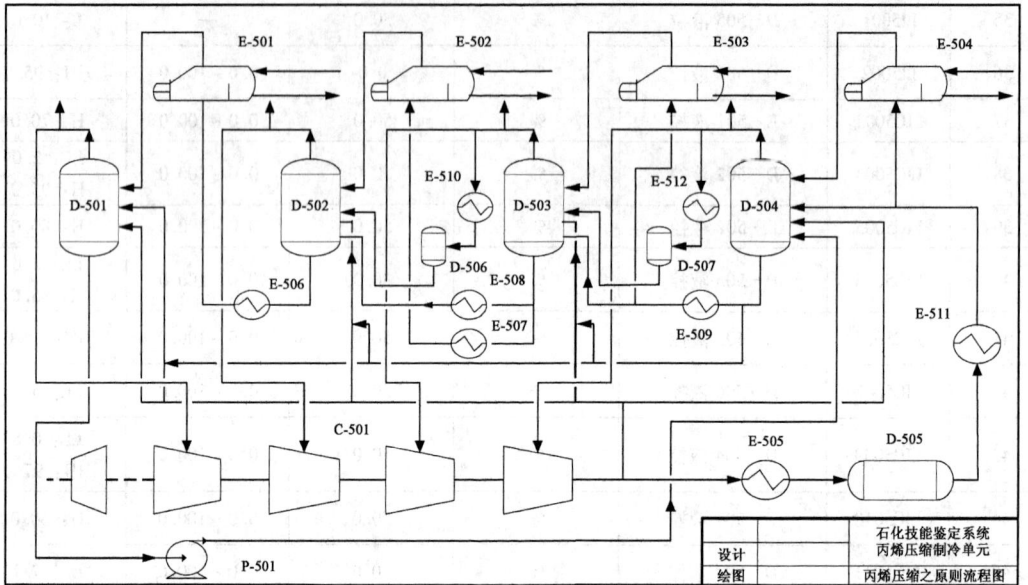

图 1-28　总貌图

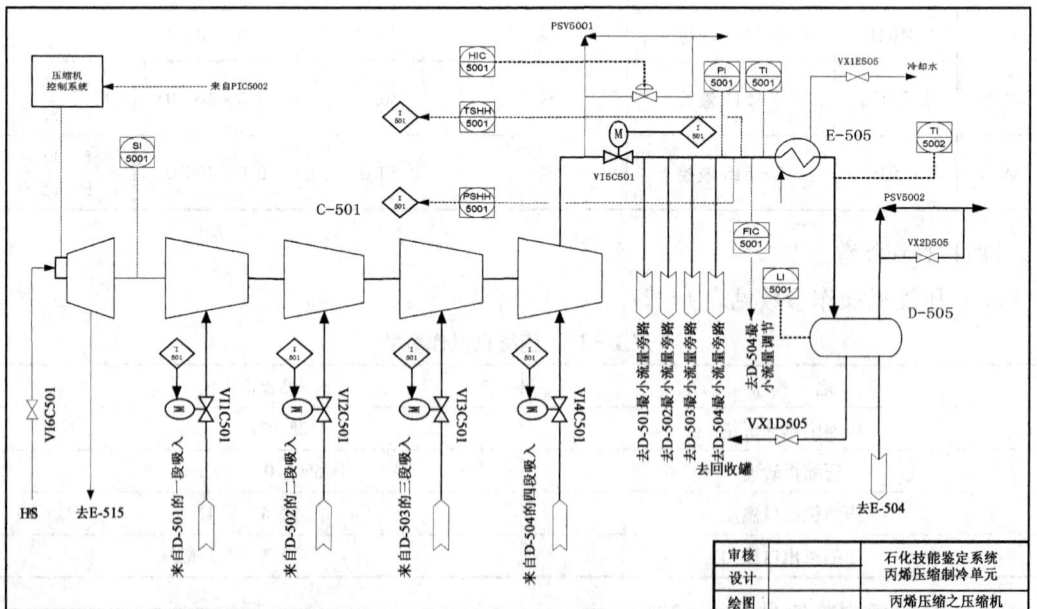

图 1-29　压缩机

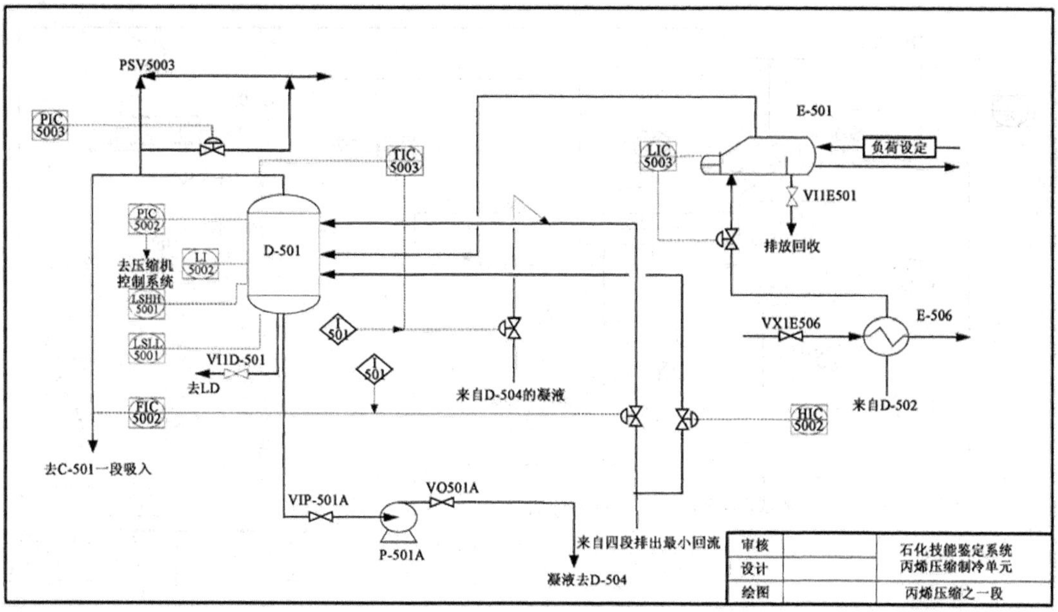

图1-30 一段吸入罐

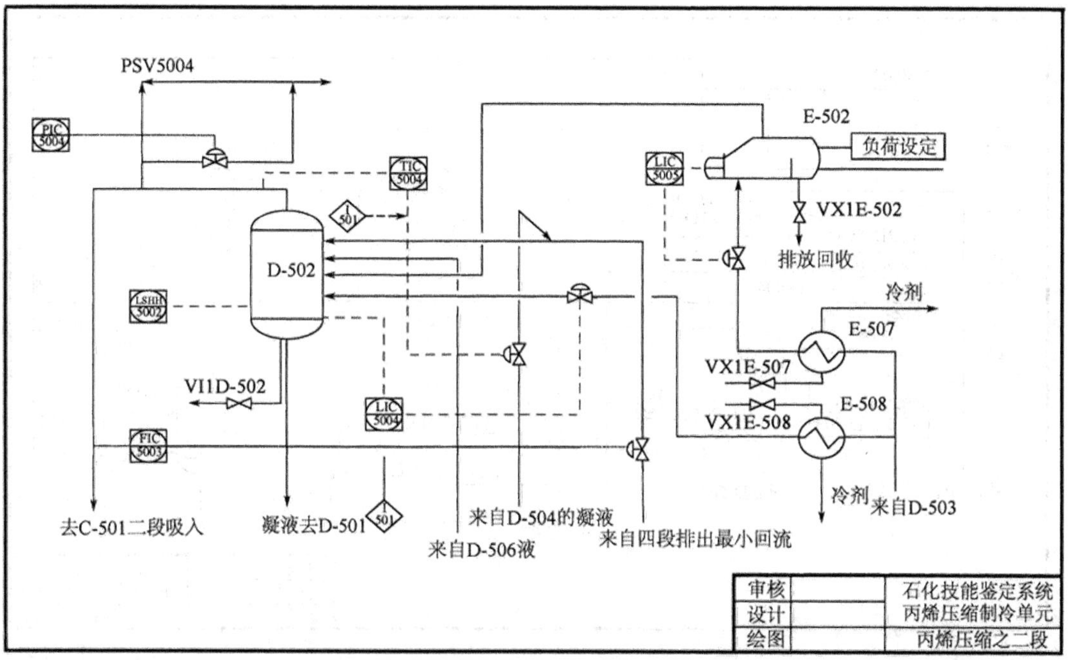

图1-31 二段吸入罐

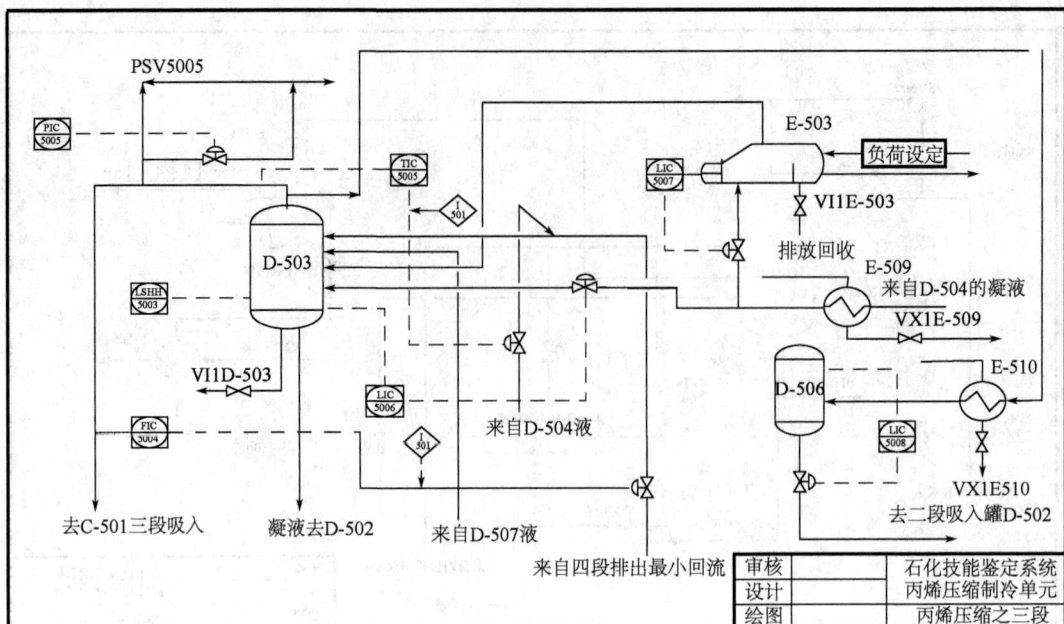

图 1-32　三段吸入罐

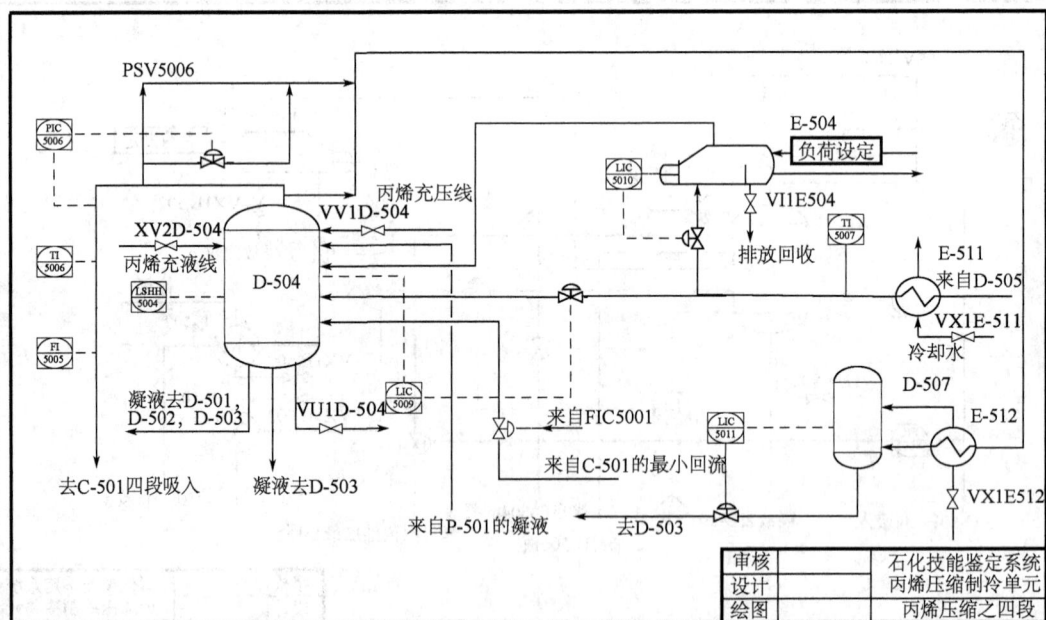

图 1-33　四段吸入罐

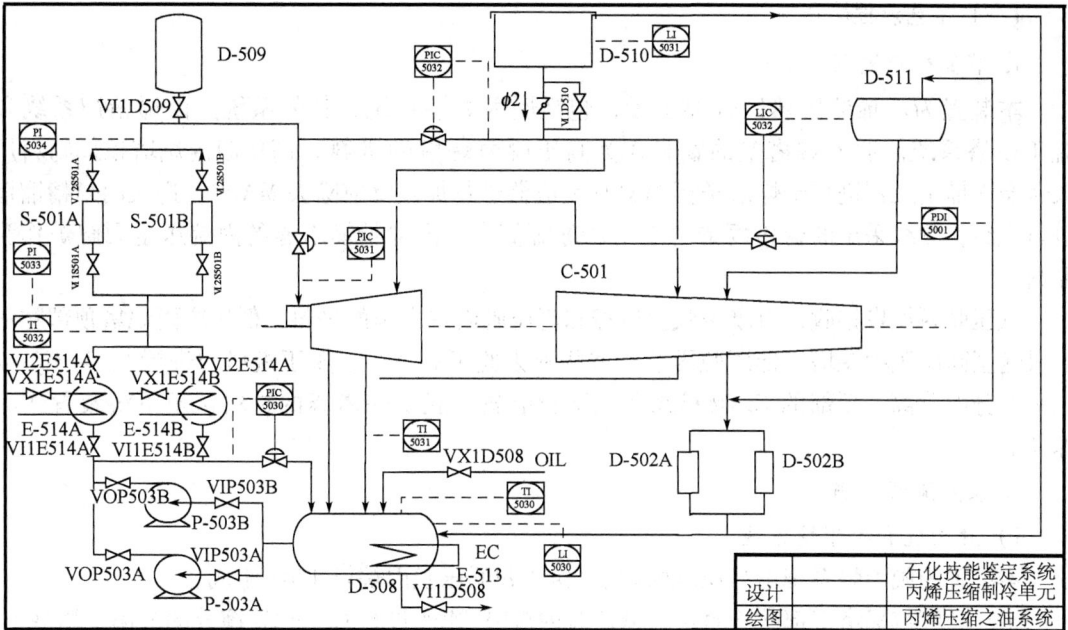

图 1-34 油系统

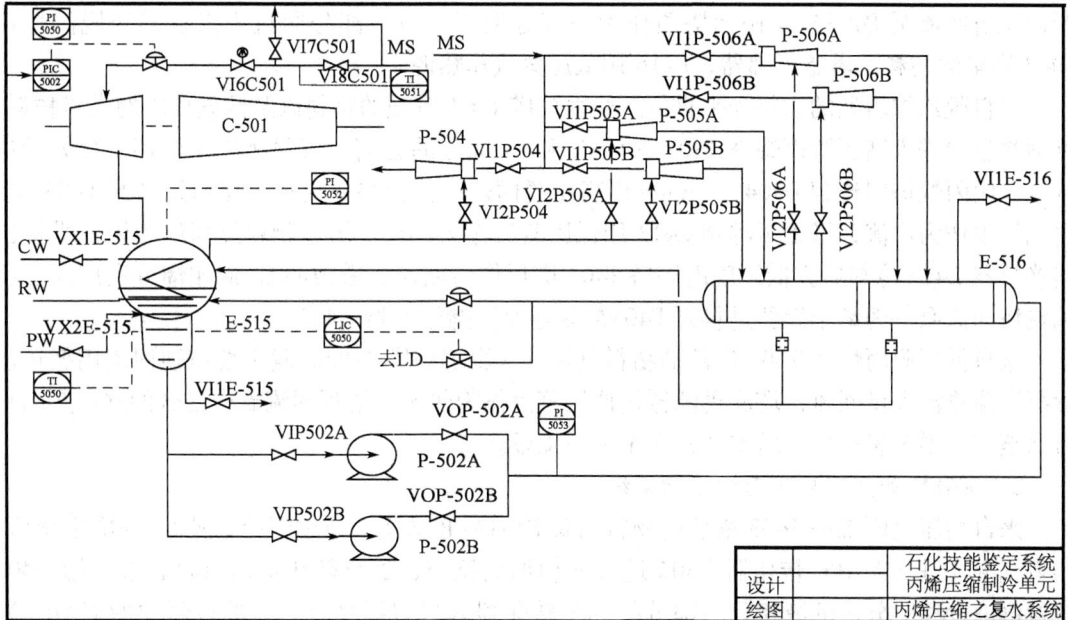

图 1-35 复水系统

三、热区分离精制单元

（一）工艺流程简介

1. 装置生产过程

本装置为乙烯装置热区分离工段，包括脱丙烷塔系统、加氢系统、丙烯精馏系统和脱丁烷塔系统。脱乙烷塔釜的物料作为高压脱丙烷塔的进料，高压脱丙烷塔顶部物料用泵送至丙烯干燥器进行干燥后送至 MAPD 反应器进行加氢反应除去 MAPD，进入丙烯精馏塔进行提纯，侧线采出的合格丙烯送至丙烯球罐储存。丙烯精馏塔釜的丙烷送至裂解炉作为原料。

低压脱丙烷塔接收来自凝液汽提塔釜和高压脱丙烷塔釜的进料，低压脱丙烷塔顶部物料由泵送至高压脱丙烷塔，低压脱丙烷塔釜物料去脱丁烷塔，在脱丁烷塔内进行 C_4 与 C_5^+ 以上重组分的分离，顶部的 C_4 物料泵送至下游装置，脱丁烷塔釜的物料送至下游装置作为原料。

2. 装置流程说明

1）脱丙烷和脱丁烷系统

本装置的脱丙烷系统由高压脱丙烷塔 T403 和低压脱丙烷塔 T404 组成。

来自凝液汽提塔底部的物料进入低压脱丙烷塔 T404 进行 C_5 和 C_4 馏分的分离，塔底 C_4 及 C_4^+ 馏分直接去脱丁烷塔 T405，T404 塔顶物料经低压脱丙烷塔顶冷却器 E414 冷却，并在低压脱丙烷塔冷凝器 E415 中用 $-6℃$ 的丙烯冷剂冷凝，冷凝下来的物料进入低压脱丙烷塔回流罐 D405，一部分用高压脱丙烷塔进料输送泵 P406A/B 输送，经高压脱丙烷塔进出料换热器 E412 加热后进入高压脱丙烷塔 T403。低压脱丙烷塔顶回流罐 D405 中的另一部分用低压脱丙烷塔回流泵 P405A/B 送回塔顶作为一部分回流，另一部分回流为来自高压脱丙烷塔 T403 塔釜的物料。塔釜再沸器，E416 用低压蒸汽作热源。

来自脱乙烷塔釜的物料和来自低压脱丙烷塔 T404 塔顶的物料以及预分离塔的塔釜物料，在适当位置进入高压脱丙烷塔 T403 进行 C_5 和 C_4 馏分的分离，塔顶物流用循环水冷凝后进入高压脱丙烷塔回流罐 D404，一部分用高压脱丙烷塔回流泵—丙烯干燥器进料泵 P404A/B 送回塔顶作为回流，塔釜再沸器 E413 用低压蒸汽作为热源。塔釜物料经高压脱丙烷塔进出料换热器 E412 冷却后去低压脱丙烷塔 T404 塔顶作为回流。塔顶的 C_5 液相馏分利用高压脱丙烷塔回流泵—丙烯干燥器进料泵 P404A/B 送至丙烯干燥器 A402。

来自低压脱丙烷塔 T404 底部的物料直接进入脱丁烷塔 T405，脱丁烷塔顶回流用循环水冷凝塔顶物流提供回流，塔底再沸器用低压蒸汽作为热源。塔顶回流罐中混合的碳四产品直接送至丁二烯装置罐区，塔釜产物送至下一工段。

2）MAPD 加氢反应和丙烯精馏系统

来自高压脱丙烷塔 T403 塔顶的物料用泵 P404A/B 输送，通过丙烯干燥器 A402 干燥后，与氢气混合进入 MAPD 转化器 R402 进行液相加氢反应，加氢转化器出口物料进入罐 D406 进行汽液分离。分离的液相，一部分循环至转化器入口以稀释转化器的进料中的 MAPD 浓度，从而减小反应器进出料的温升，进而降低转化反应过程中丙烯的汽化量，其余液体则进入丙烯精馏塔系统。

丙烯精馏系统由 1 号丙烯精馏塔 T406（提馏段）和 2 号丙烯精馏塔 T407（精馏段）组成，2 号丙烯精馏塔的塔顶回流用循环水冷凝塔顶物料提供，1 号丙烯精馏塔的塔底再沸器用急冷水加热。2号丙烯精馏塔的塔顶的末凝气体返回裂解气压缩工序,产品聚合级丙烯从2号丙烯精馏塔塔顶侧线采出直接送至装置罐区的丙烯球罐储存,1号丙烯精馏塔塔底的丙烷循环至裂解炉作为裂解原料。

(二)设备列表

热区分离精制单元见表1-29。

表1-29 热区分离精制单元设备

序 号	位 号	名 称	说 明
1	A402	丙烯干燥器	
2	D404	高压脱丙烷塔回流罐	
3	D405	低压脱丙烷塔回流罐	
4	D406	MAPD反应器分离罐	
5	D407	2号丙烯精馏塔回流罐	
6	D408	脱丁烷塔回流罐	
7	D413	E413低压蒸汽凝液罐	
8	D414	E416低压蒸汽凝液罐	
9	D415	E423低压蒸汽凝液罐	
10	E411	高压脱丙烷塔顶冷凝器	
11	E412	高压脱丙烷塔进出料换热器	
12	E413	高压脱丙烷塔底再沸器	
13	E414	低压脱丙烷塔顶冷却器	
14	E415	低压脱丙烷塔顶冷凝器	
15	E416	低压脱丙烷塔底再沸器	
16	E417	MAPD反应器出口冷却器	
17	E419	1号丙烯精馏塔底再沸器	
18	E420	1号丙烯精馏塔中间再沸器	
19	E421	2号丙烯精馏塔顶冷凝器	
20	E422	丙烯尾气冷却器	
21	E423	脱丁烷塔底再沸器	
22	E424	脱丁烷塔顶冷凝器	
23	P404	高压脱丙烷塔回流泵	
24	P405	低压脱丙烷塔回流泵	
25	P406	脱丙烷塔产品泵	
26	P407	MAPD反应器的循环泵	
27	P408	1号丙烯精馏塔回流泵	
28	P409	2号丙烯精馏塔回流泵	
29	P410	脱丁烷塔回流泵	
30	R402	MAPD转化器	
31	T403	高压脱丙烷塔	
32	T404	低压脱丙烷塔	
33	T405	脱丁烷塔	
34	T406	1号丙烯精馏塔	
35	T407	2号丙烯精馏塔	

（三）仪表列表

热区分离精制单元仪表见表1－30。

表1－30　热区分离精制单元仪表

序　号	仪表　号	说　明	单　位	正常数据	量　程	报警值
1	AI4501	T403 塔顶 MAPD 含量	%	5.48	100	
2	AI4502	T404 塔釜 MAPD 含量	%	0.0	100	
3	AI4503	R402 入口 MAPD 含量	%	2.25	100	
4	AI4504	R402 出口 MAPD 含量	%	0.0	100	
5	AIC4505	丙烯精馏组分控制	%	75.71	100	
6	AI4506	丙烯产品丙烯的含量	%	99.50	100	
7	FIC4501	T403 进料流量控制	kg/h	19531	25000	
8	FIC4502	T403 去 T404 流量控制	kg/h	7941	12000	
9	FIC4503	T403 回流量控制	kg/h	28624	40000	
10	FIC4504	E413 蒸汽流量控制	t/h	57	100	
11	FIC4505	T404 进料流量控制	kg/h	11951	20000	
12	FIC4506	E416 的蒸汽流量控制	t/h	50	100	
13	FIC4507	T404 去 T405 流量控制	kg/h	15261	20000	
14	FIC4508	T404 回流量控制	kg/h	8997	15000	
15	FIC4509	T404 返回 T403 流量控制	kg/h	4631	10000	
16	FIC4510	R402 进料流量控制	kg/h	16221	20000	
17	FFIC4511	去 R101 氢气进料	kg/h	84	150	
18	FFIC4512	R101 循环烃进料流量控制	kg/h	23145	30000	
19	FIC4513	1 号精馏塔的进料流量控制	kg/h	16305	20000	
20	FIC4514	E419 急冷水流量控制	t/h	100	200	
21	FIC4515	循环丙烷出料流量控制	kg/h	1414	5000	
22	FIC4516	T406 中部加热量控制	kg/h	47276	80000	
23	FIC4517	E420 急冷水流量控制	t/h	100	200	
24	FIC4518	T407 返回 T406 流量控制	t/h	235.03	400	
25	FIC4519	T407 返回流量控制	t/h	235.03	400	
26	FFIC4520	丙烯采出流量控制	kg/h	13965	20000	
27	FIC4521	二号丙烯精馏塔回流量	t/h	234.64	400	
28	FIC4522	D407 返回流量控制	t/h	234.64	400	
29	FIC4523	丙烯尾气量	kg/h	926	5000	
30	FIC4524	E423 蒸汽流量控制	t/h	50	100	
31	FIC4525	脱丁烷塔釜出料流量控制	kg/h	5684	10000	
32	FIC4526	T405 回流量控制	kg/h	14271	25000	
33	FIC4527	C_4 采出流量控制	kg/h	9577	15000	
34	PIC4501	T403 塔顶压力控制	MPa	1.54	3	

序 号	仪表号	说 明	单 位	正常数据	量 程	报警值
35	PIC4502	T403 塔顶压力控制	MPa	1.54	3	
36	PDI4503	T403 压力差显示	kPa	40	800	
37	PI4504	A402 的压力显示	MPa	2.9	5	
38	PIC4505	T404 塔顶压力控制	MPa	0.599	1.2	
39	PIC4506	T404 塔顶压力控制	MPa	0.599	1.2	
40	PI4507	R402 混合烃压力显示	MPa	2.73	5	
41	PIC4508	D406 的压力控制	MPa	2.46	5	
42	PDI4509	R402 压差显示	kPa	165	250	
43	PI4510	T406 塔顶压力显示	MPa	1.8	4	
44	PIC4511	T407 塔顶压力控制	MPa	1.75	3.5	
45	PIC4512	T407 塔顶压力控制	MPa	1.75	3.5	
46	PDI4513	T406 压力差显示	kPa	80	150	
47	PDI4514	T407 压力差显示	kPa	40	80	
48	PIC4515	T405 塔顶压力控制	MPa	0.408	1	
49	PIC4516	T405 塔顶压力控制	MPa	0.408	1	
50	PDI4517	T405 压力差显示	kPa	40	80	
51	LIC4501	T403 塔釜液位控制	%	50	100	
52	LIC4502	D404 液位控制	%	50	100	
53	LIC4503	D413 液位控制	%	50	100	
54	LIC4504	T404 塔釜液位控制	%	50	100	
55	LIC4505	D405 液位控制	%	50	100	
56	LIC4506	D414 液位控制	%	50	100	
57	LIC4507	D406 液位控制	%	50	100	
58	LIC4508	T406 塔釜液位控制	%	50	100	
59	LIC4509	T407 塔釜液位控制	%	50	100	
60	LIC4510	D407 液位控制	%	50	100	
61	LIC4511	E420 液位控制	%	50	100	
62	LIC4512	T405 塔釜液位控制	%	50	100	
63	LIC4513	D408 液位控制	%	50	100	
64	LIC4514	D415 液位控制	%	50	100	
65	TI4501	T403 进料温度显示	℃	60.2	100	
66	TI4502	T403 进料温度显示	℃	57.2	100	
67	TI4503	T403 塔釜出料温度显示	℃	82	100	
68	TIC4504	T403 塔釜温度控制	℃	70	100	
69	TI4505	T403 塔顶物流温度显示	℃	41.9	100	
70	TI4506	A402 出口物流温度显示	℃	41.5	100	
71	TI4508	D404 出口温度显示	℃	41.5	100	

序 号	仪表号	说　明	单　位	正常数据	量　程	报警值
72	TIC4509	T404 塔釜温度控制	℃	60	100	
73	TI4510	T404 塔釜出料温度显示	℃	73	100	
74	TI4511	T404 塔顶物流温度显示	℃	27.2	100	
75	TI4513	T403 去 T404 物流温度显示	℃	31.8	100	
76	TI4514	D405 出口温度显示	℃	10	100	
77	TI4516	R402 混合进料温度显示	℃	36.9	100	
78	TI4517	R402 出料温度显示	℃	60.8	100	
79	TI4518	D406 进料温度显示	℃	40	100	
80	TI4519	D406 出口温度显示	℃	40	100	
81	TI4520	T406 塔中温度显示	℃	51	100	
82	TI4521	T406 塔釜出料温度显示	℃	56.7	100	
83	TI4522	T406 塔顶物流温度显示	℃	46.6	100	
84	TI4523	E420 热物流进料温度显示	℃	49.1	100	
85	TI4524	E420 冷热物流 出料温度显示	℃	49.5	100	
86	TI4525	T407 塔釜出料温度显示	℃	46.6	100	
87	TI4526	丙烯产品采出温度显示	℃	45.2	100	
88	TI4527	T407 塔顶物流温度显示	℃	44.9	100	
89	TI4529	D407 出口温度显示	℃	41.5	100	
90	TI4530	D407 未凝气温度显示	℃	33	100	
91	TIC4531	T405 塔釜温度控制	℃	88	150	
92	TI4532	T405 塔釜出料温度显示	℃	106.3	150	
93	TI4533	T405 塔顶物流温度显示	℃	46	100	
94	TI4535	D408 出口温度显示	℃	39	100	

（四）操作参数

热区分离精制单元操作参数见表 1-31。

表 1-31　热区分离精制单元操作参数

设 备 名 称	物 流 名 称	温度,℃	压力, MPa	流量, kg/h
高压脱丙烷塔 T403	从脱乙烷塔来进料	60.2	1.6	19531
	T404 返回量	57.2	1.6	4631
	塔顶回流量	41.5	1.55	28624
	塔顶出塔	41.9	1.55	44845
	去 T404 量	82	1.6	7941
低压脱丙烷塔 T404	从凝液汽提塔来进料	45	6.2	11951
	塔顶回流量	10	1.1	8997
	T403 返回量	31.8	1.52	7941
	塔顶出塔	27.2	1.55	13628
	塔釜出料	73	0.65	15261

设 备 名 称	物 流 名 称	温度,℃	压力，MPa	流量，kg/h
MAPD 加氢反应器 R402	总进料流量	36.9	2.73	39450
	罐底出料	60.8	2.46	39450
	新鲜进料	41.5	2.73	16221
	循环进料	40	2.73	23145
	反应器配氢量	15.8	2.73	84
1 号丙烯精馏塔 T406	从 D406 来进料	40	1.8	16305
	T407 返回量	46.6	1.8	235029
	塔顶出塔	46.6	1.8	249920
	塔釜出料	56.7	1.88	1414
2 号丙烯精馏塔 T407	从 T406 来进料	46.6	1.8	249920
	塔顶回流量	41.5	1.75	234641
	塔顶出塔	44.9	1.75	235567
	产品侧采	45	1.76	13965
	去 T406 量	46.6	1.8	235029
脱丁烷塔 T405	从 T404 来进料	73	0.65	15261
	塔顶回流量	39	0.408	14271
	塔顶出塔	39	0.408	9577
	塔釜出料	106.3	0.45	5684

（五）热区分离单元仿真 PI&D 图

热区分离单元仿真 PI&D 图如图 1-36 ~ 图 1-40 所示。

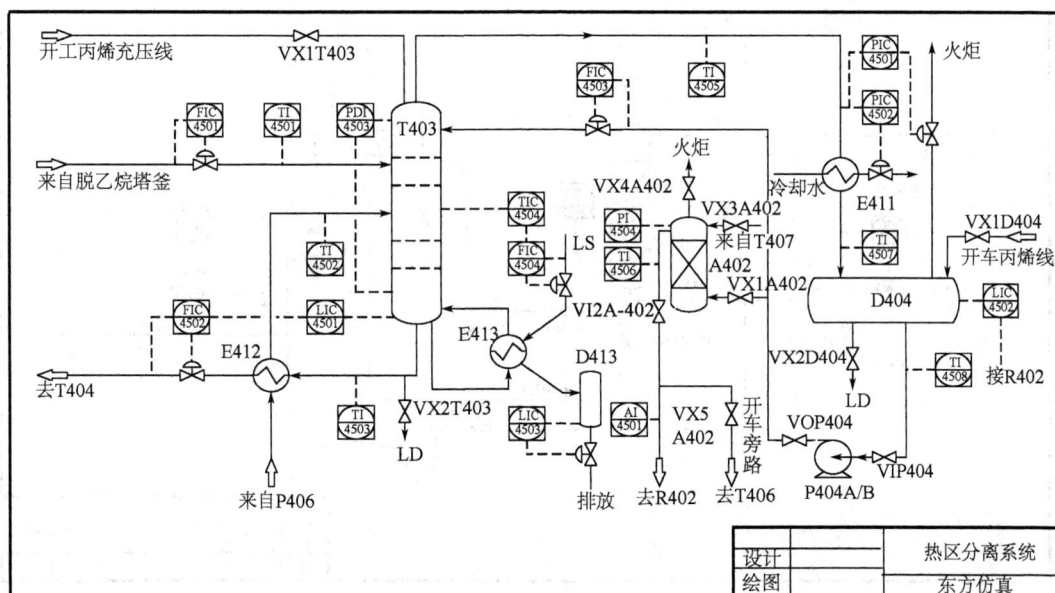

图 1-36 高压脱丙烷

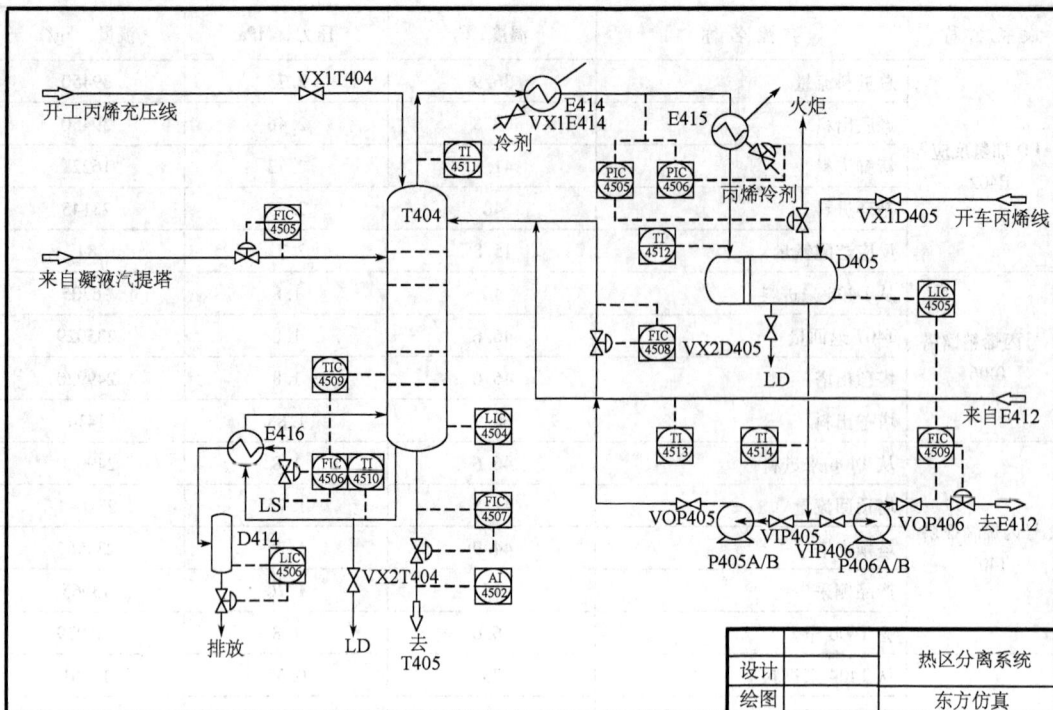

图 1-37 低压脱丙烷

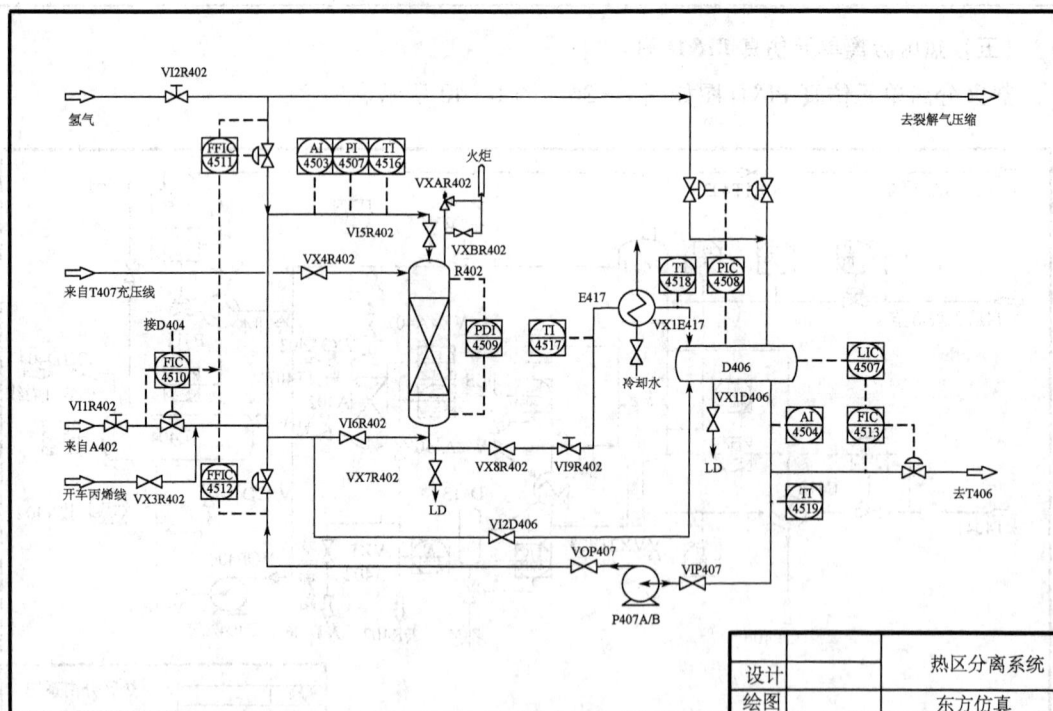

图 1-38 MAPD 转化器系统

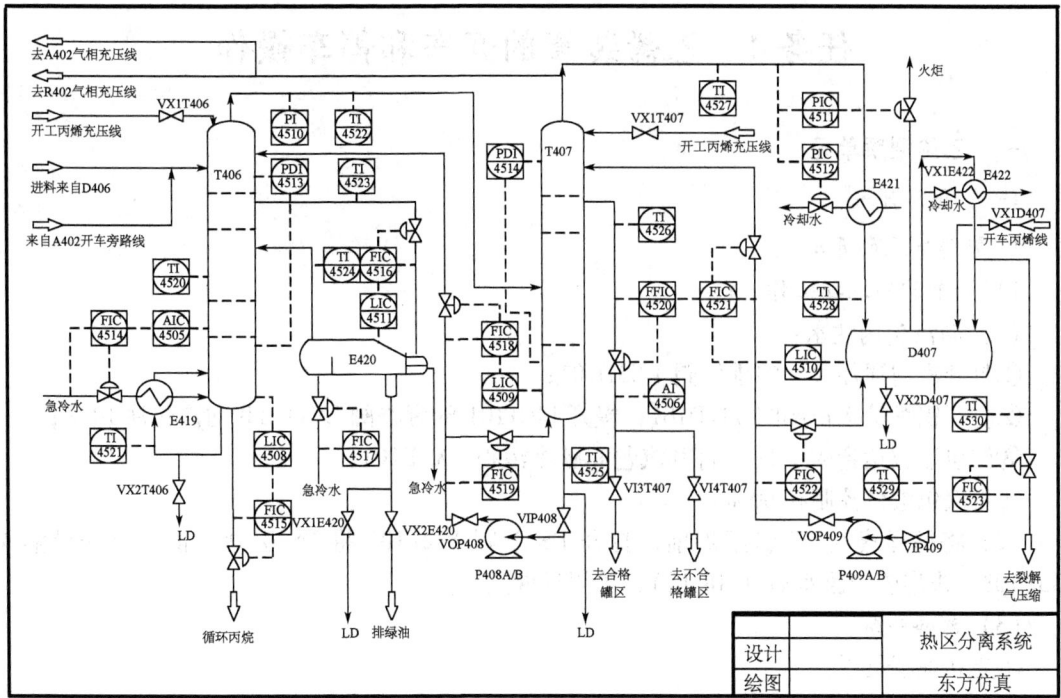

图 1-39 丙烯精馏

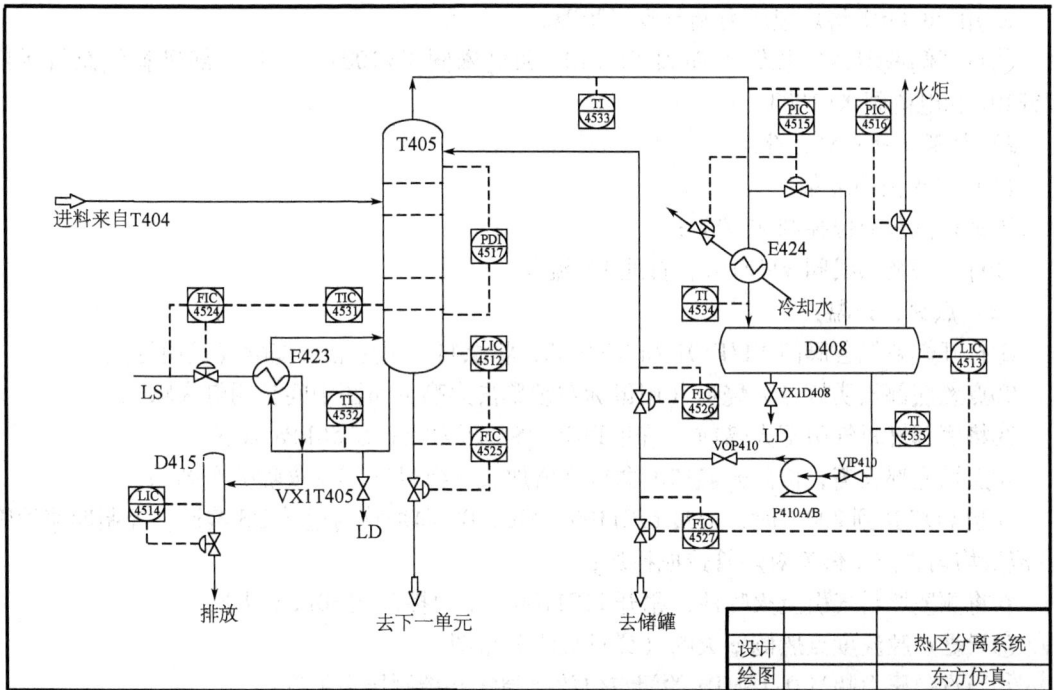

图 1-40 脱丁烷

任务 4　乙烯装置的开车和停车操作

一、乙烯裂解单元

（一）正常开车

1. 裂解单元的开车

1）开车前的准备工作

（1）向汽包内注水：

①打开汽包通往大气的排放阀 VX3D101；

②打开锅炉给水根部阀 VI1D101，慢开 LIC1101 的旁路阀 LV1101B 向汽包注 BFW；

③汽包液位达到 40%时，打开汽包间歇排污阀 VX1D101；

④将汽包液位控制在 60%。

（2）将稀释蒸汽 DS 引至炉前，打开 DS 总阀 VI2F101 将 DS 引到炉前，打开导淋阀 VI3E103，排出管内凝水后（10s 后），关闭导淋阀。

（3）燃料系统：

①建立炉膛负压：

a. 打开底部烧嘴风门 VX3F101，打开左侧壁烧嘴风门 VX4F101，打开右侧壁烧嘴风门 VX5F101；

b. 启动引风机 Y101；

c. 用 PIC1101 将炉膛压力调节到 -30Pa。

②打开侧壁燃料气总管手动阀 VI5F101 和电磁阀 XV1004，打开底部燃料气总管手阀 VI6F101 和电磁阀 XV1003。

2）裂解炉的点火、升温

（1）点火前的准备：

①确认汽包液位控制在 60%；

②打开去清焦线阀 VI4F101，打通 DS 流程。

（2）点火，升温：

①打开燃料气各阀门 VI7F101 和 XV1002，将燃料气引至点火烧嘴（长明灯）；

②点燃底部长明灯点火烧嘴（用鼠标左键单击火嘴分布图中间长明灯火嘴）；

③将底部燃料气引至火嘴前，稍开 PIC1105，压力控制在 50kPa 以下；

④点燃底部火嘴，按照升温速度曲线来增加点火数目（详见火嘴分布图）；

⑤当 COT 达到 200℃时，通过 FIC1105 ~ FIC1108 向炉管内通入 DS 蒸汽，控制四路炉管 DS 流量均匀，防止偏流对炉管造成损坏；

⑥将侧壁燃料气引至火嘴前，稍开 PIC1104，压力控制在 30kPa 以下；

⑦根据炉膛温度点燃侧壁火嘴（详见火嘴分布图）；

⑧当汽包压力超过 0.15MPa 关闭汽包放空阀，并控制压力上升；

⑨当 COT 达到 200℃时，稍开消音器阀 VX1F101，使汽包产生的蒸汽由消音器放空；

⑩整个过程中，注意控制汽包液位 LIC1101、炉膛负压 PIC1101 和烟气氧含量；

⑪继续增加点燃的火嘴，按照升温速度曲线升温（详见升温曲线图）；

⑫根据 COT 的变化增加 DS 量：

a. COT：200～550℃，正常 DS 流量的 100%；

b. COT：550～760℃，正常 DS 流量的 120%；

c. COT：760～投油温度，正常 DS 流量的 100%；

⑬当 SS 过热温度 TIC1106 达到 450℃时，应通过控制阀注入少量无磷水，将蒸汽温度控制在 520℃左右；当 SS 过热温度 TIC1105 达到 400℃，应通过控制阀注入少量无磷水，将蒸汽温度控制在 400℃左右；

⑭当烟气温度超过 220℃，打开 DS 原料跨线阀门，打开 FIC1101～FIC1104 阀门，引适量的 DS 进入石脑油进料管线，防止炉管损坏。

3）过热蒸汽备用状态

（1）将 COT 维持在 760℃，DS 通入量为正常量的 120%。

（2）当 COT 大于 760℃手动逐渐关闭消音器放空阀 VX1F101，使 SS 压力升至 12.4MPa 后，打开 SS 管线阀 VX2F101，将其并入高压蒸汽管网。

（3）打开 LIC1101，关闭旁路阀 LV1101B。

（4）将汽包液位 LIC1101 控制在 60%投自动。

（5）根据工艺条件投用相应的联锁。

裂解炉升温曲线如图 1-41 所示。

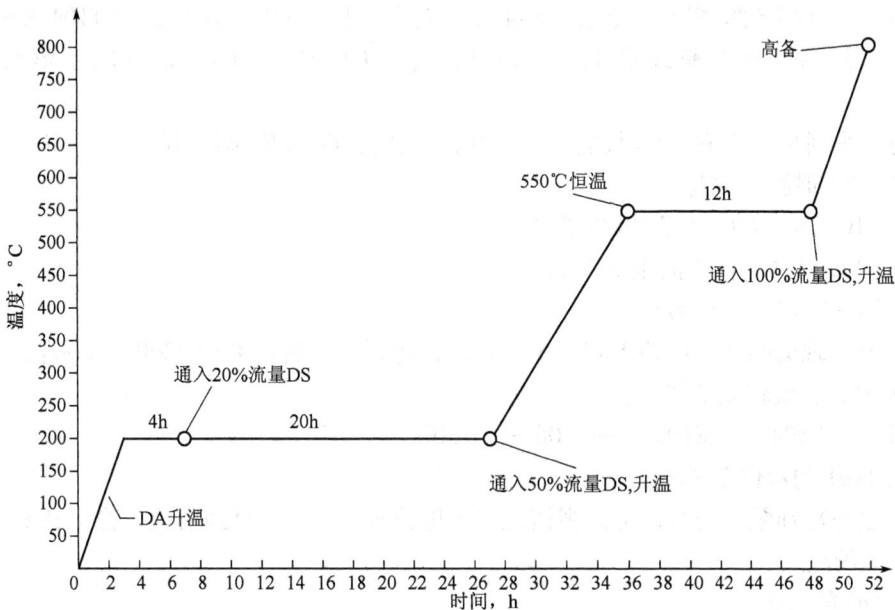

图 1-41　裂解炉升温曲线图

注：加热过程中实际的时间对应仿真时钟比为 1h：15s。

4）连接急冷部分（当急冷系统具备接收裂解气状态时）

（1）在 COT 温度 TIC1104 稳定在 760℃后，关闭清焦线手阀 VI4F101，打开裂解气输送线手阀 VI3F101，将流出物从清焦线切换至输送线。

（2）迅速打开急冷油总管阀门 TV1102 和 TV1103。

（3）投用急冷油，投用急冷器出口温度控制 TIC1102、TIC1103，将急冷器出口温度

TIC1102、TIC1103 控制在 213℃。

5）投油操作

（1）打开石脑油进料阀 VI1F101 及电磁阀 XV1001。

（2）经过 FIC1101 ~ FIC1104 阀门投石脑油，通过 PIC1104，PIC1105 增加燃料气压力，保持 COT 不低于 760℃，并迅速升温至 832℃。

（3）在尽可能短的时间内将进料量增加到正常值 FIC1110 控制在 36.0t/h。

（4）迅速关闭 DS 原料跨线阀门 VI2E103。

（5）将石脑油裂解的 COT 增加至正常操作温度，TIC1104 控制在 832℃，并迅速将 DS 减至正常值 FIC1105 ~ FIC1106 控制在 4.5t/h。同时将 COT 稳定在 832℃，并将 TIC1104、PIC1104 投串级控制。

2. 急冷系统的开车

1）引 QW 和 QW 的加热

（1）打开 T103 脱盐水阀 VX1T103 向塔里补入精制水，当塔液位达 80% 时，启动 QW 水泵，建立 QW 循环。打开 PDC1402，投用压差控制阀。

QW 循环流程为：泵出口 ——→ 各用户 ——→ FIC1401，FIC1402 回塔里。

（2）当急冷水泵外送时，可以适当补脱盐水入塔里，直到塔液位不下降，保证塔内水液位 80% 或更高，然后停脱盐水补入。

（3）QW 的加热：

①将 T104 的 LS 跨塔顶蒸汽线阀 VX1E110 打开，稍开 FIC1501 阀，对 T104 暖塔；

②塔暖好后，开大跨线阀 LS 至 T103，与 FIC1401、FIC1402 返回水混合后加热急冷水；

③急冷水到 80℃ 左右，LS 线去 T104 顶跨线关闭，FIC1501 阀稍开一些，T103 急冷水温度可以通过冷却器来控制。

（4）T103 的压力设定至 20kPa 左右。

（5）T103 汽油槽接汽油至 90% 液位。

2）引开工 QO 和 QO 的加热

（1）打开现场的开工油补入阀门 VX1T101，将开工油装入 T101 塔里，塔液位达到 60% 时，启动 P101，流程设定如下：

P101 ——→ E104 ——→ E105 ——→ E106 ——→ T101。

控制 T101 的液位在 80%。

（2）当急冷油泵外送时，可以视情况向塔里补入开工油，直到塔液位稳定在 80% 左右，停止开工油的注入。

（3）QO 的加热：

①通过开 PIC1501，将 E104E 输水线阀 VI1E104 打开，使 DS 逆向进入 E104 壳层（注意 E104 升汽线阀 VI3E104 关）；

②缓慢加热 QO 直到 130℃ 左右，并控制温度在 130℃ 左右，具备接收裂解气的条件；

③若 T101 顶温达到 90℃ 时，可启用汽油回流，控制塔顶温度，防止轻组分挥发。

3）调节准备接收裂解气

（1）QO 循环正常，温度加热至 130℃ 左右。

（2）QW 循环正常，QW 加热至 80℃ 左右。

（3）汽油槽接汽油至 90% 液位。

（4）调整 T102 底部汽提蒸汽量，温度升至 130℃ 以上。

（5）控制压差控制阀 PDC1402 压差为 0.7MPa，保证换热器换热稳定。

（6）T104 投用，P105 正常备用，FV1501 稍开一些；

①启动 P105，将工艺水引至 T104；

②投用 T104 再沸器，控制温度 TIC1501 至 118℃ 左右；

③通过 QW 循环水的水量，控制 T103 温度在 85℃ 左右。

（7）D102 发生器系统正常。

4）急冷接收裂解气的调整

（1）当裂解气进入 T101 塔后，调整汽油回流，控制顶温在 104℃ 左右，调整 T101 中部回流，控制油冷塔塔釜液位、塔釜温度、塔中点温度，及时采出柴油。

（2）打开各用户返回 T103 手动阀，T103 控制顶温在 28℃ 左右，釜温在 85℃ 左右，QW 冷却器投用，控制液位在 60%，汽油槽液位为 70%，不够时补入 NAP（石脑油）。

（3）汽油外采流程打通，T103 塔压力控制在 20kPa。

（4）T104 系统，调整塔的汽提蒸汽和再沸器，控制塔釜液位、温度。

（5）当 QO 温度至 160℃ 时，投用稀释蒸汽发生系统，E104 进水阀打开，启动 P106 缓慢进水至 D102，注意调整 DS 压力和液位。

（6）当 T101 液位大于 80% 时，投用 T102 塔，调节 FIC1301、FIC1302 控制好 FO 塔温度，投用 E107，控制 FO 外送温度为 80℃。

（二）热态开车

开车前的状态：装置处于蒸汽热备用状态。

1. 裂解炉热态开车

1）连接急冷部分（当急冷系统具备接收裂解气状态时）

（1）在 COT 温度 TIC1104 稳定在 760℃ 后，关闭清焦线手阀 VI4F101，打开裂解气输送线手阀 VI3F101，将流出物从清焦线切换至输送线。

（2）迅速打开急冷油总管阀门 TV1102 和 TV1103。

（3）投用急冷油，投用急冷器出口温度控制 TIC1102、TIC1103，将急冷器出口温度 TIC1102，TIC1103 控制在 213℃。

2）投油操作

（1）打开石脑油进料阀 VI1F101 及电磁阀 XV1001。

（2）经过 FIC1101～FIC1104 阀门投石脑油，通过 PIC1104、PIC1105 增加燃料气压力，保持 COT 不低于 760℃，并升温至 832℃。

（3）在尽可能短的时间内将进料量增加到正常值 FIC1110 控制在 36.0t/h。

（4）迅速关闭 DS 原料跨线阀门 VI2E103。

（5）将石脑油裂解的 COT 增加至正常操作温度 TIC1104 控制在 832℃，并将 DS 减至正常值，FIC1105～FIC1106 控制在 4.5t/h，将 COT 稳定在 832℃，并将 TIC1104、PIC1104 投串级控制。

2. 急冷系统热态开车

1) 调节准备接收裂解气

(1) QO 循环正常，温度加热至 130℃ 左右。

(2) QW 循环正常，QW 加热至 80℃ 左右。

(3) 汽油槽接汽油至 90% 液位 (NAP)。

(4) 调整 T102 底部汽提蒸汽量，温度升至 130℃ 以上。

(5) 控制压差控制阀 PDC1402 压差为 0.7MPa，保证换热器换热稳定。

(6) T104 投用，P105 正常备用，FV1501 稍开一些；

①启动 P105，将工艺水引至 T104；

②投用 T104 再沸器，控制温度 TIC1501 至 118℃ 左右；

③通过 QW 循环水的水量，控制 T103 温度在 85℃ 左右。

(7) D102 发生器系统正常。

2) 急冷接收裂解气的调整

(1) 当裂解气进入 T101 塔后，调整汽油回流，控制顶温在 104±3℃，调整 T101 中部回流，控制油冷塔塔釜液位、塔釜温度、塔中点温度，及时采出柴油。

(2) 打开各用户返回 T103 手操阀，T103 控制顶温在 28℃ 左右，釜温在 85℃ 左右，QW 冷却器投用，控制液位在 60%，汽油槽液位为 70%，不够时补入 NAP (石脑油)。

(3) 汽油外采流程打通，T103 塔顶压力控制在 20kPa。

(4) T104 系统，调整塔的汽提蒸汽和再沸器，控制塔釜液位在 60% 和温度正常。

(5) 当 QO 温度 TI1208 至 160℃ 时，投用稀释蒸汽发生系统，E104 进水阀打开，启动 P106 缓慢进水至 D102，注意调整 DS 压力和液位。

(6) 当 T101 液位大于 60% 时，投用 T102 塔，调节 FIC1301、FIC1302 控制好 FO 塔温度，投用 E107，控制 FO 外送温度为 80℃。

(三) 正常运行

开始时的状态：装置处于正常操作状态。

维持各参数在正常操作条件下 (参看操作参数列表)。

(四) 正常停车

1. 裂解炉停车

1) 降负荷、停烃进料

(1) 逐步将烃进料降低至 70%，同时适当加大 DS 流量至 120%，适当降低 COT 温度至 800℃。

(2) 停烃进料：在 5~10min 内减少至零，同时提高 DS 流量，以控制炉出口温度稳定在 760~800℃ 之间，同时按点火相反的顺序熄灭部分火嘴。

(3) 停进料后，关烃进料隔离阀 VI1F101，打开 VI2E103 用蒸汽吹扫隔离阀下游的烃进料管线。

(4) 将 DS 增至设计量的 180%，维持炉出口温度在 760~800℃，同时调节风门以控制炉膛负压在 -30Pa 左右，控制烟气氧含量。

(5) 停急冷油，打开清焦管线阀 VI4F101，同时关闭裂解气总管阀 VI3F101。

2) 停炉

(1) 保持设计值的 100% 的 DS 量，冷却速度为 50~100℃/min，直至 COT

达 760℃。

（2）逐个熄灭火嘴，按 50~100℃/min 的速率当 COT 温度低于 400℃时将 TLE 的蒸汽包排放至常压，SS 改由消音器 VX1F101 放空，注意汽包液位。

（3）继续熄灭火嘴，且减小 DS 量，当炉管出口温度低于 200℃时，中断 DS，全关烧嘴，关燃料气截止阀 VI5F101、VI6F101、DS 截止阀 VI1F101，关汽包消音器阀 VX1F101，关汽包进水阀 VI1D101。

2. 急冷系统停车

1）降负荷，降进料

（1）随着裂解炉系统的降负荷（至 70%），逐步减少 T101 柴油的采出和 T102 的汽提蒸汽。

（2）在降负荷期间，控制 T101、T102、T103、T104 和 D102 液位，并维持正常的温度和压力。

（3）DS 不足时，直接从管网补入。

（4）裂解炉停进料后，停 T101 柴油采出。

2）急冷系统停车

（1）当裂解炉停进料后，T101 继续回流降温，在 T101 釜温降至 150℃之前，尽量将 T101 釜液排至 T102，并从 T102 排出；当 T101 液位降至 5%左右，再补充开工油至 T101，使其液位升至 60%左右。

（2）关闭 T103 顶部裂解气至压缩工段阀门，改由排放控制压力，当压力不足时，可以补入氮气控制压力。

（3）当 T101 温度低于 90℃后，将 T101 釜夜向 T102 排放，当 T101 液位降至 30%时，停止向 T102 进料，同时停 T102 汽提蒸汽。

（4）当 F101 停进 DS 后，注意 T103、T104 和 D102 的液位过低时停塔底泵：

①关闭各用户返回 T103 手动阀；

②停 T104 再沸器及汽提蒸汽；

③当 T103 界位低于 30%时，停 P105；

④当 T103 液位低于 30%时，停 P104；

⑤当 T104 液位低于 30%时，停 P106。

（5）当 T101 釜温降至 90℃以下时，停止汽油回流。

（6）逐步减小 T101 的 QO 循环，T101 釜温降至 130℃后，停 P101。

（7）逐步降低 T103 的 QW 循环量，当 T103 温度降至 40℃后，停 P103，停止循环。

（8）泄液：

①将 T101 塔釜残液排尽后，关闭排泄阀门；

②将 T102 塔釜残液排尽，关闭排泄阀门；

③将 T103 塔釜油和水排尽，关闭排泄阀门；

④将 T104 塔釜残液排尽，关闭排泄阀门；

⑤将 D102 底部水排尽，关闭排泄阀门；

⑥将 E106 底部水排尽，关闭排泄阀门。

（9）泄压：

①通过 T103 塔顶放空，将 T101、T102、T103 和 T104 压力泄至常压。

②通过 D102 顶部排放，将 D102 压力泄至常压。

二、丙烯压缩制冷单元

（一）冷态开车过程

1. 接气相丙烯充压

（1）打通流程。手动全开 4 段、3 段、2 段、1 段最小回流阀，使 D-504、D-505、D-503、D-502、D-501 连通，确认排火炬线全关，投自动并设定合理值，排 LD 线上的阀关闭。

（2）现场打开 D-504 气相丙烯充气阀，向系统充压。

（3）待系统中各段压力升至 550～750kPa 左右，关闭 D-504 气相丙烯充气阀，充压完成。

（4）稍后，系统均压，各段压力在 700kPa 左右。

2. 接液态丙烯

待系统充气均压基本完成后，可以接液态丙烯。

（1）现场打开 D-504 液态丙烯开工线，向 D-504 充液。

（2）待 D-504 液位升至 40% 以上后，通过 LIC5006 将液态丙烯引至 D-503，进行充液。

（3）若 D-503 出现 40% 左右的液位时，则打开 LIC5004 使 D-502 开始接收液态丙烯。

（4）最终控制充液量至 D-502、D-503 液位达 50% 左右、D-504 液位达 80% 左右后，关闭液态丙烯开工线。

（5）确认防喘振阀 FIC5001、FIC5002、FIC5003、FIC5004 全开。

（6）检查确认油压、油温、蒸汽压力、温度、真空度、复水器液位、仪表系统正常，联锁系统投用，系统无跳闸、报警信号存在。

（7）打开 E505 的冷却水入口阀。

3. 油系统开车

（1）给油箱 D-508 注 46 号透平油，使其液位在 85%～90% 左右。

（2）检查油箱温度 TI5030，若低于 30℃ 则投用 E-513 使油箱加热至 30℃ 左右。

（3）按泵的启动程序启动 P-503A，设定 PIC5030 为 3450kPa，P-503B 投入备用状态（打开泵出入口阀）。

（4）投油冷却器 E514A 冷却水，E514B 投备用状态（入口阀开，液位达到 50%）。

（5）确认油泵正常后，打开润滑油到高位槽管路上的所有阀门，给润滑油高位槽 D-510 充油，当有油回流（D501 液位 100%）则关闭充油阀。

（6）LIC5032 液位控制投自动设定正常值，调节 D-511 液位至 50%。

（7）分别将控制油控制 PIC5031、润滑油压力控制 PIC5032 投自动控制设定值分别为 1450kPa、320kPa 左右。

（8）检查 E-513 的加热情况及油冷却器的冷却水量情况，油冷却器出口温度 TI-5032。

4. 复水系统开车

（1）向复水器 E-515 供冷却水。

（2）打开旁通给 E-515 供 DM 水，当液位达到 65% 时关闭。

（3）按泵的启动程序启动 P-502A，P-502B 投备用状态（打开泵出入口阀）。

（4）投复水器冷却水。

（5）开 PIC5050 分程控制表面冷凝器液位（全关为排液外送）。

（6）真空系统投用：

①确认蒸汽密封投用（已经投用，无需操作）；

②先打开开工喷射泵 P-504 的蒸汽阀，再打开不凝气阀；

③待真空度达到 -30kPa 时，切换至二级、一级喷射泵 P-505A，停开工喷射泵（顺序为依次关闭空气阀、蒸汽阀）注意真空度。

注：压缩机启动后，若系统内液态丙烯不足，可再次充液补充。

5. 暖机，启动准备

（1）启动盘车（盘车按钮）。

（2）约 15~20s 后，停盘车。

（3）压缩机复位（PB5001R）。

（4）将压缩机入口和出口电磁阀打开（VI1C501、VI2C501、VI3C501、VI4C501、VI5C501）。

（5）打开蒸汽隔离阀及消音器，进行暖管，温度达到 254℃ 以上。

（6）当温度达到 254℃ 后，开汽轮机主汽阀 VI6C501。

（7）将联锁系统投用（HS5002）。

（8）检查确认油压、油温、蒸汽压力、温度、真空度、复水器液位、仪表系统正常，联锁系统投用，系统无跳闸、报警信号存在。

（9）打开 E505 的冷却水入口阀。

（10）现场打开 E505 冷却水阀至正常。

（11）缓慢开大手轮开度，使转速达到 1000r/min 左右。

（12）在 1000r/min 左右转速下，按停车按钮 HS5001，进行联锁实验。

6. 启动压缩机

1）重新启动压缩机

（1）将压缩机调速手轮开度归零。

（2）将压缩机联锁复位（PB5001R）。

（3）重新将电磁阀 VI1C501、VI2C501、VI3C501、VI4C501、VI5C501 复位。

（4）重新复位汽轮机主汽阀。

（5）用手轮将压缩机转速升到 1000r/min 左右。

2）压缩机升速

（1）按升速曲线，通过手轮将压缩机转速连续升到最小可调转速：1000r/min ——> 2000r/min ——>3000r/min ——>4560r/min。

（2）通过临界转速附近时快速通过。

在升速过程中要随时观察各段入口、出口温度压力的变化，并通过 TIC5003、TIC5004 和 TIC5005 注意各罐液位的控制。

（3）控制好 D501 的温度，并随压力变化而变化，但不能使 D501 积液过多（不超过 5%）。

注：在压缩机升速及正常运行过程中，注意控制一段吸入罐的温度不大于20℃；四段吸入罐液位不低于10%，压缩机各段吸入量不能低于最小流量。正常运行最小流量值见表1-32。

表1-32 正常运行最小流量值

分段	一段	二段	三段	四段
最小流量，t/h	63.0	18.5	8.0	11.0

7. 无负荷下调整

（1）在转速至4560r/min处于最小可调转速，将其调节由手轮切换到主控PIC5002控制升速（"调速切换"至PIC）。

（2）通过逐步关小各段的最小回流阀开度，建立各段压力，不可过快过猛。

（3）若D-505内开始出现液位，则启用LIC5009，向D504转液。

（4）在以上过程中，随时调节保持各段相应的温度。

（5）最终将各段压力调整正常，同时温度接近正常冷级。

（6）E-501建立液位（50%），为一段投负荷做准备。

（7）E-502建立液位（50%），为二段投负荷做准备。

（8）E-503建立液位（50%），为三段投负荷做准备。

（9）E-504建立液位（50%），为四段投负荷做准备。

（10）根据需要投用冷剂用户，注意随时监视液位，若需要则给丙烯系统补充丙烯。

注：在此阶段，随时注意一段吸入罐液位不高于5%。

8. 投用户负荷，调整至正常

（1）各级用户换热器控制好液位，将各冷级的热用户负荷投用（各用户负荷自动逐步升到100%，随着热用户负荷的上升，匹配投用相应的冷负荷）。

（2）在各冷级用户负荷上升过程中，随时注意各段的温度压力变化。

（3）通过PIC5002提升转速和调节各段最小回流量，在各用户不同的负荷阶段下，控制好各段温度、压力。

（4）注意观察控制各段吸收罐液位和各负荷用户的换热器及D-506、D-507液位控制。

（5）在控制各冷级温度的情况下，最终将各用户负荷全部投用，转速升至正常（6500），各段最小回流全关。

（6）选择合适条件，将各调节回路设定好，并投入自动控制。

注：在投用户负荷期间，注意控制段温度、压力、液位。

（二）热态开车过程

热态开车的起使状态是：压缩机处于最小可调转速，各段温度压力达到正常冷级，系统处于无负荷下的循环状态。

1. 建液位，投负荷，调整至正常

（1）压缩机处于最小可调转速，将其调节由手轮切换到PIC5002控制。

（2）若D505液位升至50%左右时，向D504排液，排披前先打开E511上的冷却水至正常（50%）。

（3）建立液位，调整至正常：

①E-501建立液位（50%），为一段投负荷做准备；

②E-502建立液位（50%），为二段投负荷做准备；

③E-503建立液位（50%），为三段投负荷做准备；

④E-504建立液位（50%），为四段投负荷做准备。

（4）分批分步进行，将各冷级热用户投用（各用户负荷自动逐步升到100%，随着热用户负荷的上升，匹配投用相应的冷负荷）。

（5）在上述过程中，随时注意各段温度压力的变化。

（6）通过PIC5002提升压缩机的转速和调节各段最小流量，在各用户不同的情况下，控制好各段温度压力。

（7）注意观察各段吸入罐的液位和各段用户的换热器及D506、D507的液位控制。

（8）在控制各冷级温度的情况下，最终将各用户负荷调整正常（100%），转速升至正常，各段最小回流全关，调节油系统及水系统循环。

（9）选择合适的条件，将各调节回路设定好，并投入自动控制。

2. 油系统及复水系统调整

在上述过程中及时调整油路系统及复水系统，使其与压缩机系统同步提升负荷。

（三）正常停车过程

1. 停负荷（用户负荷逐步下降），降转速

（1）取消各级用户负荷（热）的设定。

（2）在降负荷的过程中，调整各段最小回流开度，保持各段的温度、压力在正常指标。

（3）随热负荷的下降，逐渐取消各冷负荷（冷剂），并尽量将D506、D507中的液体排至上一级吸入罐。

（4）逐步将转速降至最小可调转速。

（5）将转速由PIC5002切换至手轮控制（PIC——手轮）。

注：在停负荷降转速过程中，随时调节最小回流，注意维持各段的温度、压力、液位的稳定。

2. 停压缩机、复水系统及油系统

（1）按下停车按钮HS5001，使压缩机联锁停车。

（2）确认各段最小回流阀全开，各段喷淋阀全关。

（3）停机后，将主汽阀手轮转至全关位置。

（4）关闭二级、一级真空喷射泵，破坏真空，待真空度为零后，停复水泵，关泵出口阀，将复水器中的凝液排空。

（5）确认油系统运行正常，若油温降到正常温度（30℃）后，可停油系统。

3. 排液、泄压

（1）待各吸入罐压力、温度基本均衡后排液。

（2）由各罐底部排液阀，将个罐液体排空。

（3）将各罐压力由顶部压力调节放空，泄压至常压。

（4）将各冷却水关闭。

（5）各用户换热器排液。

（6）将油系统中（包括罐、高位槽）中全部的油排到D508中，进行排液。

三、热区分离精制单元

（一）装置冷态开车过程

1. 开工前的准备工作及全面大检查

开工前全面大检查，设备处于良好的备用状态。各手动阀门处于关闭状态，所有仪表设定值和输出均为0.0。

2. 装置开工和各控制系统投运

1）高压和低压脱丙烷系统

（1）系统充压充液，建立循环。

①打开阀门VX1T403、VX1T404，高压和低压脱丙烷塔接气相丙烯充压，将高压脱丙烷塔压力充至0.8~1.0MPa，低压脱丙烷塔压力控制在0.5~0.6MPa，停止充压。

②打开阀门VX1D404、VX1D405，高压和低压脱丙烷塔接液相丙烯，D405罐液位达到50%时启动P405泵给T404塔打回流，待塔釜液位达10%以上时，稍投塔釜再沸器E416，塔顶压力由PV4505和PV4506控制。

③启动P406泵向高压脱丙烷塔送料，待塔釜液位达10%以上时，投用高压脱丙烷塔釜再沸器E413，塔顶压力由PV4501和PV4502控制在0.6MPa，当T403塔顶回流罐D404液位达到50%时，启动P404给高压脱丙烷塔打回流，当高压脱丙烷塔釜液位达到50%时，停止接液相丙烯，同时在FV4502控制下开始向低压脱丙烷塔进料。

④对T403和T404两塔系统进行调整，保持全回流运转，控制压力及液位，等待接料。

（2）系统进料并调整至正常。

①调节FIC4505开始逐步向低压脱丙烷塔进料，并控制塔顶压力，逐渐增大低压脱丙烷塔再沸量，增大P406出口去高压脱丙烷塔量。

②低压脱丙烷塔进料后，同步打开FIC4501向高压塔进料，高压脱丙烷塔与T404按比例逐步接受进料，调整高压脱丙烷塔，增大回流量、再沸量、塔顶冷凝器冷凝量及塔釜去低压脱丙烷塔循环量，系统调整，控制高压脱丙烷塔顶温度、压力逐渐至正常。

③由P404向丙烯干燥器进料，丙烯干燥器满液后，打开阀门VI2A402、VX3A402，经MAPD转化器开车旁路向丙烯精馏塔T406进料。

④低压脱丙烷塔T404塔釜液位达50%时在LV4504、FV4507串级控制下向脱丁烷塔进料。

2）丙烯干燥器

①高压和低压脱丙烷塔系统操作稳定，用2号丙烯精馏塔顶部汽化物给丙烯干燥器A402加压，当压力充到1.7MPa时关闭充压线阀。

②当高压脱丙烷塔接受进料，并且回流罐D404底部液位达到50%时，缓慢地打开VX1A402阀，把高压脱丙烷塔T403的回流泵P404出口送出液充入干燥器内，同时打开干燥器顶部排气线阀排气，不断地往干燥器内充入物流，直到干燥器充满液体时，关闭排气阀，全开干燥器进口阀、出口阀，投用干燥器，同时打开MAPD转化器开车旁通线阀向丙烯精馏塔进料。

3）MAPD转化器系统

（1）系统充压、充液，建立循环。

①首先打开来自 T407 顶部的气相充压线，对反应器进行充气置换，置换气通过反应器安全阀旁通放火炬控制，将反应器的压力充至 1.7MPa，关充压线阀。

②打开阀 VI2R402 和压力控制阀 PIC4508，用氢气给 D406 罐充压至 2.46MPa。

③打开反应器充液线阀 VX3R402、VI6R402，给反应器充液，同时稍开排气线阀排除反应器顶部气体，反应器充液完毕后，关闭阀 VI6R402。

④开阀 VI2D406 给 D406 罐充液，D406 液位达 50% 时，开反应器入口和出口阀门，启动 P407 泵给反应器打循环，开反应器入口和出口阀门后，视情况关闭充液线阀 VX4R402。

（2）系统进料并调整至正常。

①全开反应器入口和出口阀，关开工旁路阀 VX4A402，物料全部切进反应器，同时配入氢气，反应器出口温度达 40~50℃ 时，将反应器出口冷却器 E417 投用。

②投用联锁系统。

③控制反应器床层温升，调节各参数在要求范围内，反应器出口 MAPD 含量控制在 0.8% 以下。

4）丙烯精馏系统

（1）系统充压、充液，建立循环。

①丙烯精馏塔接气相丙烯充压，塔压力控制在 0.8~1.0MPa，停止充压。

②打开 VX1D407，丙烯精馏系统接液相丙烯，当 D407 罐液位达到 50% 时，启动 P409 泵给 T407 塔打回流，T407 塔釜液位达到 50% 时，启动 P408 泵给 T406 塔送料，T406 塔釜有液位后，逐渐投用塔顶冷凝器、塔釜再沸器 E419、中沸器 E420。

③丙烯精馏系统全回流运行，控制压力和液位，停止接液相丙烯，准备接受来自丙烯干燥系统的碳三物料。

（2）系统进料并调整至正常。

T406 塔接收来自丙烯干燥系统的物料后，调整系统操作，使各参数在工艺要求范围内，打开侧采，当丙烯含量达到 99% 时切进合格罐；投用尾气冷却器 E422，尾气外放至裂解气压缩工段，循环丙烷外送至裂解炉。

5）脱丁烷系统

（1）脱丁烷塔开始接受来自低压脱丙烷塔 T404 进料后，投用塔顶冷凝器 E424。

（2）D408 罐液位达到 50% 时，启动 P410 泵打回流，逐渐投用塔釜再沸器 E423，塔顶压力先由 PIC4512 放火炬控制，待塔的温度压力控制正常后，塔顶部回流罐碳四产品在串级 LV4513、FV4527 控制下外送碳四车间，塔釜液位达到 50% 时加氢汽油外送，调整各参数在要求范围内。

（二）正常运行

各系统处于正常生产状态，各指标均为正常值。调整系统，维持各生产质量指标在正常值范围内。

（三）正常停车

1. 系统降低负荷

（1）逐步降低 T404 和 T403 进料至正常的 70%，调整各塔系统的回流量以及再沸量和冷却量，保持各塔温度、压力在正常状况。

（2）逐渐把各塔和回流罐的液位下降至30%左右。

（3）控制各系统的生产指标在正常值的范围内，准备下一步系统停车。

（4）若T407丙烯不合格（低于99%），走不合格罐。

2. 系统停车

（1）切断到R402的氢气，切断反应器R402的进料，同时打开MAPD转化器开车旁通线阀向丙烯精馏塔进料。

（2）关闭FIC4505，关闭T404进料阀门，停再沸器热源后，再逐渐停塔顶冷剂，控制塔压，视情况停P405、P406，并关塔釜去脱丁烷塔的液量。

（3）T403在T404进料中断后，关闭进料阀门，停再沸器热源和塔顶冷凝器，控制塔压，视情况停P404。

（4）R402系统当氢气停止后，进行循环运行，当床层温度降至合适时，停P407泵，停止循环。

（5）T405中断进料后，碳四、粗汽油停止外送，碳四外送阀关闭，停再沸器热源和逐渐停塔顶冷凝器，控制塔压，视情况停P410。

（6）丙烯精馏塔系统进料中断后，T406、T407全回流运行，丙烯停止外送，停再沸器的热源，逐渐停塔顶冷凝器，视情况停P408、P409保液位，压力由PIC4511控制。

3. 系统倒空

（1）低压脱丙烷塔系统。FIC4505、FIC4506、PIC4506关，FIC4509开，打开T404塔釜，E412排液线手阀排液，打开D405，排液线手阀排液，液相排净后，关各手阀，开PIC4505泄压。

（2）高压脱丙烷塔系统。FIC4501、4502、PIC4502关，FIC4504开，打开T403塔釜，E413排液线手阀排液，打开D404、P404排液线手阀排液，液相排净后，关各手阀，开PIC4501，泄压。

（3）MAPD转化器，丙烯干燥器系统。将丙烯干燥器液全部排至丙烯精馏塔，泄液以后，泄压排至火炬。

MAPD转化器系统隔离，内部阀打开，打开MAPD转化器R402手阀，进行倒液，完毕后，泄压。

（4）丙烯精馏系统。开T406、T407、D407的排液阀，关闭FIC4516、E420进行倒液，倒液完毕后，关各手阀，开PIC4511泄压到火炬。

（5）脱丁烷塔系统。粗汽油外送阀FIC4525关，碳四外送界区阀FIC4527关，开D408排液线阀倒液，完毕后关排液线阀，开T405塔釜，E418倒液线阀，开PIC4516泄压到火炬。

（四）热态开车

开车前的状态是高压和低压脱丙烷塔系统，以及丙烯精馏塔已建立全回流循环，丙烯干燥器A402已充压，反应器尚未充压充液。

1. MAPD转化器系统充压充液，建立循环

（1）首先打开来自T407顶部的气相充压线，对反应器进行充气置换，置换气通过反应器安全阀旁通放火炬控制，将反应器的压力充至1.7MPa，关充压线阀。

（2）打开阀VI2R402和压力控制阀PIC4508，将D406罐充压至1.7MPa。

（3）打开反应器充液线阀 VX3R402、VI6R402，给反应器充液，同时稍开排气线阀排除反应器顶部气体，反应器充液完毕后，关闭阀 VI6R402。

（4）开阀 VI2D406 给 D406 罐充液，D406 液位达 50% 时，开反应器入出口阀门，启动 P407 泵给反应器打循环，开反应器入口和出口阀门后，视情况关闭充液线阀 VX4R402。

2. 各系统进料并调整至正常

1）高压和低压脱丙烷系统

（1）调节 FIC4505 开始逐步向低压脱丙烷塔进料，并控制塔顶压力，逐渐增大低压脱丙烷塔再沸量，增大 P406 出口去高压脱丙烷塔量。

（2）低压脱丙烷塔进料后，同步打开 FIC4501，高压脱丙烷塔与 T404 按比例逐步接受进料，调整增大回流量、再沸量、塔顶冷凝器冷凝量及塔釜去低压脱丙烷塔循环量，系统调整，控制高压脱丙烷塔顶温度、压力至正常。

（3）由 P404 向丙烯干燥器进料，丙烯干燥器满液后，打开阀 VI2A402、VX3A402，经 MAPD 转化器开车旁路向丙烯精馏塔 T406 进料。

（4）低压脱丙烷塔 T404 塔釜液位达到 50% 时在 LV4504、FV4507 串级控制下向脱丁烷塔进料。

2）丙烯干燥器

当高压脱丙烷塔接受进料，并且回流罐 D404 底部液位达到 50% 时，缓慢地打开阀 VX1A402，把高压脱丙烷塔 T403 的回流泵 P404 出口送出液充入干燥器内，同时打开干燥器顶部排气线阀排气，不断地往干燥器内充入物流，直到干燥器充满液体时，关闭排气阀，全开干燥器进口阀、出口阀，投用干燥器，同时打开 MAPD 转化器开车旁通线阀向丙烯精馏塔进料。

3）MAPD 转化器系统

（1）全开反应器入口和出口阀，关开工旁路阀 VX4A402，物料全部切进反应器，同时配入氢气，反应器出口温度达 40~50℃ 时，将反应器出口冷却器 E417 投用。

（2）投用联锁系统。

（3）控制反应器床层温升，调节各参数在要求范围内，反应器出口 MAPD 含量控制在 0.8% 以下。

4）丙烯精馏系统

T406 塔接收来自丙烯干燥系统的物料后，调整系统操作，使各参数在工艺要求范围内，打开侧采，当丙烯含量达到 99% 时切进合格罐，投用尾气冷却器 E422，尾气外放至裂解气压缩工段，循环丙烷外送至裂解炉。

5）脱丁烷系统

（1）脱丁烷塔开始接受来自低压脱丙烷塔 T404 进料后，投用塔顶冷凝器 E424。

（2）D408 罐液位达到 50% 时，启动 P410 泵打回流，逐渐投用塔釜再沸器 E423，塔顶压力先由 PIC4512 放火炬控制，待塔的温度压力控制正常后，塔顶部回流罐碳四产品在串级 LV4513、FV4527 控制下外送至碳四车间，塔釜液位达到 50% 时加氢汽油外送，调整各参数在要求范围内。

（五）提量 10% 操作

同步逐渐提高处理量 FIC4505、FIC4501（从 3%→6%→10%），保持整个系统操作过程的稳定性。

（六）降量 20% 操作

同步逐渐降低处理量 FIC4505、FIC4501（从 5%→10%→15%→20%），保持整个系统操作过程的稳定性。

任务 5　装置异常工况的分析与处理

一、乙烯裂解单元

（一）全装置停电

1. 事故原因

电源故障是造成全装置停电的主要原因。

2. 事故现象

装置停电，乙烯装置联锁停车。

3. 事故处理

1) 裂解炉系统处理

（1）关闭进料隔离阀 VI1F101，所有燃料（长明线除外）全部关闭，将 DS 流量设定到正常的 100%，炉底和侧壁烧嘴全部关闭。

（2）调节引风机挡板将炉膛负压控制在工艺范围之内。

（3）打开进料蒸汽跨线阀 VI2E103 用蒸汽吹扫隔离阀下游的烃进料管线。

（4）打开清焦管线阀 VI4F101，同时关裂解气总管阀 VI3F101。

（5）当 COT 温度低于 400℃时，将 TLE 的蒸汽包排放至常压。SS 改由消音器 VX1F101 放空，注意汽包液位。

（6）当炉管出口温度低于 200℃时，中断 DS，关燃料气截止阀，DS 截止阀，关汽包消音器阀 VX1F101，关汽包进水阀 VI1D101。

2) 急冷系统处理

（1）停 T101 柴油采出，维持 T101 液位。

（2）停止 T102 底部汽提蒸汽，维持 T102 液位。

（3）现场关闭 T103 中部各用户，返回物料手操阀。T103 压力改为放空控制，保压，维持 T103 液位和界位。

（4）停止 T104 塔釜的汽提蒸汽，停用 T104 再沸器 E111，保持 T104 液位。

（5）维持 D102 压力，供给裂解炉 DS 不足时由管网中补入，待裂解炉停 DS 后，D102 保液、保压。

（二）冷却水故障

1. 事故原因

冷却水中断是造成事故的原因。

2. 事故现象

冷却水中断，水冷器温度上升。

3. 事故处理

1）裂解炉系统处理

（1）关烃进料隔离阀 VI1F101，所有燃料（长明线除外）全部关闭，将 DS 流量设定到正常的 100％，炉底和侧壁烧嘴全部关闭。

（2）调节引风机挡板将炉膛负压控制在工艺范围之内。

（3）打开进料蒸汽跨线阀 VI2E103 用蒸汽吹扫隔离阀下游的烃进料管线。

（4）停急冷油，打开清焦管线阀 VI4F101，同时关裂解气总管阀 VI3F101。

（5）当 COT 温度低于 400℃时，将 TLE 的蒸汽包排放至常压。SS 改由消音器 VX1F101 放空，注意汽包液位。

（6）当炉管出口温度低于 200℃时，中断 DS，关燃料气截止阀，DS 截止阀，关汽包消音器阀 VX1F101，关汽包进水阀 VI1D101。

2）急冷系统处理

（1）停 T101 柴油采出。

（2）在 T101 釜温下降至 150℃之前，尽快将釜液排至 T102，并从 T102 底部排出。液位降至低于 5％时，补入开工油至液位 60％。

（3）T101 釜温通过 QO 的循环来降温，当塔顶温度降到 90℃左右，停汽油回流；当塔釜温度降到 130℃左右，停 P101，停 QO 循环。

（4）停止 T102 底部汽提蒸汽，维持 T102 液位。

（5）现场关闭 T103 中部各用户，返回物料手操阀。T103 压力改为放空控制，保压，保持 T103 的油相和水相液位不低于 40％，必要时停 P104 和 P105，停 P103，停止 QW 循环。

（6）停止 T104 塔釜的汽提蒸汽，停用 T104 再沸器 E111，保持 T104 液位在 40％左右，停 P106。

（7）维持 D102 压力，供给裂解炉 DS 不足时由管网中补入，待裂解炉停 DS 后，D102 保液、保压。

（三）锅炉给水故障

1. 事故原因

锅炉给水中断是造成锅炉给水故障的主要原因。

2. 事故现象

锅炉给水中断。

3. 事故处理

1）裂解炉系统处理方法

（1）关烃进料隔离阀 VI1F101，所有燃料（长明线除外）全部关闭，将 DS 流量设定到正常的 100％，炉底和侧壁烧嘴全部关闭。

（2）调节引风机挡板将炉膛负压控制在工艺范围之内。

（3）打开进料蒸汽跨线阀 VI2E103 用蒸汽吹扫隔离阀下游的烃进料管线。

（4）停急冷油，打开清焦管线阀 VI4F101，同时关裂解气总管阀 VI3F101。

（5）当 COT 温度低于 400℃时，将 TLE 的蒸汽包排放至常压。SS 改由消音器 VX1F101 放空，注意汽包液位。

（6）当炉管出口温度低于 200℃时，中断 DS，关燃料气截止阀，DS 截止阀，关汽包消音器阀 VX1F101，关汽包进水阀 VI1D101。

2）急冷系统处理

（1）在 T101 釜温下降至 150℃之前，尽快将釜液排至 T102，并从 T102 底部排出。液位降至低于 5% 时，补入开工油至液位 60%。

（2）T101 釜温通过 QO 的循环来降温，当塔釜温度降到 130℃后，停 P101，停 QO 循环。

（3）停止 T102 底部汽提蒸汽，维持 T102 液位。

（4）维持 T103 的液位。

（5）现场关闭 T103 中部各用户返回物料手操阀。T103 压力改为放空控制，保压。保持 T103 的油相和水相液位不低于 40%，必要时停 P104 和 P105，停 P103，停止 QW 循环。

（6）停止 T104 塔釜的汽提蒸汽，停用 T104 再沸器 E111，保持 T104 液位在 40% 左右，停 P106。

（7）维持 D102 压力，供给裂解炉 DS 不足时由管网中补入，待裂解炉停 DS 后，D102 保液、保压。

（四）压缩工段故障

1. 事故原因

压缩工段出现故障，压缩机停止运行。

2. 事故现象

水冷塔压力升高。

3. 事故处理

（1）压缩机停车后，裂解气由 PIC1401 放火炬控制，降低裂解炉的负荷到 70%，同时降裂解炉出口温度，提高 DS 流量。

（2）维持燃料气的供应。

（3）QO、QW 系统维持循环运行，QO、QW 循环操作，根据裂解炉减量情况，控制 T101、T102、T103、T104 和 D102 在 70% 负荷运行。调整维持 T101、T102、T103、T104 塔釜、塔顶温度和压力。

（4）如果压缩工段无法恢复正常，裂解炉停烃进料，系统停车至高备状态。维持急冷系统油、水循环，系统处于高备状态。

（五）脱盐水中断故障

1. 事故原因

裂解炉脱盐水中断是造成故障的主要原因。

2. 事故现象

SS 高压蒸汽温度升高。

3. 事故处理

1）裂解炉系统处理

（1）关烃进料隔离阀 VI1F101，所有燃料（长明线除外）全部关闭，将 DS 流量设定到正常的 100%，炉底和侧壁烧嘴全部关闭。

（2）调节引风机挡板将炉膛负压控制在工艺范围之内。

（3）打开进料蒸汽跨线阀 VI2E103 用蒸汽吹扫隔离阀下游的烃进料管线。

（4）停急冷油，打开清焦管线阀 VI4F101，同时关裂解气总管阀 VI3F101。

（5）当 COT 温度低于 400℃时，将 TLE 的蒸汽包排放至常压。SS 改由消音器 VX1F101 放空，注意汽包液位。

（6）当炉管出口温度低于 200℃时，中断 DS，关燃料气截止阀，DS 截止阀，关汽包消音器阀 VX1F101，关汽包进水阀 VI1D101。

2）急冷系统处理

（1）停 T101 柴油采出。

（2）在 T101 釜温下降至 150℃之前，尽快将釜液排至 T102，并从 T102 底部排出。液位降至低于 5%时，补入开工油至液位 60%。

（3）T101 釜温通过 QO 的循环来降温，当塔顶温度降到 90℃左右，停汽油回流；当塔釜温度降到 130℃左右，停 P101，停 QO 循环。

（4）停止 T102 底部汽提蒸汽，维持 T102 液位。

（5）现场关闭 T103 中部各用户返回物料手操阀。T103 压力改为放空控制，保压。保持 T103 的油相和水相液位不低于 40%，必要时停 P104 和 P105，停 P103，停止 QW 循环。

（6）停止 T104 塔釜的汽提蒸汽，停用 T104 再沸器 E111，保持 T104 液位在 40%左右，停 P106。

（7）维持 D102 压力，供给裂解炉 DS 不足时由管网中补入，待裂解炉停 DS 后，D102 保液、保压。

（六）急冷油中断（泵 A 坏掉）故障

1. 事故原因

急冷油泵故障是造成事故的主要原因。

2. 事故现象

急冷器出口裂解气温度升高。

3. 事故处理

（1）启动备泵。

（2）维持急冷系统各塔及蒸汽发生器的温度和压力。

（七）石脑油进料中断故障

1. 事故原因

石脑油进料中断是造成故障的主要原因。

2. 事故现象

石脑油进料中断，进料压力下降。

3. 事故处理

1）裂解炉系统处理

（1）关烃进料隔离阀 VI1F101，所有燃料（长明线除外）全部关闭，将 DS 流量设定到正常的 100%，炉底和侧壁烧嘴全部关闭。

（2）调节引风机挡板将炉膛负压控制在工艺范围之内。

（3）打开进料蒸汽跨线阀 VI2E103，用蒸汽吹扫隔离阀下游的烃进料管线。

（4）停急冷油，打开清焦管线阀 VI4F101，同时关裂解气总管阀 VI3F101。

（5）当 COT 温度低于 400℃时，将 TLE 的蒸汽包排放至常压。SS 改由消音器 VX1F101 放空，注意汽包液位。

（6）当炉管出口温度低于 200℃时，中断 DS，关燃料气截止阀，DS 截止阀，关汽包消音器阀 VX1F101，关汽包进水阀 VI1D101。

2）急冷系统处理

（1）停 T101 柴油采出。

（2）在 T101 釜温下降至 150℃之前，尽快将釜液排至 T102，并从 T102 底部排出。液位降至低于 5%时，补入开工油至液位 60%。

（3）T101 釜温通过 QO 的循环来降温，当塔顶温度降到 90℃左右，停汽油回流；当塔釜温度降到 130℃左右，停 P101，停 QO 循环。

（4）停止 T102 底部汽提蒸汽，维持 T102 液位。

（5）现场关闭 T103 中部各用户，返回物料手操阀。T103 压力改为放空控制，保压。保持 T103 的油相和水相液位不低于 40%，必要时停 P104 和 P105，停 P103，停止 QW 循环。

（6）停止 T104 塔釜的汽提蒸汽，停用 T104 再沸器 E111，保持 T104 液位在 40%左右，停 P106。

（7）维持 D102 压力，供给裂解炉 DS 不足时由管网中补入，待裂解炉停 DS 后，D102 保液、保压。

（八）燃料气中断故障

1. 裂解炉系统处理

（1）因燃料气中断而联锁跳闸，关烃进料隔离阀 VI1F101，所有燃料（长明线除外）全部关闭，将 DS 流量设定到正常的 100%，炉底和侧壁烧嘴全部关闭。

（2）调节引风机挡板将炉膛负压控制在工艺范围之内。

（3）打开进料蒸汽跨线阀 VI2E103，用蒸汽吹扫隔离阀下游的烃进料管线。

（4）停急冷油，打开清焦管线阀 VI4F101，同时关裂解气总管阀 VI3F101。

（5）当 COT 温度低于 400℃时，将 TLE 的蒸汽包排放至常压。SS 改由消音器 VX1F101 放空，注意汽包液位。

（6）当炉管出口温度低于 200℃时，中断 DS，关燃料气截止阀、DS 截止阀，关汽包消音器阀 VX1F101，关汽包进水阀 VI1D101。

2. 急冷系统处理

（1）停 T101 柴油采出。

（2）在 T101 釜温下降至 150℃之前，尽快将釜液排至 T102，并从 T102 底部排出。液位降至低于 5%时，补入开工油至液位 60%。

（3）T101 釜温通过 QO 的循环来降温，当塔顶温度降到 90℃左右，停汽油回流；当塔釜温度降到 130℃左右，停 P101，停 QO 循环。

（4）停止 T102 底部汽提蒸汽，维持 T102 液位。

（5）现场关闭 T103 中部各用户，返回物料手操阀。T103 压力改为放空控制，保压。保持 T103 的油相和水相液位不低于 40%，必要时停 P104 和 P105，停 P103，停止 QW 循环。

（6）停止 T104 塔釜的汽提蒸汽，停用 T104 再沸器 E111，保持 T104 液位在 40%左右，停 P106。

（7）维持 D102 压力，供给裂解炉 DS 不足时由管网中补入，待裂解炉停 DS 后，D102 保液、保压。

（九）裂解炉辐射段炉管烧穿

1. 事故原因

（1）裂解炉材质问题。

（2）裂解炉严重结焦，急剧降温。

2. 事故现象

裂解炉炉管破裂时，炉膛温度迅速上升，炉出口 COT 迅速上升。

3. 事故处理

1）裂解炉系统处理

（1）手动进行联锁停车。

（2）关烃进料隔离阀 VI1F101，所有燃料（长明线除外）全部关闭，将 DS 流量设定到正常的 100%，炉底和侧壁烧嘴全部关闭。

（3）调节引风机挡板将炉膛负压控制在工艺范围之内。

（4）打开进料蒸汽跨线阀 VI2E103，用蒸汽吹扫隔离阀下游的烃进料管线。

（5）停急冷油，打开清焦管线阀 VI4F101，同时关裂解气总管阀 VI3F101。

（6）当 COT 温度低于 400℃时，将 TLE 的蒸汽包排放至常压。SS 改由消音器 VX1F101 放空，注意汽包液位。

（7）当炉管出口温度低于 200℃时，中断 DS，关燃料气截止阀，DS 截止阀，关汽包消音器阀 VX1F101，关汽包进水阀 VI1D101。

2）急冷系统处理

（1）停 T101 柴油采出。

（2）在 T101 釜温下降至 150℃之前，尽快将釜液排至 T102，并从 T102 底部排出。液位降至低于 5% 时，补入开工油至液位 60%。

（3）T101 釜温通过 QO 的循环来降温，当塔顶温度降到 90℃左右，停汽油回流；当塔釜温度降到 130℃左右，停 P101，停 QO 循环。

（4）停止 T102 底部汽提蒸汽，维持 T102 液位。

（5）现场关闭 T103 中部各用户，返回物料手操阀。T103 压力改为放空控制，保压。保持 T103 的油相和水相液位不低于 40%，必要时停 P104 和 P105，停 P103，停止 QW 循环。

（6）停止 T104 塔釜的汽提蒸汽，停用 T104 再沸器 E111，保持 T104 液位在 40% 左右，停 P106。

（7）维持 D102 压力，供给裂解炉 DS 不足时由管网中补入，待裂解炉停 DS 后，D102 保液、保压。

（十）引风机故障

1. 事故原因

停电，引风机跳闸。

2. 事故现象

引风机停转。

3. 事故处理

1）裂解炉系统处理

（1）关烃进料隔离阀 VI1F101，所有燃料（长明线除外）全部关闭，将 DS 流量设定到正常的 100%，炉底和侧壁烧嘴全部关闭。

（2）调节引风机挡板将炉膛负压控制在工艺范围之内。

（3）打开进料蒸汽跨线阀 VI2E103，用蒸汽吹扫隔离阀下游的烃进料管线。

（4）停急冷油，打开清焦管线阀 VI4F101，同时关裂解气总管阀 VI3F101。

（5）当 COT 温度低于 400℃时，将 TLE 的蒸汽包排放至常压。SS 改由消音器 VX1F101 放空，注意汽包液位。

（6）当炉管出口温度低于 200℃时，中断 DS，关燃料气截止阀，DS 截止阀，关汽包消音器阀 VX1F101，关汽包进水阀 VI1D101。

2）急冷系统处理

（1）停 T101 柴油采出。

（2）在 T101 釜温下降至 150℃之前，尽快将釜液排至 T102，并从 T102 底部排出。液位降至低于 5%时，补入开工油至液位 60%。

（3）T101 釜温通过 QO 的循环来降温，当塔顶温度降到 90℃左右，停汽油回流；当塔釜温度降到 130℃左右，停 P101，停 QO 循环。

（4）停止 T102 底部汽提蒸汽，维持 T102 液位。

（5）现场关闭 T103 中部各用户，返回物料手操阀。T103 压力改为放空控制，保压。保持 T103 的油相和水相液位不低于 40%，必要时停 P104 和 P105，停 P103，停止 QW 循环。

（6）停止 T104 塔釜的汽提蒸汽，停用 T104 再沸器 E111，保持 T104 液位在 40%左右，停 P106。

（7）维持 D102 压力，供给裂解炉 DS 不足时由管网中补入，待裂解炉停 DS 后，D102 保液、保压。

二、丙烯压缩制冷单元

（一）停电事故过程

1. 事故原因
装置停电。

2. 事故现象
压缩机自动联锁停车。

3. 处理方法
按紧急停车处理：

（1）压缩机自动联锁停车，确认各段最小回流全开；

（2）手动将 PIC5002 关闭，并将转速切换成手轮控制，再将手轮调至 0%；

（3）联锁复位；

（4）关闭各级用户负荷，并关闭各级用户的冷剂供给阀门；

（5）盘车。

（二）停蒸汽事故过程

1. 事故原因

公用工程系统中透平机用蒸汽中断。

2. 事故现象

压缩机自动联锁停车。

3. 处理方法

按紧急停车处理：

（1）压缩机自动联锁停车，确认各段最小回流全开；

（2）手动将PIC5002关闭，并将转速切换成手轮控制，再将手轮调至0%；

（3）联锁复位；

（4）关闭各级用户负荷，并关闭各级用户的冷剂供给阀门；

（5）盘车。

（三）停冷却水事故过程

1. 事故原因

公用工程系统中冷却水中断。

2. 事故现象

压缩机自动联锁停车。

3. 处理方法

按紧急停车处理：

（1）压缩机自动联锁停车，确认各段最小回流全开；

（2）手动将PIC5002关闭，并将转速切换成手轮控制，再将手轮调至0%；

（3）联锁复位；

（4）关闭各级用户负荷，并关闭各级用户的冷剂供给阀门；

（5）盘车。

（四）各级用户负荷下降（20%）至80%事故过程

1. 事故原因

各冷级用户负荷，逐渐下降。

2. 事故现象

各段压力下降，温度下降，压缩机转速有波动。

3. 处理方法

（1）通过PIC5002（手动）下调转速；

（2）调整至适当转速，保证各段压力、温度正常稳定；

（3）在调整转速无法保证的情况下，可以调整各段最小回流量。

（五）D-502压力高事故过程

1. 事故原因

E-502用户负荷突然增大10%。

2. 事故现象

（1）D-502压力上升，温度随之上升；

（2）压缩转速有波动。

3. 处理方法

（1）可暂时略开 PIC5004 放空降压，但必须尽快采取其他办法处理，最终后压力下降，无需放空；

（2）若无法控制，应通过 PIC5002 提升压缩机转速，同时调整各段最小回流阀和喷淋，保持各段温度、压力正常稳定；

（3）适当开大 D-502 喷淋阀。

（六）润滑油温度高事故过程

1. 事故原因

油冷却器效率严重下降。

2. 事故现象

油温高。

3. 处理方法

启动备用冷却器。

现场打开备用换热器 E514B 的冷却水入口阀门，以及出入口阀门，过几秒钟后关闭坏换热器的出入口阀门及冷却水阀门。

（七）D501 液位高事故过程

1. 事故原因

E501 液位过高，带液。

2. 事故现象

D501 液面过高，并上升很快。

3. 处理方法

（1）尽快启动泵 P501，将积液排至 D504；

（2）尽快调节 LIC5003，使液位回到正常；

（3）待 D501 液位下降至 1% 以下，关泵 P501；

（4）整个过程保持各段温度压力的正常稳定。

（八）油路过滤器堵塞事故过程

1. 事故原因

换热器 E501 液位过高，带液。

2. 事故现象

D501 液位过高，并上升很快。

3. 处理方法

（1）尽快启动 P501，将 D501 积液排至 D504；

（2）尽快调节 LIC5003，使其回到正常；

（3）手动关闭 TIC5003，待平衡后再投自动；

（4）待 D501 液位降至 1% 以下时，关 P501；

（5）整个过程中，注意保持各段温度、压力的正常稳定。

三、热区分离精制单元

（一）装置停电

1. 事故原因

电厂发生事故。

2. 事故现象

所有机泵停机。

3. 处理方法

（1）T403、T404 系统：

①停止进料，关闭 FIC4501、FIC4505；

②停止各返回量，关闭 FIC4502、FIC4509；

③停塔釜加热，关闭 FIC4504、FIC4506；

④停塔釜采出，关闭 FIC4507；

⑤停泵 P404、P405、P406，关闭入口和出口阀；

⑥塔压分别由 PIC4501 和 PIC4505 控制；

⑦系统保液保压。

（2）反应器停车：

迅速切断反应器配氢阀 FFIC4511，切断反应器进料阀 FIC4510 及反应器向后系统进料阀 FIC4513，床层物料自身打循环，直到床层温度降至合适时停止物料循环，如反应器床层温度上升，则可启动联锁系统或自动发生联锁。

（3）T406、T407 系统：

①停产品采出，关闭 FFIC4520、FIC4515、FIC4523；

②停塔釜加热，关闭 FIC4514；

③停中部再沸器，关闭 FIC4516、FIC4517；

④停 P408，P409，关闭进出口阀；

⑤塔压由 PIC4511 控制；

⑥系统保液保压。

（4）脱丁烷塔：

①停止采出，关闭 FIC4525、FIC4527；

②停塔釜加热，关闭 FIC4524；

③停 P410，关闭入口和出口阀；

④塔压由 PIC4516 控制；

⑤系统保液保压。

（二）停冷却水事故处理

1. 事故原因

冷却水供应中断。

2. 事故现象

T403 塔顶出口温度，T405 塔顶出口温度升高，丙烯精馏塔顶温度升高。

3. 处理方法

（1）T403、T404 系统：

①停止进料，关闭 FIC4501、FIC4505；

②停止返回量，关闭 FIC4502、FIC4509；

③停塔釜加热，关闭 FIC4504、FIC4506；

④停塔釜采出，关闭 FIC4507；

⑤停泵 P404、P405、P406，关闭入口和出口阀；

⑥塔压分别由 PIC4501 和 PIC4505 控制；

⑦系统保压保液。

（2）反应器停车：

迅速切断反应器配氢阀 FFIC4511，切断反应器进料阀 FIC4510 及反应器向后系统进料阀 FIC4513，床层物料自身打循环，直到床层温度降至合适时停止物料循环，如反应器床层温度上升，则可启动联锁系统或自动发生联锁。

（3）T406、T407 系统：

①停产品采出，关闭 FFIC4520、FIC4515、FIC4523；

②停塔釜加热，关闭 FIC4514；

③停中部再沸器，关闭 FIC4516、FIC4517；

④停 P408，P409，关闭入口和出口阀；

⑤塔压由 PIC4511 控制；

⑥系统保压、保液。

（4）脱丁烷塔：

①停止采出，关闭 FIC4525、FIC4527；

②停塔釜加热，关闭 FIC4524；

③停 P410，关闭入口和出口阀；

④系统保压、保液。

（三）原料中断

1. 事故原因

本系统物料中断。

2. 事故现象

分离单元进料中断。

3. 处理方法

（1）T403、T404 系统：

①停止进料，关闭 FIC4501、FIC4505；

②停止返回量，关闭 FIC4502、FIC4509；

③停塔釜加热，关闭 FIC4504、FIC4506；

④停塔釜采出，关闭 FIC4507；

⑤停泵 P404、P405、P406，关闭入口和出口阀；

⑥塔压分别由 PIC4501 和 PIC4505 控制；

⑦系统保压、保液。

（2）反应器停车：

迅速切断反应器配氢阀 FFIC4511，切断反应器进料阀 FIC4510 及反应器向后系统进料阀 FIC4513，床层物料自身打循环，直到床层温度降至合适时停止物料循环，如反应器床层温度上升，则可启动联锁系统或自动发生联锁。

（3）T406、T407 系统：

①停产品采出，关闭 FFIC4520、FIC4515、FIC4523；

②停塔釜加热，关闭 FIC4514；

③停中部再沸器，关闭 FIC4516、FIC4517；

④停 P408、P409，关闭入口和出口阀；

⑤塔压由 PIC4511 控制。

（4）脱丁烷塔：

①停止采出，关闭 FIC4525、FIC4527；

②停塔釜加热，关闭 FIC4524；

③停 P410，关闭入口和出口阀；

④系统保压、保液。

（四）MAPD 反应器飞温

1. 事故原因

P407A 泵坏，造成循环量中断。

2. 事故现象

MAPD 加氢反应器床层温度偏高。

3. 处理方法

迅速起用备用泵 P407B；在温度为高温报警时（65℃）左右时，通过减少氢气的进量来控制床层温度，如果可能的话，增加来自丙二烯转化器的循环量，将比例控制器投手动状态，手动调节 FFIC4511，使氢炔比达到正常；在高温度时（80℃），发生联锁，则应按紧急停车处理。

（1）T403、T404 系统：

①停止进料，关闭 FIC4501、FIC4505；

②停止返回量，关闭 FIC4502、FIC4509；

③停塔釜加热，关闭 FIC4504、FIC4506；

④停塔釜采出，关闭 FIC4507；

⑤停泵 P404、P405、P406，关闭入口和出口阀；

⑥塔压分别由 PIC4501 和 PIC4505 控制；

⑦系统保压、保液。

（2）R402 停车：

①迅速切断反应器配氢阀 FFIC4511；

②切断反应器进料阀 FIC4510；

③关闭反应器抽出阀；

④打开反应器排放阀，使反应器完全泄压以防反应器破裂（先导液，后卸压）。

（3）T406、T407 系统：

①停产品采出，关闭 FFIC4520、FIC4515、FIC4523；

②停塔釜加热，关闭 FIC4514；

③停中部再沸器，关闭 FIC4516、FIC4517；

④停 P408，P409，关闭入口和出口阀；

⑤塔压由 PIC4511 控制。

（4）脱丁烷塔：

①停止采出，关闭 FIC4525、FIC4527；

②停塔釜加热，关闭 FIC4524；

③停 P410，关闭入口和出口阀；

④系统保压、保液。

（五）丙烯冷剂中断

1. 事故原因

丙烯压缩制冷停车。

2. 事故现象

本单元丙烯冷剂丧失，T404 温度上升、压力上升。

3. 处理方法

（1）T403、T404 系统：

①停止进料，关闭 FIC4501、FIC4505；

②停止返回量，关闭 FIC4502、FIC4509；

③停塔釜加热，关闭 FIC4504、FIC4506；

④停塔釜采出，关闭 FIC4507；

⑤停泵 P404、P405、P406，关闭入口和出口阀；

⑥塔压分别由 PIC4501 和 PIC4505 控制；

⑦系统保压、保液。

（2）反应器停车：

迅速切断反应器配氢阀 FFIC4511，切断反应器进料阀 FIC4510 及反应器向后系统进料阀 FIC4513，床层物料自身打循环，直到床层温度降至合适时停止物料循环，如反应器床层温度上升，则可启动联锁系统或自动发生联锁。

（3）T406、T407 系统：

①停产品采出，关闭 FFIC4520、FIC4515、FIC4523；

②停塔釜加热，关闭 FIC4514；

③停中部再沸器，关闭 FIC4516、FIC4517；

④停 P408、P409，关闭入口和出口阀；

⑤塔压由 PIC4511 控制；

⑥系统保压、保液。

（4）脱丁烷塔：

①停止采出，关闭 FIC4525、FIC4527；

②停塔釜加热，关闭 FIC4524；

③停 P410，关闭入口和出口阀；

④系统保压、保液。

（六）**P405A 泵故障**

1. **事故原因**

P405A 泵故障。

2. **事故现象**

（1）P405A 停止运行；

（2）T404 回流中断；

（3）T404 温度、压力失常。

3. **处理方法**

（1）迅速投用 P405B，打开泵 P405B 进出阀；

（2）调整 T404 回流量；

（3）控制 T404 回复正常运行。

（七）**P408A 泵故障**

1. **事故原因**

P405A 泵故障。

2. **事故现象**

T407 返回 T406 的量停止。

3. **处理方法**

（1）迅速投用 P408B，并打开入口和出口阀门；

（2）调整 T406 回流量；

（3）控制 T406 回复正常运行。

思 考 题

1. 什么是烃类热裂解？

2. 烃类热裂解的原料主要有哪些？选择原料应考虑哪些问题？

3. 停留时间的长与短对裂解有何影响？

4. 分析裂解温度对生产有何影响？

5. 裂解过程中为何加入水蒸气？水蒸气的加入原则是什么？

6. 裂解气的急冷方法有哪些？

7. 裂解炉和急冷锅炉的清焦条件是什么？

8. 什么是深冷分离？

9. 深冷分离主要由哪几个系统组成？各系统的作用分别是什么？

10. 烃类热裂解工艺流程由几部分组成？

11. 裂解气为什么要进行分段压缩？

12. 裂解气中的气体杂质有哪些？其来源有哪些？

13. 裂解气中的酸性气体有哪些？简述其危害有哪些？

14. 脱除酸性气体主要用什么方法，其原理分别是什么？

15. 说明裂解气中水的来源以及危害，常用的脱水方法有哪些？

16. 为什么要脱除裂解气中的炔烃？脱炔的工业方法有哪几种？

17. 什么是热泵系统？

18. 工业上裂解气分离的方法是什么？

19. 什么是冷箱？

20. 画出轻柴油裂解工艺流程图，并说明四个系统的作用。

21. 画出顺序深冷分离流程图，并说明分离的顺序。

22. 画出前脱丙烷分离流程图，并说明关键组分是什么？

23. 画出前脱乙烷分离流程图，并说明该流程主要适合什么原料？

24. 根据裂解反应实验装置流程示意图说明工艺流程。

25. 裂解反应实验装置操作过程中的注意事项有哪些？

26. 绘制乙烯装置压缩单元仿真 PI&D 图。

27. 绘制乙烯装置裂解单元仿真 PI&D 图。

28. 乙烯装置热区分离工段由哪几个系统组成？

29. 绘制热区分离单元仿真 PI&D 图。

30. 简述乙烯装置的开停车操作。

31. 乙烯装置乙烯裂解单元冷却水中断的处理方法。

32. 画出精馏塔开式 B 型热泵流程图。

33. 画图说明乙烯—丙烯复迭制冷的原理。

34. 画出精馏塔闭式热泵流程图。

学习情境二　聚乙烯装置操作与控制

学习目标

一、能力目标

（1）具有从专业书籍、操作手册和网络等途径获取专业知识的能力；

（2）能看懂专业操作规程，能进行设备标志识别，能读懂设备流程图；

（3）能够从事聚乙烯装置的开车、停车操作；

（4）能进行聚乙烯装置异常工况的处理操作；

（5）具有聚乙烯装置基本操作技能和化工工艺指标分析能力；

（6）具有与人沟通、合作的能力。

二、知识目标

（1）掌握乙烯聚合基本理论；

（2）了解聚乙烯装置生产工艺流程；

（3）掌握聚乙烯装置特点；

（4）了解聚乙烯产品性质、用途；

（5）了解聚乙烯生产特点；

（6）掌握化工操作基本知识、安全用电常识、环保常识和安全生产常识。

三、素质目标

（1）具有吃苦耐劳、爱岗敬业的职业素质；

（2）具有团队协作的精神和石油化工行业的职业道德；

（3）具有不伤害自己、不伤害他人、不被他人伤害的安全意识；

（4）具有环境意识、社会责任感、参与意识和自信心；

（5）具备大胆创新精神；

（6）具备锲而不舍、不怕困难的素质，面对失败能勇于承担责任的精神。

任务描述

聚乙烯装置的操作与控制是内操人员通过 DCS 操作系统在外操人员的协助下对整个装置进行操作、控制，包括开车、停车、正常运行中的工艺参数调整和事故处理等。

在仿真实训室再现真实现场操作，通过聚乙烯装置仿真操作系统让学生懂得聚乙烯装置工艺流程与原理，学会装置的 DCS 操作并能够对异常工况进行分析和处理。

要求学生以小组为单位，根据装置生产情况和装置的开车、停车及事故处理的操作规程，制定出工作计划，完成仿真操作；能够分析和处理操作中遇到的异常情况，写出工作报告。

任务1 乙烯聚合基本原理

一、乙烯聚合反应的一般机理

（1）催化剂形成：$R \rightarrow L_n M + R - m \rightarrow L_n M$。

过渡金属化合物：有机金属化合物。

（2）链增长：其过程如图 2-1 所示。

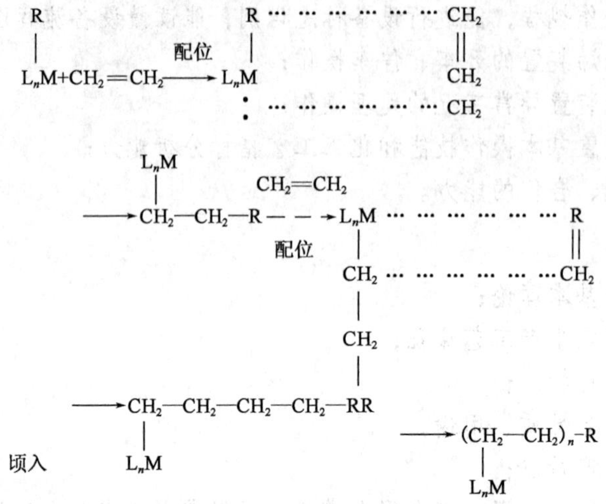

图 2-1 链增长过程

（3）链终止：其过程如图 2-2 所示。

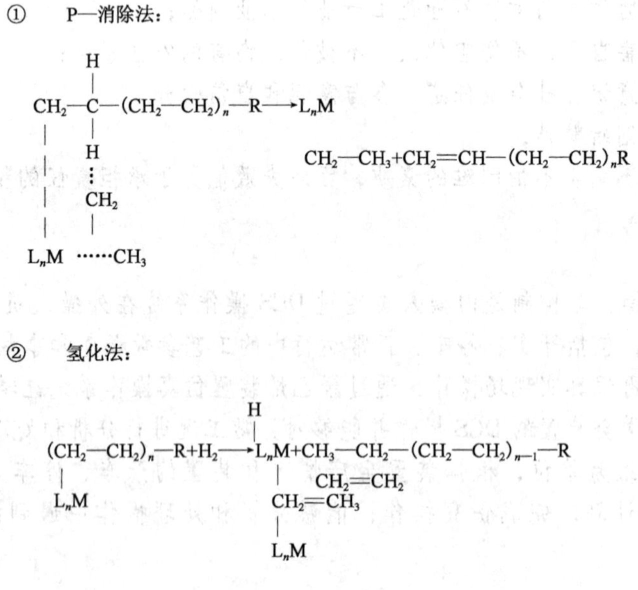

① P—消除法：

② 氢化法：

图 2-2 链终止过程

二、活性中心的结构

从催化剂形成的反应和动力学判断，可以认为 $TiCl_4$ 和烷基铝参与聚合反应的活性中心，但是形成什么样的活性结构，有下述两种不同的理论。

（一）单金属理论

活性中心由钛原子、氯、烷基自由基和氯原子中空穴组成，H 组分在活性中心形成中起作用，但它基本上不包含在这个活性中心里，这可以从三个方面加以说明：

（1）用各种过渡金属和金属有机组分进行的丙烯、乙烯共聚时，发现在共聚物中丙烯、乙烯比率的变化取决于过渡金属的电负性，但即使用不同的金属有机组分也不改变。

（2）为了证明单金属理论，在所有不含铝的钛催化剂中进行研究。例如，把两种情况的丙烯聚合相比较，一种含铝的 $TiCl_3$，另一种不含铝的 $TiCl_3$，结果发现前一种情况表现很高的聚合反应活性，而两种情况的产品相对分子质量分布没有差别。因此可知铝的作用不是改变活性中心的结构，而是改变它的数目。

（3）认为活性中心位于 $TiCl_3$ 晶格上，并且这个活性中心不包括铝组分，是由一个钛原子和在它周围的氯原子及一个氯原子空穴组成的，如图 2-3 所示。

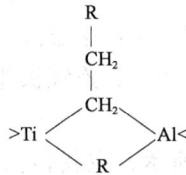

$$
\begin{array}{c}
R \\
| \\
CH_2 \\
| \\
CH_2 \\
>Ti \diagdown \quad \diagup Al< \\
R
\end{array}
$$

图 2-3　单金属理论示意图

（二）双金属理论

有些人认为有下离子对存在，并且单体配位到这些正电荷上，同时烷基铝的烷基自由基加到其上，可描述为：

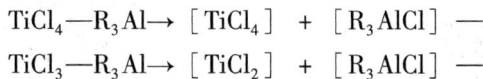

$$TiCl_4—R_3Al \rightarrow [TiCl_4] + [R_3AlCl] —$$
$$TiCl_3—R_3Al \rightarrow [TiCl_2] + [R_3AlCl] —$$

可用下述方法研究 $TiCl_3$ 表面螯合物的形成。

14C-Et3Al 与 α-TiCl$_3$ 反应，然后用无水苯洗涤反应生成物，再用酸分解。同时计量酸分解产生的乙烷的量，并由此计算与 $TiCl_3$ 结合的 Et3Al 的量。另一方面，用放射性来测量由催化剂系统引入聚合物中乙基自由基的量，结果发现，结合的 Et3Al 的量与引入聚合物的乙基自由基量相等。

因此，认为在 $TiCl_3$ 表面与 Et3Al 构成的螯合物是活性中心，如图 2-4 所示。

在双金属理论中，一个主要的见解是在 Ti 和 Al 之间形成下列桥式的烷基活性中心。

用浆液法所制得的齐格勒 PE 相对分子质量分布一般都很宽，即 M_w/M_n 约为 $10 \sim 40$，用 H_2 作为链转移剂对分布无多大影响，改变聚合温度以及使用不同性质的还原钛和有机金属活化剂可以改变相对分子质量分布。

本装置用于调节聚乙烯密度的共聚单体是丁烯。在聚合反应中加入少量摩尔分数为 $0.3\% \sim 0.6\%$ 的 α 烯烃（如丁烯）可以使 PE 密度下降，从而改变其若干物理性能。

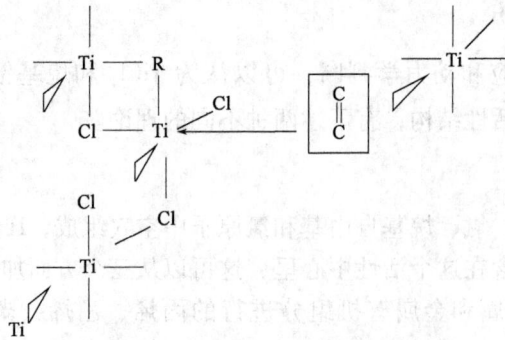

图2-4 双金属理论示意图

任务2 连续釜式反应器和流化床反应器的结构和特点

一、连续釜式反应器的结构和特点

釜式反应器又称槽型反应器或锅式反应器,它是各类反应器中结构较为简单且应用较广的一种,主要应用于液—液均相反应过程,在气—液、液—液非均相反应过程也有应用。在化工生产中,既可适用于间歇操作过程,又可单釜或多釜串联适用于连续操作过程。它具有温度和压力范围宽,适应性强,操作弹性大,连续操作时温度、浓度容易控制,产品质量均一等特点。

釜式反应器的基本结构如图2-5所示,主要包括反应器壳体、搅拌器、密封装置和换热装置等。

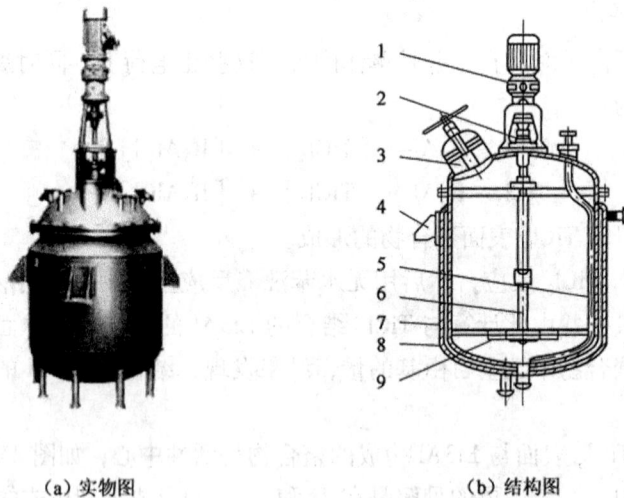

(a)实物图   (b)结构图

图2-5 釜式反应器

1—传动装置;2—轴封;3—人孔;4—支座;5—压出管;
6—搅拌轴;7—夹套;8—釜体;9—搅拌器

釜式反应器壳体及搅拌器所用材料,一般为碳钢,根据特殊需要,在与反应物料接触部分衬有不锈钢、铅、橡胶、玻璃钢或搪瓷,个别情况也有衬贵重金属,如银等。根据反应要求，壳体也可直接用铜、不锈钢制造。

（一）釜式反应器的壳体结构

釜式反应器壳体部分主要包括筒体、底、盖（或称封头）手孔或人孔、视镜及各种工艺接管口等。釜式反应器的筒体皆为圆筒形。底、盖常用的形状有平面形、碟形、椭圆形和球形，如图2-6所示，也有的釜底为锥形。平面形结构简单，容易制造，一般在釜体直径小、常压（或压力不大）条件下操作时采用；碟形和椭圆形应用较多；球形多用于高压反应器。当反应后的物料需用分层法使其分离时可用锥形底。

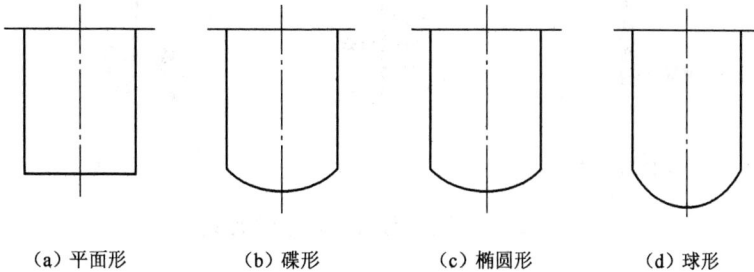

（a）平面形　　　　（b）碟形　　　　（c）椭圆形　　　　（d）球形

图2-6　几种反应釜底的形式

上封头与筒体的连接有两种：一种是上封头与筒体直接焊死构成一个整体；另一种是考虑拆卸方便用法兰连接以便于维护检修。在上封头各种工艺接管口、人孔、手孔、视镜手孔或人孔的安设是为了检查内部空间以及安装和拆卸设备内部构件。手孔的直径一般为150～200mm，它的结构一般是在封头上接一短管，并盖以盲板。当釜体直径比较大时，可以根据需要开设人孔，人孔的形状有圆形和椭圆形两种，圆形人孔直径一般为400mm。

釜式反应器的视镜主要是为了观察设备内部物料的反应情况，其结构应满足比较宽阔的视察范围。工艺接管口主要用于进、出物料及安装温度、压力的测定装置。进料管或加料管应做成不使料液的液沫溅到釜壁上的形状，以避免由于料液沿反应釜内壁向下流动而引起釜壁局部腐蚀。釜式反应器的所有人孔、手孔、视镜和工艺接管口，除出料管口外，一律开在顶盖上。

（二）搅拌器的性能与用途

釜式反应器安装搅拌器的作用是加强物料的均匀混合，强化釜内的传热和传质过程。常用的搅拌器有桨式、框式、锚式、旋桨式、涡轮式和螺带式等，如图2-7所示。

二、流化床反应器的结构和特点

（一）流化床反应器的结构

图2-8所示是流化床催化反应器示意图。催化剂由入口6加入，反应气体由入口4进入反应器，经气体分布器8使气体分布均匀后使催化剂流态化，反应后的气体由顶部排出；反应器上部设置扩大段2使气速降低，大部分较大的催化剂颗粒可以沉降下来回到流化床，细的颗粒通过旋风分离器3分离出来，返回流化床；流化床内设冷却管。

流化床的结构形式很多，但无论什么形式，一般都由气体分布装置、内部构件、换热装置、气固分离装置等组成。

气体分布装置包括气体预分布器和气体分布板两部分。其作用是使气体均匀分布，以形

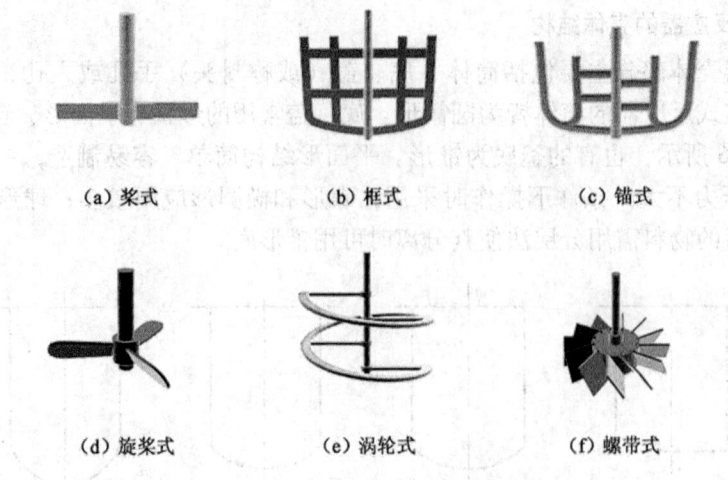

（a）桨式	（b）框式	（c）锚式
（d）旋桨式	（e）涡轮式	（f）螺带式

图 2-7　釜式反应器的搅拌器形式

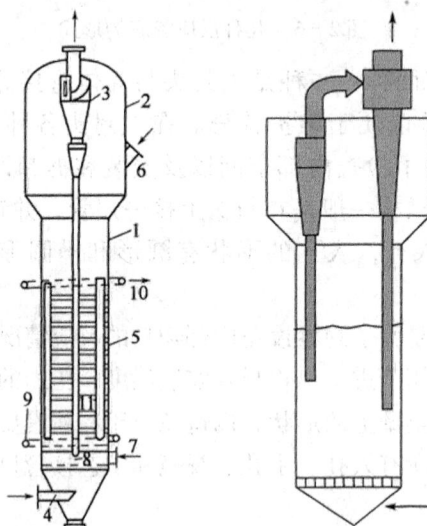

图 2-8　流化床催化反应器示意图

1—壳体；2—扩大段；3—旋风分离器；4—反应气体入口；5—冷却管；6—催化剂入口；7—催化剂卸料口；
8—气体分布器；9—冷却水进口；10—冷却水排出口

成良好的初始流化条件，同时支承固体颗粒。

内部构件包括挡网、挡板和填充物等，主要用来破碎气体在床层中产生的大气泡，增大气—固相间的接触机会，减少返混，从而增加反应速率和提高转化率。

换热装置的作用是用来取出或供给反应所需要的热量。根据需要分为外夹套换热器和内管换热器，也可采用电感加热或载热体换热。

气—固分离装置是用来回收上升的气流带走的大量细粒使其返回床层，避免带出的粉尘影响产品的纯度。

（二）流化床反应器特征

流化床反应器的重要特征是细颗粒催化剂在上升气流作用下做悬浮运动，固体颗粒剧烈地上下翻滚。由于流化床中固体颗粒特殊的运动形式，床层内流体和固体剧烈搅动和混合，使床层温度分布均匀，避免了固定床反应器中的"热点"现象。由于流化床采用细小颗粒，具有很大的比表面积，而且颗粒处于运动状态，提高了气—固之间的热传速率，使反应温度便于控制。再者，流态化现象具有液体似的流动性质，因此颗粒易于连续加入或取出反应器，可以使反应过程和催化剂再生过程连续化。由此可见，与固定床反应器相比，流化床反应器具有很多优点。然而，流化床反应器中固体颗粒的特殊运动形式，造成反应气体和固体颗粒的严重返混。例如，充填 15t 颗粒而塔径为 1.5m 的流化床中加入 50g 的示踪颗粒，发现在 1min 内与床层内颗粒完全混合。同时由于固体颗粒的循环运动也导致气体的严重返混。而且，气体以气泡形式通过床层，使气—固接触不良，降低了反应过程速率和反应物转化率，对复杂反应则不利于选择性的提高。同时，固体颗粒的运动使其磨损，造成催化剂损失，提高了操作费用。催化剂颗粒与设备间的碰撞，也易造成设备的磨损。流化床反应器中的气泡现象，使床层中气体和固体催化剂颗粒处于复杂的运动状态，造成床层的不均匀性。

流化床反应器中，在气流的作用下床层上的固体催化剂颗粒剧烈搅动、上下沉浮，这种固体粒子像流体一样进行流动的现象，称为固体流化态。流化床反应器与固定床反应器相比有下述优缺点。

1. 优点

（1）所用固体颗粒粒度小，因而具有较大的比表面积，使得气—固相间接触面积很大，从而提高了传质和传热速度，并且由于粒度小，降低了内扩散阻力，能充分发挥催化剂的效能。

（2）床层内气流与颗粒剧烈搅动混合，使床层温度分布均匀，避免了局部过热或局部反应不完全的现象，传质和传热效率都很高，这对于某些强放热而对温度又很敏感的反应过程是十分重要的，因此被应用于氧化、裂解、焙烧以及干燥等过程。

（3）固体颗粒的热容远比同体积气体的热容大（约 1000 倍），可以利用循环颗粒作为传热介质，并且所需内换热器传热面积小，结构简单，可大大简化反应器的结构，节省投资。另外，由于颗粒的高热容及返混，能防止局部过热或过冷，因此在爆炸范围内的气体组成下操作或燃烧低热值的物料成为可能，且操作较稳定。

（4）固体颗粒在流化床中可以有类似于流体的流动性，因此从床层中取出颗粒或向床层中加入新的颗粒都很方便，尤其对于催化剂容易失活的反应，可使反应过程和催化剂再生过程连续化，并且易于实现自动控制，可使设备的单位时间处理量增加。

2. 缺点

（1）流化床内气流和固体颗粒沿设备轴向混合（返混）很严重，使已反应的物质返回，导致反应物浓度下降，转化率下降。返混还使气体在床层内的停留时间分布不均匀，因而增加了副反应，导致反应过程的转化率下降和选择性变差。

（2）由于床层轴向没有浓度差和温度差，部分气体成为大气泡通过床层，使气—固相接触不良，催化剂的利用率降低，在要求到达高转化率时，这种状况更为不利。

（3）固体颗粒间剧烈碰撞，造成催化剂磨损破碎，增加了催化剂的损失和防尘的困难，需要增加回收装置。同时，由于固体颗粒的磨蚀作用，管子和容器的磨损也很严重，增大了设备损耗。

任务3 聚乙烯装置工艺流程的识读

一、连续釜式反应器

（一）工艺流程简介

1. 原料供应

1）乙烯单体

所有的聚合配方都是基于一定的单体流速。因此，为了保证熔融指数稳定和产品质量，反应必须依照反应配方中的乙烯供应速率进行。乙烯单体进料在 FRC10409 控制下进入反应器 R1201。

反应器可以在很低的产率下运行，大约 6~11 t/h，在这种低范围的生产速率下，仪器控制回路的精确度将是唯一的制约因素。在高生产率下，乙烯的进料速率受反应系统冷却能力的制约。其他制约因素是增加催化剂的消耗和排放气流量。这是因为在高进料量的条件下，反应物的停留时间减小的结果。

2）丁烯作为共聚单体

丁烯在经过 FRC10403/FRC10404 之后接入乙烯进料管线，并同乙烯一起进入反应器 R1201。经过丁烯管线上的质量流量计 FRC10403/10404 处的压力必须足够高，以避免丁烯部分蒸发而造成不准确的共聚单体的计量（丁烯压力最小要高于 600kPa）。

3）氢气作为相对分子质量调节剂

氢气也是在 FRC10405/FRC10406 之后接入乙烯进料管线，进而进入反应器 R1201。

氢气流量的控制主要是由流量测量仪表 FRC10405/10406 来完成的，流量控制要求精确。

4）催化剂供给

催化剂悬浮液以一定的速率流入反应器，这样可使反应器压力范围同聚合配方相同。

催化剂的供应是由 FRC10301 控制，并同新鲜己烷物流（FRC10401）一起进入 R1201。用新鲜的己烷管线是将催化剂悬浮液注入反应器的较好的办法。如果催化剂悬浮液同母液同时注入（FRC10402）可能会导致预聚合并堵塞母液管线。

反应器中催化剂浓度的增加，将加速聚合反应速率，并且减小反应压力。催化剂浓度降低将减小聚合速率并使反应器压力上升。

5）活化剂的供给

经过计量的新鲜的活化剂（TEAL）在 FRC10303A 控制下和母液中的活化剂（在 FRC10402 控制下）一起输送至反应器 R1201。活化剂注入点在母液至反应器 R1201 的母液管线上。

反应器中活化剂的浓度应比配方给出的值略高。活化剂浓度低，将使催化剂活性迅速降低（导致高反应压力、低熔指产品），并且不能通过增加催化剂的量和氢气浓度来调整。某些催化剂、活化剂的组合，在装置聚合条件下，过度活化也是不可能的。其他的组合，当活化剂过量时也会造成催化活性迅速降低。最佳的活化剂浓度是由聚合系统的洁净程度决定的。

2. 聚合反应

聚合反应是在一个 220m³ 的反应器 R1201 中进行的。所有反应器均装有 "5 + 1" 阶搅拌桨，转速为 25 ~ 75r/min。聚合反应剧烈放热，因此需要较强的冷却系统（880 ~ 900 × 4186.8J/kg 乙烯）。反应器设有盘绕夹套管，另外有两个外循环冷却器。

乙烯、共聚单体、氢气、催化剂、活化剂、己烷和回收的母液连续由底部进入反应器，聚合反应迅速发生。HDPE 悬浮液占反应器体积的 90% ~ 95%，液位控制（LRC10401）主要是利用放射性的方法来测量。

聚乙烯悬浮液在聚合压力的作用下，离开了由液位控制的反应器，被送至后序工段。

3. 反应取热

该聚合反应是放热反应，反应时会产生大量热量，因此需要外界取走热量。本工艺中的反应器设有夹套管，并且有两个外循环冷却器 E1201A/B。反应器夹套管中通入的是来自界区的冷却水和 P1208 后循环冷却水（当 P1208 发生故障时，用来自界区的冷却水给反应器进行冷却），直接与反应器中的物料进行换热，外循环冷却器是通过冷却水与 P1201A/B 后的反应物料换热来达到取走热量的目的，P1201A/B 的抽出量比较大，所以可以带走大约 80% 的反应热。

循环冷却水系统通过 P1208 把换热后的一部分水循环回外循环冷却器和夹套，在正常情况下这部分水与界区来的冷却水混合进入反应器冷却系统来达到冷却的目的，在开车过程中，也通过这部分循环水被 E1210 的蒸汽加热来达到加热反应器物料的目的，从而得到反应开始所需要的温度。

（二）设备列表

连续釜式反应器设备见表 2 - 1。

表 2 - 1　连续釜式反应器设备

序　号	位　号	名　称	说　明
1	R1201	连续釜式反应器	
2	A1201	R1201 搅拌	
3	E1201A/B	外循环冷却器（两个）	
4	E1210	R1201 循环水加热器	MPS 是加热蒸汽，JWS 是冷却水
5	P1201A/B	R1201 外循环泵	
6	P1208	R1201 冷却水循环泵	

（三）调节器列表

调节器见表 2 - 2。

表 2 - 2　调 节 器

调节器位号	描　述	正 常 值	单　位
FRC10301	催化剂去 R1201 流量	96	kg/h
FRC10303A	TEAL 去 R1201 流量	66	kg/h
FRC10401	己烷去 R1201 流量	664.6	kg/h
FRC10402	母液去 R1201 流量	17100.6	kg/h

调节器位号	描 述	正 常 值	单 位
FRC10403	丁烯去 R1201 流量	203	kg/h
FRC10404	丁烯去 R1201 流量	0	kg/h
FRC10405	氢气去 R1201 流量	29.8	kg/h
FRC10406	氢气去 R1201 流量	0	kg/h
FRC10407	己烷去 R1201 流量	21011	kg/h
FRC10409	乙烯去 R1201 流量	17018.5	kg/h
LRC10401	R1201 液位控制	41	%
PRC10419	R1201 冷却水系统压力	0.4	MPa
TRC10403	R1201 温度控制	84	℃

（四）显示仪表

显示仪表见表 2-3。

表 2-3 显 示 仪 表

位 号	显示变量	正 常 值	单 位
FR10408	P1201B 后流量	1721.86	m³/h
FR10410	P1201A 后流量	1721.86	m³/h
II10401	P1201A 电流	37.6	A
II10402	P1201B 电流	37.6	A
II10403	A1201 电流	20.6	A
LR10406	R1201 液位	88.2	%
PR10420	R1201 压力	0.93	MPa
SI10401	A1201 转速	128.2	r/min
TD10402	TR10402 与 TRC10403 的温差	0	℃
TD10404	TRC10403 与 TR10404 的温差	-0.1	℃
TR10401	R1201 夹套水出口温度	78.9	℃
TR10402	R1201 温度	82.8	℃
TR10404	R1201 温度	83.3	℃
TR10408A	E1201A 出口温度	40.7	℃
TR10408B	E1201B 出口温度	40.7	℃

（五）现场阀门列表

现场阀门见表 2-4。

表2-4　现　场　阀　门

现场阀门位号	描　　述
VX9R1201	R1201 充压氢气阀
VI7R1201	界区冷却水进夹套入口阀
VI3P1208	夹套水去界区截止阀
VI1P1208	P1208 循环水进夹套
VI2P1208	夹套水循环回冷却系统
VI1R1201	催化剂进料截止阀
VI2R1201	助催化剂进料截止阀
VI5R1201	A1201 冲洗管线阀
VI3R1201	己烷填充管线阀
VI8R1201	R1201 排料阀
VI1P1201A	P1201A 冲洗管线阀
VI2P1201A	P1201A 入口管线排料阀
VI3P1201A	P1201A 出料线冲洗阀
VI4P1201A	P1201A 出口管线冲洗阀
VI1P1201B	P1201B 洗管线阀
VI2P1201B	P1201B 口管线排料阀
VI3P1201B	P1201B 出料线冲洗阀
VI4P1201B	P1201B 出口管线冲洗阀
VX1P1201A	P1201A 后循环管线阀
VX1P1201B	P1201B 后循环管线阀
VI1E1201A	E1201A 入口阀
VI1E1201B	E1201B 入口阀
VX1E1210	E1210 物料出口阀
VX2E1210	冷却系统水排放阀
TV10403AB	TV10403A 旁路

（六）物料平衡和工艺卡片

物料平衡和工艺卡片见表2-5。

表2-5　物料平衡和工艺卡片

物　流	项目及位号	正常指标	单　位
聚合反应器 （1201）	反应温度（TIC-10403）	84	℃
	反应压力（PR-10420）	0.93	MPa
	乙烯进料量（FRC-10409）	17.0	t/h
	夹套水出口温度（TR-10401）	78.9	℃

（七）连续釜式反应器 PI&D 图

连续釜式反应器 PI&D 图如图2-9所示。

（八）连续釜式反应器 DCS 流程图

连续釜式反应器 DCS 流程图如图2-10所示。

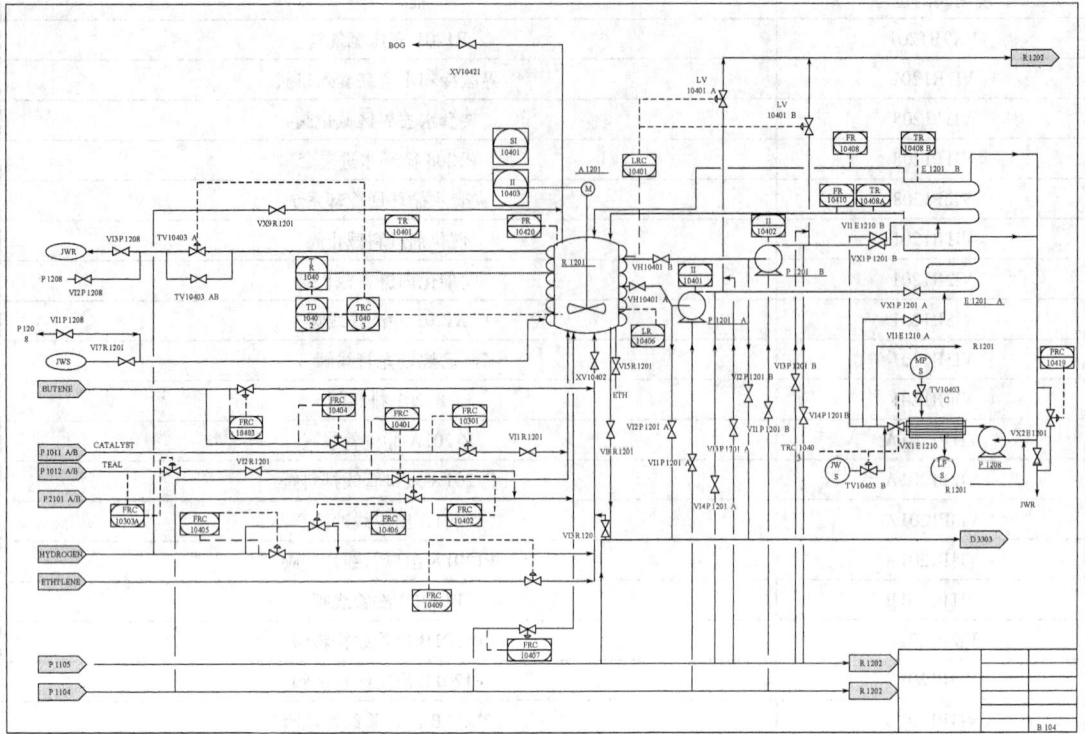

图 2-9　连续釜式反应器 PI&D 图

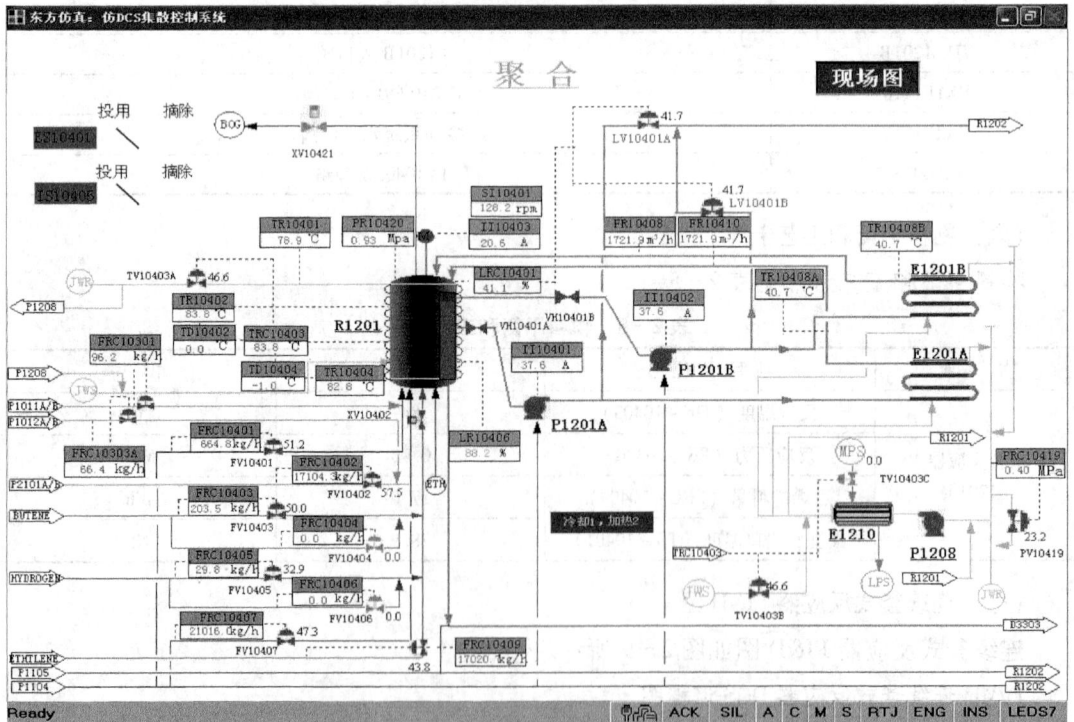

（a）现场图

图 2-10　连续釜式反应器 DCS 流程图

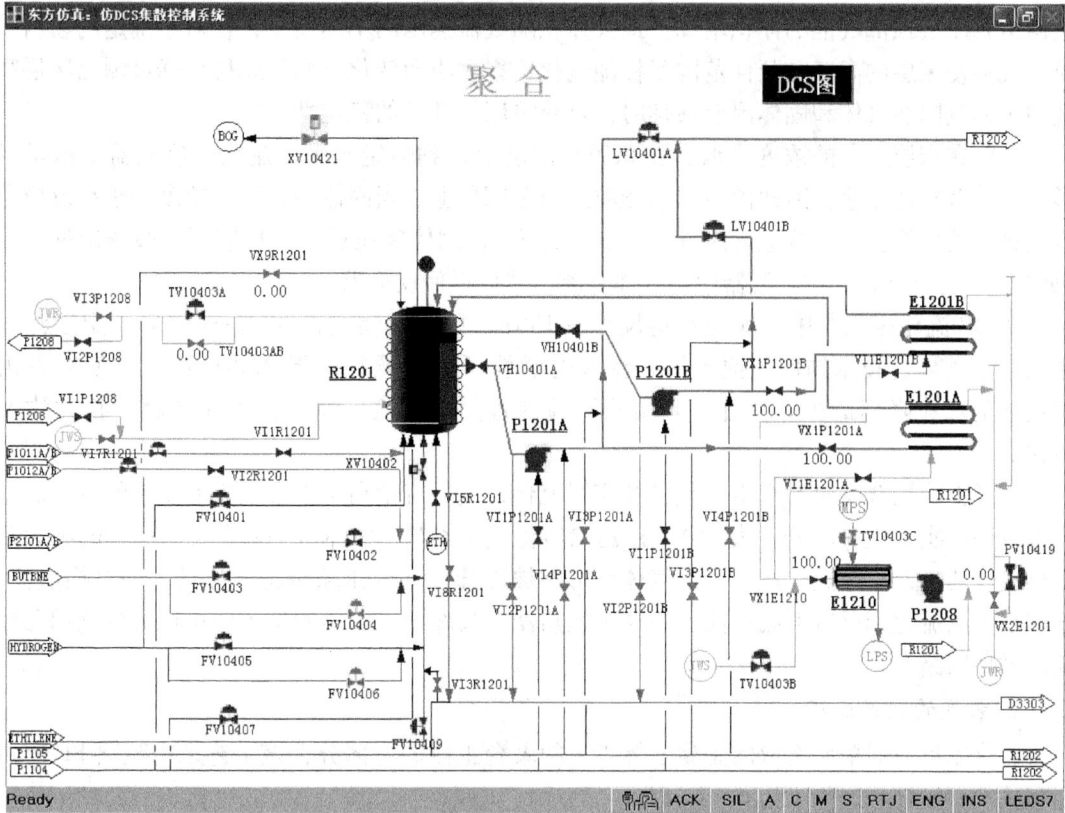

（b）DCS图

图 2-10　连续釜式反应器 DCS 流程图（续）

二、流化床反应器

（一）工艺流程简介

1. 流化床基本原理

固体颗粒的流化过程是指固体颗粒悬浮在气流中。要实现这个过程，上升的气流从立式柱状容器底部分布板进入。气体的流速要足够高，以抬升固体并使颗粒保持悬浮状态，但气流速度也不能太高，否则固体颗粒会被带出反应器（在气动传输系统中发生情况）。

相关理论说明了保持颗粒在悬浮状态的最小流化速率取决于固体颗粒的物理特性（平均尺寸、尺寸分布、形状和密度）和流化气的物理特性（粘度、密度）。气体的物理特性与其组分、总压力和温度有关。

最小的流化速率与一个特定的压力点相对应。在该点压力，气体流率升高，流化床压力降不再升高。在 BP 流化床工艺中所用实际流化速率至少是最小流化速率的 2~5 倍。设计时，流化速率的典型值为 58~65cm/s。

在乙烯的聚合反应中，立式容器中流化床由聚乙烯颗粒、共聚单体、氢气和氮气构成。聚乙烯颗粒悬浮在上升的乙烯、氢气和氮气气流中。随着聚合反应的进行，每一个颗粒从预聚物颗粒开始变大。在流化床中，颗粒平均驻留时间大约为 4h。流化床的体积密度取决于速率和聚合物的密度。床层内颗粒的运动遵循漩涡流线规律。通过流化床上升的气泡在其后夹带固体颗粒，保证床层的均匀性。

气泡高度增加时，易于在床层中心合并。固体颗粒回流至床层壁附近，通过凝聚作用，从栅格到床层顶部气泡的体积增加，最大体积随气流速度的不同而变化。对于确定的粉料等级，气泡使床层的高度和延伸范围目标随流化速率大小而变化。测量床层压降可测出床层高度和延伸范围在气体和固体混合最佳时，可获得床层良好的稳定性。

颗粒在床层上方的浓度降低，在总脱离高度上达到恒定水平。流化床反应器上部呈锥形，可降低气体流速，因此使最细的颗粒返回至床层上。当固体颗粒下降速度小于在反应器最大直径处球形位置气流速度时（仅在此条件下），固体颗粒被送出反应器。被送出的颗粒（典型的小于 $70\mu m$）在旋流器中与气体分离，然后返回反应器。

在 BP 流化床工艺中，颗粒平均尺寸在 $180\mu m$ 的预聚物（由 Malvern 测量）定期注入流化床。预聚合技术的使用便于控制注入的活性预聚物颗粒的形态和体积，也使被带出流化床的颗粒降到最少。另外，预聚物颗粒活性是均匀的，这样，可保证聚合物粒均匀增大。

为了去除聚合反应时产生的热量和床层流化，气体流量高于聚合反应所要求的流量。每通过床层一次，仅有部分（大约 4%）乙烯转化成聚乙烯，气体带去聚合反应产生的绝大部分热量。通过第一级热交换器后，气体尽可能被冷却，一台压缩机将气体送入一个换热器。气体在进入流化床反应器底部前，在这个换热器中被冷却。气体的这个回路称为流化回路或气体循环回路。

2. 装置的生产过程

流化床反应器单元选取的是聚乙烯工艺的聚合工段的一部分，该工艺采用英国 BP 公司专利技术，设计生产能力为 $6\times10^4 t/a$。

在本单元中，乙烯和共聚单体在流化床反应器中聚合，得到高分子的聚合粉料。所需公用工程均来自乙烯厂相应的设施，循环水来自循环水系统。

聚合发生在反应回路，主要设备有反应器 D-400、旋风分离器 S-400A/B、换热器 E-400、E-401 以及流化气压缩机 C-400。

3. 生产装置流程说明

1）反应器系统

反应器 D-400 的设计要确保流化床的均匀性。反应物在此进行聚合等各种反应，聚合物颗粒在约 $20\times10^5 Pa$ 的操作压力、83℃左右的温度条件下，在流化床内增长。

2）进料系统

来自原料精制部分的乙烯（C_2H_4）分为两路：一路经 ROV390 及 FIC390 后自循环气一级冷却器 E-400 与循环压缩机 C-400 之间进入气体循环回路；另一路经 ROV400 后与经 ROV401 的高压氮气（N_2）汇合进入循环压缩机 C-400 作为密封气。

来自原料精制部分的氢气（H_2）经 ROV371 及 FIC371A/B 后自反应循环气一级冷却器 E-400 与循环压缩机 C-400 之间进入气体循环回路。

来自原料精制部分的丁烯-1（C_4H_8）经 ROV450 及 FIC450A/B 后自反应循环气一级冷却器 E-400 前进入气体循环回路。

来自原料精制部分的氮气（N_2）经 ROV402 及 FIC401A/B 后自反应循环气一级冷却器 E-400 后进入气体循环回路。

来自冷凝液系统的冷凝液（戊烷）经过 FIC496 后自 E-401 前进入气体循环回路。

种子床粉料经 ROV494 后进入聚合反应器 D-400。

催化剂（预聚物）经 HIC350 进入聚合反应器 D-400。

反应终止剂经 ROV456 后进入聚合反应器 D-400。

3）流化回路系统

离开反应器的反应循环气进入反应器顶部旋风分离器 S-400A/B，细粒在此被分离并收集，然后通过细粒回注喷射器 J-400A/B 返回反应器，J-400A/B 的喷射气体来自循环流化压缩机 C-400。经过旋风分离器 S-400A/B 的净化气体进入反应循环气一级冷却器 E-400，在此部分反应循环气被冷却脱除聚合热，冷却后的反应循环气进入流化气体压缩机 C-400，流化气体压缩机提供体积流量，使反应器内获得所需的流化速度。反应回路的压降较低，C-400 压缩比约为 1.1∶1。自流化气体压缩机 C-400 出来的循环气进入反应循环气二级冷却器 E-401，在此剩余聚合热以及压缩热再被脱除，以此调节进入反应器气体温度来控制其出口气体温度。

通过调节反应物的流量及进入反应回路的氮气量，同时调节来自回路的惰性物质的吹扫来持续控制回路压力和气体组分。调节反应物的相对比以满足聚合物产品的规格。

通过控制聚合物抽出率来保持反应器内恒定的床层高度。聚合物产率和预聚物注入率与反应器气相条件有关。

4）冷却系统

本单元涉及的主要冷却设备为反应循环气一、二级冷却器 E-400、E401。

自界区来的新鲜冷却水（CW）与经 E-400 换热后的循环水的一部分混合后进入 E400 冷却水泵 G405A/B，升压后经 FIC405 及 J405（E400 循环水蒸气加热器）后作为冷却物流进入 E-400，在此与反应循环气进行换热，经换热升温后的冷却水分为两支，一支作为冷却回路的循环水与边界来的新鲜冷却水混合后再次进入 G405A/B，另一只经 FIC402 控制作为可回收冷却水（RCW）排出冷却回路。J405 中压蒸汽由装置外供，经 J405 后进入循环水回路。

自界区来的新鲜冷却水（CW）与经 E-401 换热后的循环水的一部分混合后进入 E401 冷却水泵 G406A/B，升压后经 FIC406 及 J406（E401 循环水蒸气加热器）后作为冷却物流进入 E-400，在此与反应循环气进行换热，经换热升温后的冷却水分为两支，一支作为冷却回路的循环水与边界来的新鲜冷却水混合后再次进入 G405A/B，另一只经 FIC403 控制作为可回收冷却水（RCW）排出冷却回路。J406 高压蒸汽由装置外供，经 J406 后进入循环水回路。

5）聚合物出料系统

合格的聚乙烯粉料自反应器侧线抽出，经 HIC420A 控制送往粉料干燥及输送系统。不合格块料自反应器底部出料口经 ROV411 控制定期进行排放。

（二）设备列表

流化床反应器设备见表 2-6。

表 2-6　流化床反应器设备

序　号	位　　号	名　　称	说　　明
1	E400	一级流化气冷却器	
2	E401	二级流化气冷却器	

序 号	位 号	名 称	说 明
3	D400	聚合反应器	
4	G405A/B	E400 冷却水泵	
5	G406A/B	E401 冷却水泵	
6	C400	流体气体压缩机	
7	J400A/B	细粉循环喷射器	
8	S400A/B	反应器气体旋风分离器	
9	J405	E400 循环水蒸气加热器	
10	J406	E401 循环水蒸气加热器	

（三）仪表列表

流化床反应器仪表见表2-7。

表2-7 流化床反应器仪表

序号	仪表号	说 明	单位	正常值	量程	报警值
1	AI390	循环气水含量显示	ppm	0	0～1000.0	
2	AI4025C	循环气氧含量显示	ppm	0	0～1000.0	
3	FI407A/B	细粉循环喷射器喷射气流量显示	kg/h	35600.0	0～5000.0	
4	FIC370A/B	氢气流量控制	kg/h	27.0	0～100.0	
5	FIC390	乙烯流量控制	kg/h	14200.0	0～20000.0	
6	FIC402	E400 新鲜水流量控制	kg/h	925.0	0～5000.0	
7	FIC403	E401 新鲜水流量控制	kg/h	1390.0	0～5000.0	
8	FIC405	E400 循环水流量控制	kg/h	1240.0	0～5000.0	
9	FIC406	E401 循环水流量控制	kg/h	1950.0	0～5000.0	
10	FIC450A/B	丁烯-1 流量控制	kg/h	1520.0	0～3000.0	
11	FIC401A/B	氮气流量控制	kg/h	3270.0	0～50000.0	
12	FIC496	冷凝液流量控制	kg/h	270.0	0～3000.0	
13	HIC350	预聚物注入控制手阀	%	50.0	0～100.0	
14	HIC400	循环压缩机转速控制	%	50.0	0～100.0	
15	HIC420A	聚合物抽出控制手阀	%	55.0	0～100.0	
16	LBED	床层高度显示	m	15.8	0～25.0	
17	PDI371	氢气压差显示	kPa	0.0	0～700.0	
18	PDI391	乙烯压差显示	kPa	1950.0	0～4000.0	
19	PDI400	D400 压差显示	kPa	37.0	0～130.0	
20	PDI401A/B	D400 压差显示	kPa	37.0	0～120.0	
21	PDI402	D400 压差显示	kPa	1.4	0～5.0	
22	PDI403	D400 压差显示	kPa	31.5	60.0	
23	PDI4031	D400 压差显示	kPa	59.0	60.0	
24	PDI404	循环压缩机压差显示	kPa	250.0	0～500.0	
25	PDI405	S400A/B 压差显示	kPa	0.0	0～200.0	
26	PDI406	E400 压差显示	kPa	44.0	0～80.0	

序 号	仪 表 号	说 明	单 位	正 常 值	量 程	报 警 值
27	PDI407	氮气压差显示	kPa	2000.0	0～2000.0	
28	PDI409	D400 压差显示	kPa	8.0	0～20.0	
29	PDI415	E401 压差显示	kPa	68.0	0～100.0	
30	PDI4091	D400 压差显示	kPa	7.7	0～20.0	
31	PDI4092	D400 压差显示	kPa	10.0	0～20.0	
32	PDI411A/B	J400A/B 压差显示	kPa	120.0	0～120.0	
33	PI370	氢气压力显示	kPa	2960.0	0～6000.0	
34	PI392	乙烯压力显示	kPa	3500.0	0～120.0	
35	PI408	D400 顶压力显示	kPa	2000.0	0～3000.0	
36	PI409	循环压缩机出口压力显示	kPa	1920.0	0～4000.0	
37	PIC390	D400 压力控制	kPa	2000.0	0～5000.0	
38	TI370	氢气温度显示	℃	7.3	0～180.0	
39	TI394	乙烯温度显示	℃	7.3	0～180.0	
40	TI450	丁烯-1 温度显示	℃	7.3	0～180.0	
41	TI400.1	D400 温度显示	℃	55.5	0～180.0	
42	TI400.2	D400 温度显示	℃	55.5	0～180.0	
43	TI400.3	D400 温度显示	℃	59.0	0～180.0	
44	TI400.4	D400 温度显示	℃	59.0	0～180.0	
45	TI400.5	D400 温度显示	℃	59.0	0～180.0	
46	TI400.6	D400 温度显示	℃	62.6	0～180.0	
47	TI400.7	D400 温度显示	℃	66.1	0～180.0	
48	TI400.9	D400 温度显示	℃	55.5	0～180.0	
49	TI400.10	D400 温度显示	℃	80.4	0～180.0	
50	TI400.11	循环气进 E400 温度显示	℃	84.0	0～180.0	
51	TI400.12	循环气出 E400 温度显示	℃	62.3	0～150.0	
52	TI400.14	循环气入 E401 温度显示	℃	67.9	0～150.0	
53	TI400.15	循环气出 E401 温度显示	℃	48.4	0～150.0	
54	TI400.16	循环压缩机出口温度显示	℃	67.9	0～150.0	
55	TI400.20	D400 温度显示	℃	76.8	0～100.0	
56	TI400.21	D400 温度显示	℃	73.3	0～180.0	
57	TI400.8	D400 温度显示	℃	69.7	0～180.0	
58	TI401.1	E400 新鲜水温度显示	℃	28.0	0～100.0	
59	TI401.3	循环水出 E400 温度显示	℃	36.6	0～100.0	
60	TI401.20	E401 新鲜水温度显示	℃	28.0	0～180.0	
61	TI402	循环水入 E400 温度显示	℃	30.2	0～100.0	
62	TI403	循环水入 E401 温度显示	℃	30.2	0～100.0	
63	TI408	循环气出 E400 温度显示	℃	60.8	0～180.0	
64	TIC405	D400 温度控制	℃	84.0	0～180.0	
65	TR405A/B	D400 温度显示	℃	84.0	0～180.0	
66	TI406A/B	细粉出 S400A/B 温度显示	℃	84.0	0～180.0	

（四）ROV 及现场阀列表

ROV 及现场阀见表 2-8。

表 2-8 ROV 及现场阀

序号	阀位	说　明	备注
1	ROV371	氢气进料 ROV 阀	
2	ROV390	乙烯进料 ROV 阀	
3	ROV402	高压氮气进料 ROV 阀	
4	ROV400	C400 乙烯缓冲气 ROV 阀	
5	ROV401	C400 氮气缓冲气 ROV 阀	
6	ROV409	反应器放空 ROV 阀	
7	ROV411	反应器底排块料 ROV 阀	
8	ROV450	丁烯-1 进料 ROV 阀	
9	ROV456	终止剂进料 ROV 阀	
10	VIROV371	氢气进料截止阀	
11	VIROV390	乙烯进料截止阀	
12	VIROV400	乙烯密封气截止阀	
13	VIROV402	高压氮气进料截止阀	
14	VIROV450	丁烯-1 进料截止阀	
15	G405I	E400 新鲜水边界阀	
16	G405O	E400 外排水边界阀	
17	G405AI	G405A 入口阀	
18	G405AO	G405A 出口阀	
19	G405BI	G405B 入口阀	
20	G405BO	G405B 出口阀	
21	G406I	E401 新鲜水边界阀	
22	G406O	E401 外排水边界阀	
23	G406AI	G406A 入口阀	
24	G406AO	G406A 出口阀	
25	G406BI	G406B 入口阀	
26	G406BO	G406B 出口阀	
27	VI1J400A	J400A 氮气阀	
28	VI1J400B	J400B 氮气阀	
29	VI2J400A	J400A 循环气阀	
30	VI2J400B	J400B 循环气阀	
31	VX1J405	E400 循环水加热器蒸汽阀	
32	VX1J406	E401 循环水加热器蒸汽阀	
33	VXFD400	D400 顶部放空阀	
34	VXND400	D400 氮气充压阀	

（五）工艺卡片

工艺卡片见表2-9。

表2-9 工艺卡片

序 号	名 称	描 述	正常值	备 注
1	HIC350	预聚物注入量	50.0kg/h	
2	LBEDBB	反应器床层高度	16.0m	
3	PIC390	反应器压力	1900.0kPa	
4	TR405A	反应器温度	83.0℃	
5	VF400	流化速度	0.63m/s	
6	C_2H_4	气相组成乙烯浓度	0.42	
7	C_4DC_2	气相组成 C_4/C_2	0.38（比值）	
8	H_2DC_2	气相组成 H_2/C_2	0.14（比值）	
9	TI40015	反应器入口 （E401出口）温度	48.0℃	

（六）复杂控制说明

1. 串级控制

串级控制的切除与投用主要表现在副回路的本地和远程上。

1）串级控制的投用（本着先副后主的原则）

在副回路手动、本地控制下调节副回路，将主回路的主参数调节到接近设定值后，副回路改自动。此时副回路仍为本地控制状态（L）。将副回路的本地改为远程控制状态（R），调节主回路输出，使副回路测量值与设定值接近。主回路挂自动，串级投用完毕。

2）串级控制的切除

主、副回路切手动，副回路打本地控制，切除完毕。

2. 分程控制

分程控制系统中控制器的输出可以同时控制两只（两只以上）的调节阀，输出信号被分割成若干信号范围段，而由每一段信号去控制一只调节阀。

FIC403即为分程控制，当FIC403.0P输出小于50时，A阀开，当FIC403.0P = 50时，A阀全开。当FIC403.0P > 50时，A阀全开，B阀打开，当FIC403.0P = 100时，A、B全开，如图2-11所示。

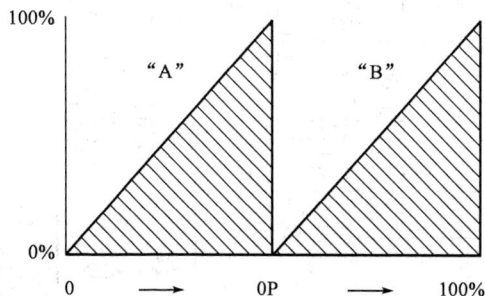

图2-11 分程控制示意图

（七）仿真 PID 图

仿真 PID 图如图 2 – 12 所示。

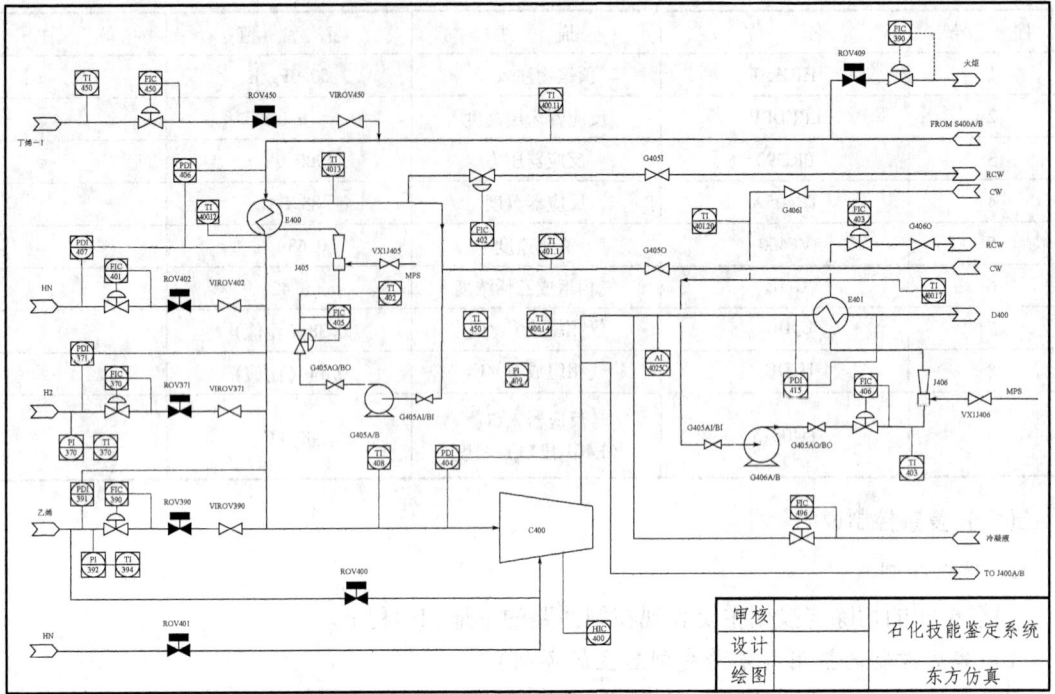

（a）进料及流化回路系统

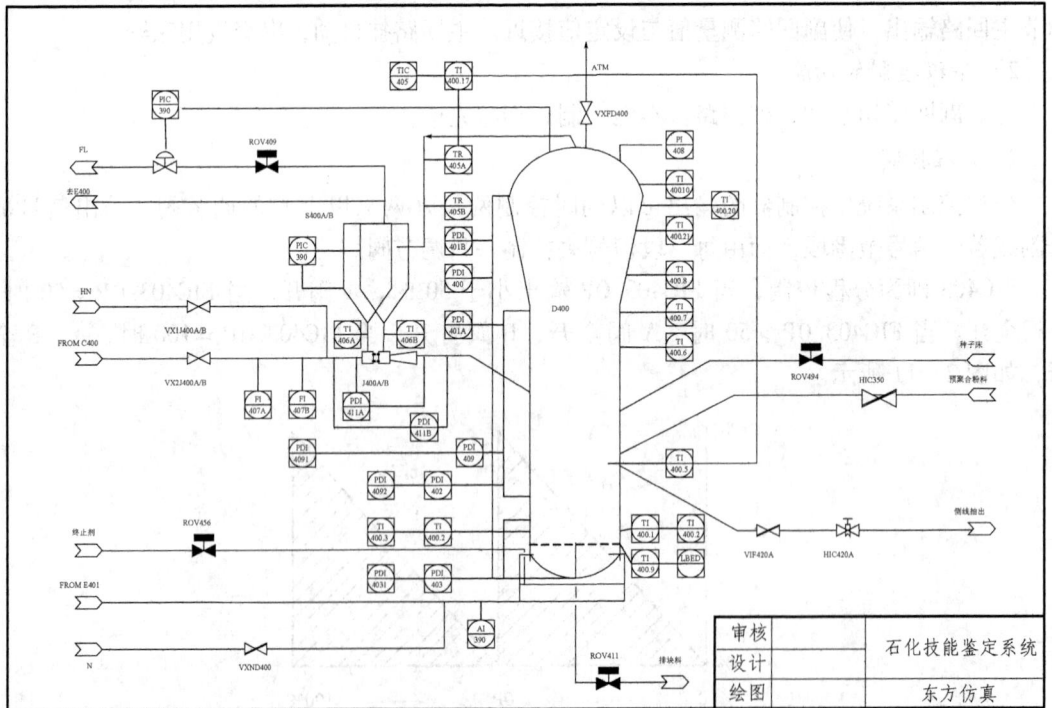

（b）聚合反应

图 2 – 12　仿真 PID 图

(八) 仿 DCS 画面

仿 DCS 画面如图 2-13 所示。

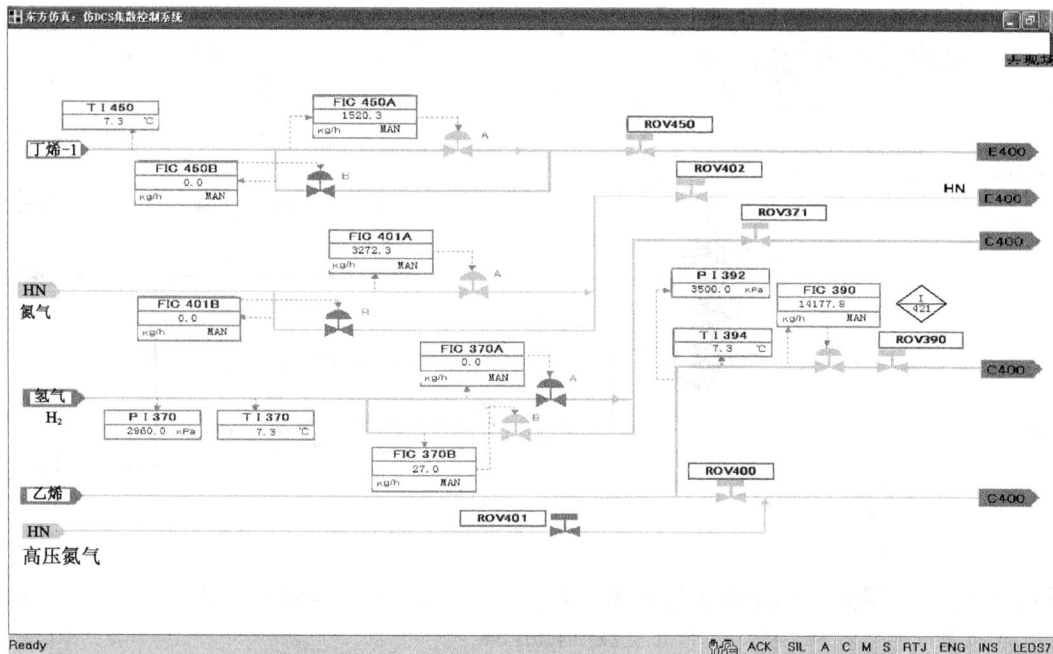

（a）FEED DCS图

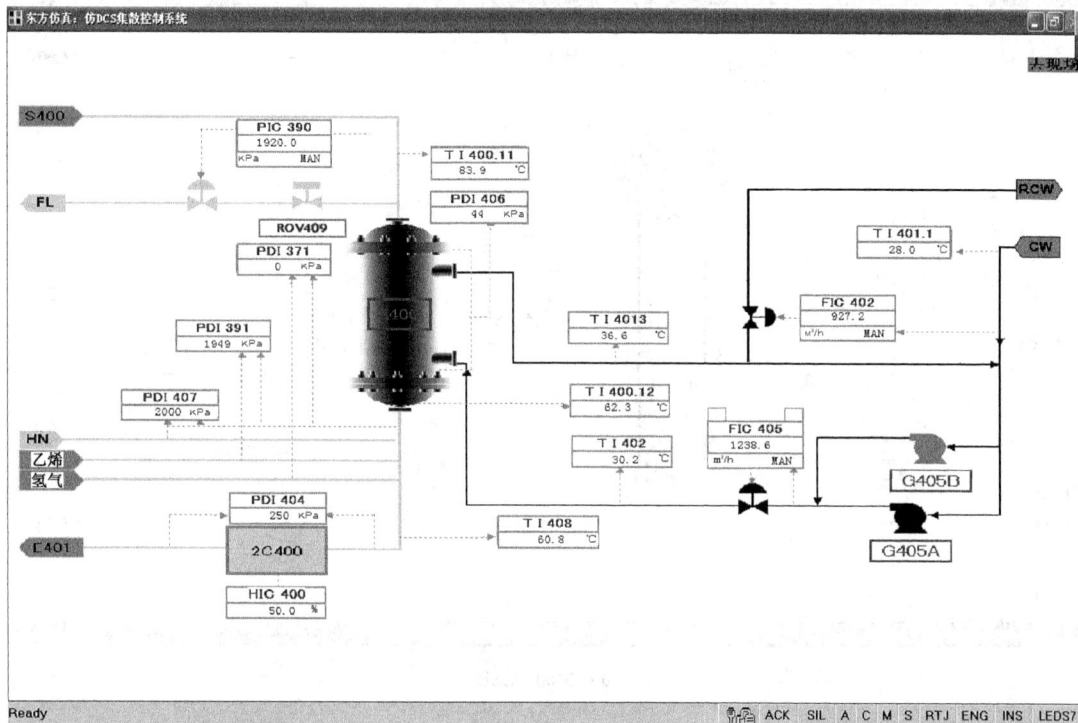

（b）E400 DCS图

图 2-13　仿 PCS 画面图

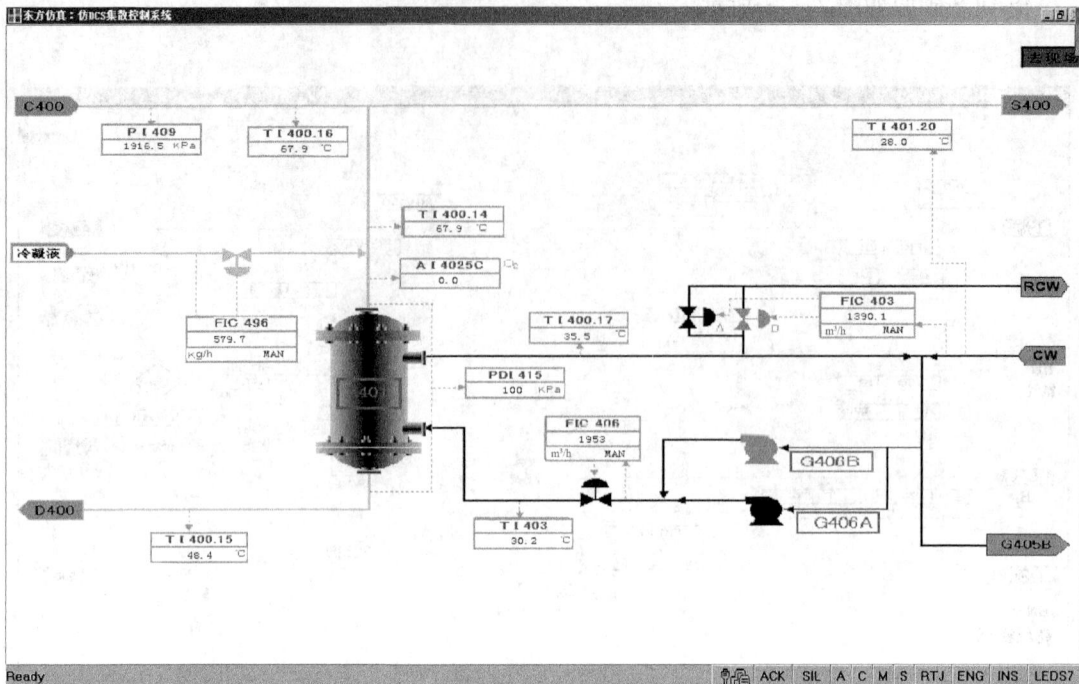

（c）E401 DCS图

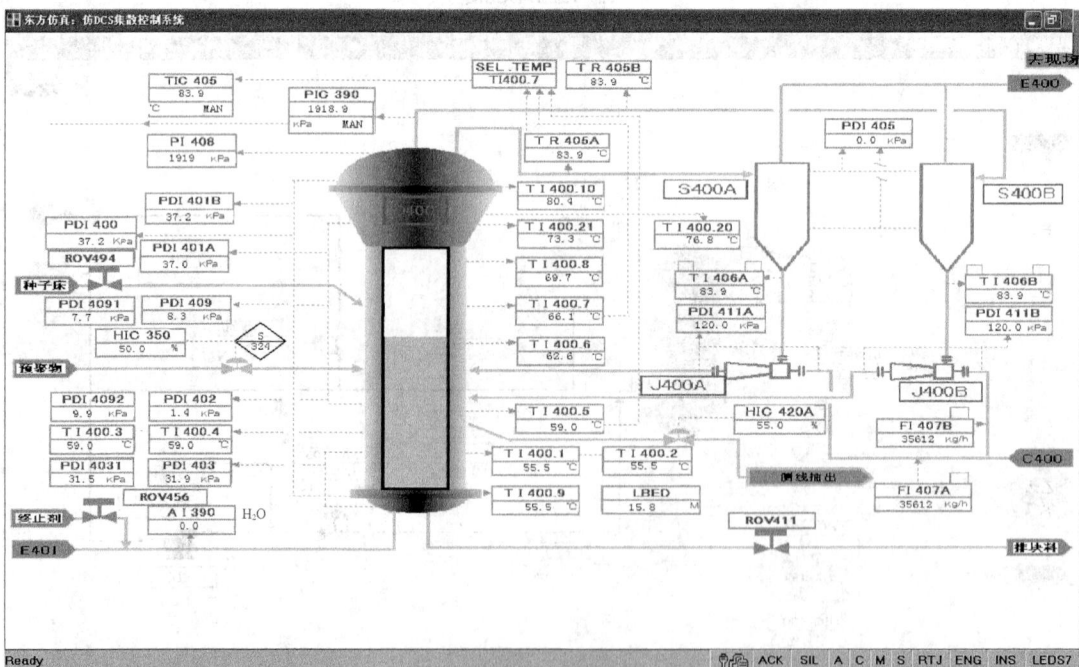

（d）D400 DCS图

图 2-13 仿 DCS 画面图（续）

(九) 现场图

现场图如图 2 - 14 所示。

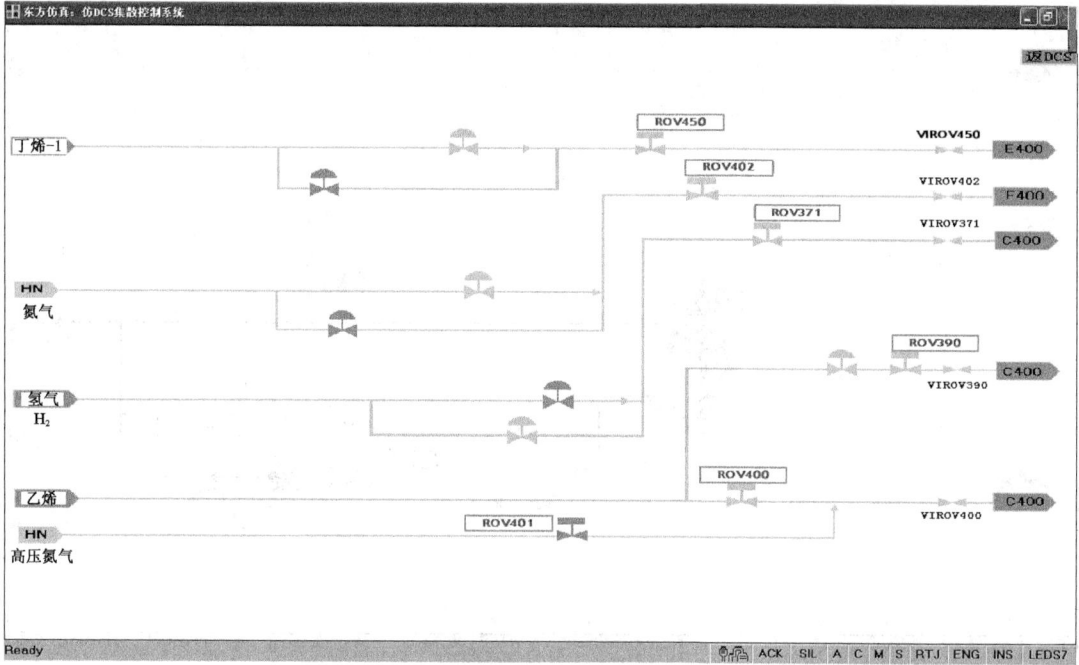

（a）FEED现场图

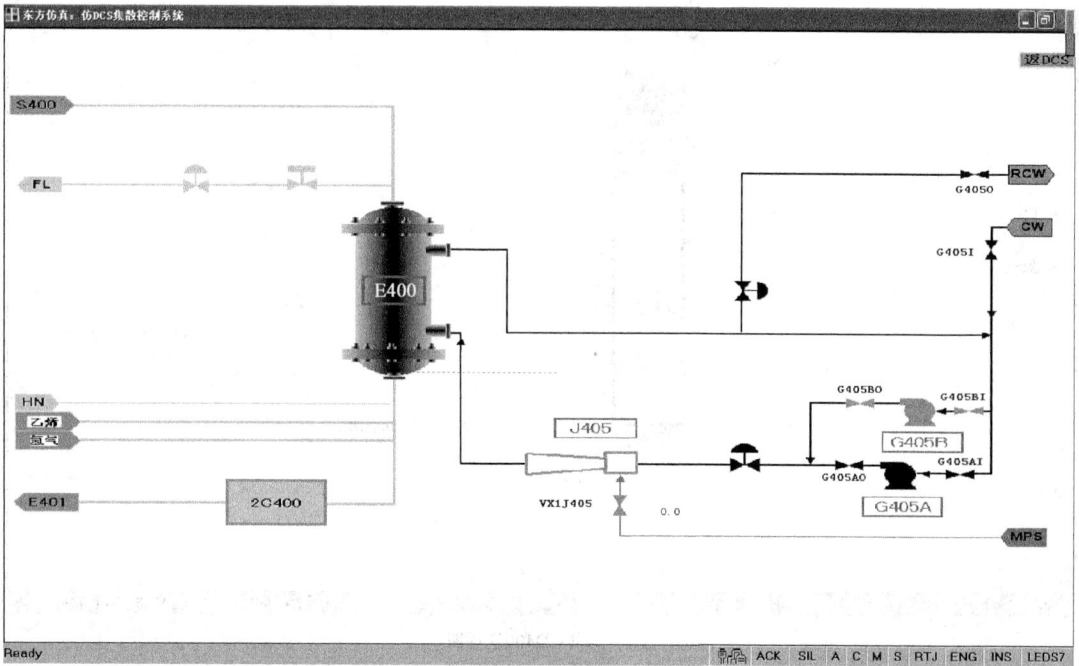

（b）E400现场图

图 2 - 14　现场图

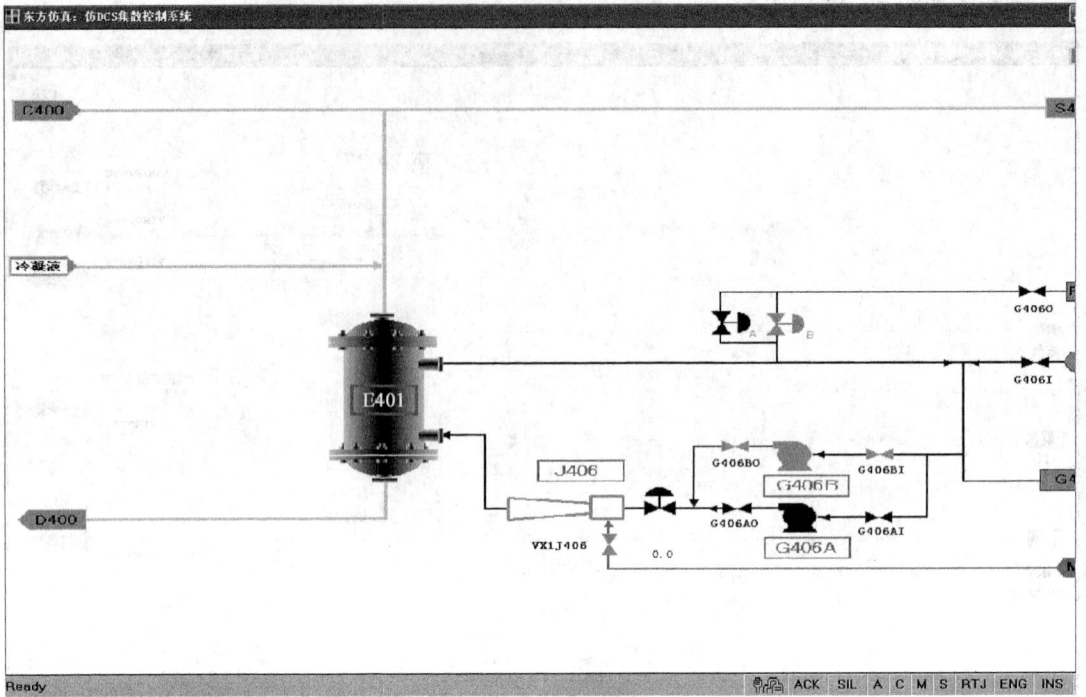

（c）E401现场图

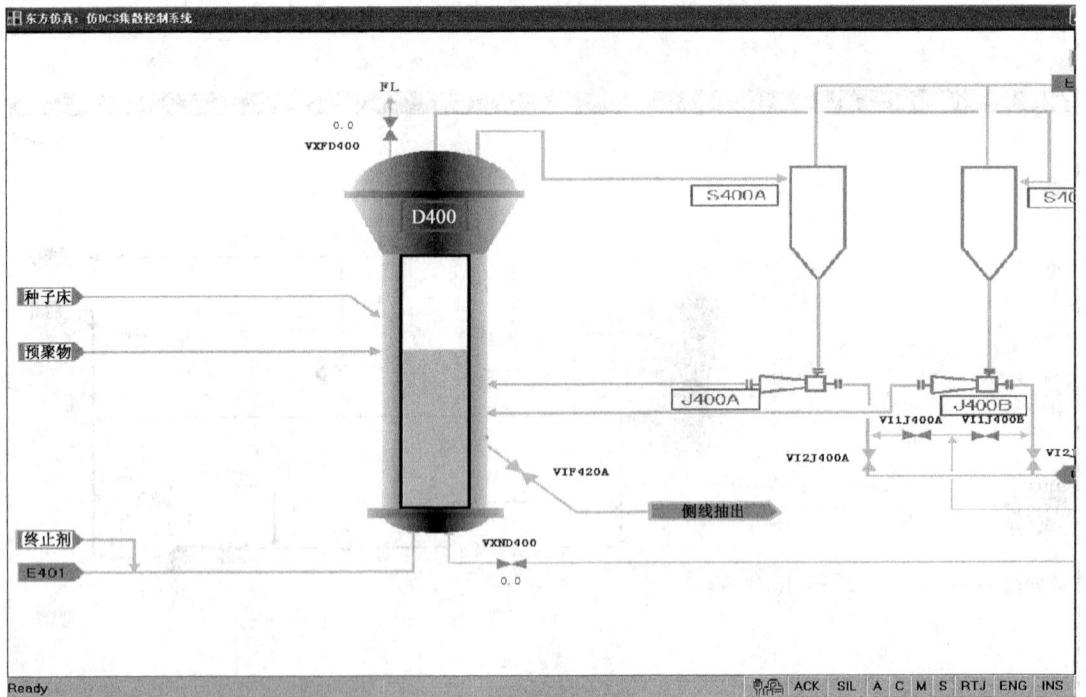

（d）D400现场图

图 2-14　现场图（续）

任务 4　聚乙烯装置的开车和停车操作

一、连续釜式反应器的开车和停车操作

（一）正常开工

1. 开工准备

（1）反应单元设备处于良好状态：反应器无聚乙烯粉末和污物，已经用纯净己烷冲洗，并用氮气保压。搅拌桨、泵均处于良好备用状态。

（2）公用工程系统准备完毕。

（3）催化剂单元准备完毕。

（4）原料准备完毕。

（5）废气系统准备完毕。

2. 冷却水系统

（1）打通冷却水至 E1201A/B 的流程，打开 TV10403B，往冷却水系统进水，控制系统压力在 0.4MPa 左右。

（2）打通冷却水循环流程，启动循环泵 P1208。

3. 充填己烷

（1）通过 FV10407 给 R1201 充填纯己烷。

（2）当反应器 R1201 的液位达到 20% 后，启动搅拌器 A1201，开搅拌器的冲洗管线阀门。

（3）打通外循环流程，打开泵冲洗阀，当反应器 R1201 的液位达到 75% 后启动外循环泵 P1201A/B。

（4）打开 E1210 蒸汽入口阀，通过 E1210，给 R1201 加热到 60～70℃。

4. 反应开车

（1）当反应器 R1201 的温度超过 60℃，停 P1201A/B，停止外循环，开始反应进料。

（2）打开充压氢气阀 VX9R1201，给反应器 R1201 充压到 0.2～0.3MPa。

（3）打开 FV10303A，向反应器注助催化剂 TEAL。

（4）打开 FV10301，向反应器注进催化剂。

（5）打开 FV10405 或者 FV10406，反应器进氢气。

（6）打开 FV10402，反应器进母液。

（7）打开 FV10401，向反应器进己烷，控制流量在 664kg/h 左右。

（8）打开 FV10409，反应器进乙烯，开始反应，注意控制温度在 84±2℃。

（9）打开 FV10403 或者 FV10404，反应器进丁烯。

操作要点：控制温度在 84±2℃，控制液位在 41%，控制压力小于 2.5MPa，避免发生联锁。

（二）正常运行

开始时状态：各系统处于正常生产状态，各指标均为正常值。熟悉工艺流程，维持各工艺参数稳定；密切注意各工艺参数的变化情况，发现突发事故时，应先分析事故原因，并及时正确地进行处理。

（三）正常停车

1. 停车准备

具备停车条件。

2. 停催化剂进料

关闭催化剂进料控制阀 FV10301。

3. 停 R1201

（1）关闭 XV10402 和 FV10409，停止乙烯进料，打开乙烯管线冲洗阀，冲洗乙烯进料管线 5 ~ 10min，关闭 FV10403，停止丁烯进料。

（2）关闭 FV10303A，停助催化剂。

（3）在停乙烯进料 15min 后，停反应器的母液。

（4）在停乙烯进料 15min 后，停反应器的纯己烷进料。

（5）反应器降温至 50℃ 左右。

（6）当反应器液位降到 80% 时，停 P1201A/B，停泵冲洗，用高压己烷冲洗出料管线 5 ~ 10min，避免堵塞。

（7）打开反应器底阀，将反应器物料排入废水处理系统，回收己烷，当液位降到 20% 左右，停搅拌，停搅拌的冲洗。

（8）用低压氢气将 R1201 压力升至 0.3MPa，保压。

（9）打开 P1201A/B 前排料阀，将泵内物料排入废水处理系统，然后将反应器压力泄至 0.5×10^5 Pa。

二、流化床反应器开车和停车操作

（一）冷态开车过程

全面开车概述：所有设备、公用工程及仪表都已检查完毕（包括设备的吹扫及氮气置换），并已做好开车准备，有充足的、合格的预聚物可用，系统内氮气置换已经完成。

1. 反应回路冷却水循环系统开车

（1）打开水回路的进水手阀和回水手阀及进水流量阀。

（2）手动设定 22FV405 和 22FV406 的开度为 100%（状态为 MAN，OP = 100%）。

（3）打开冷却水泵入口阀。

（4）启动冷却水泵。

（5）打开冷却水泵的出口手阀，通过手动控制，缓慢打开循环回水阀 FIC405 和 FIC406 以获得所要求的循环流量。在水回路被建立起来以后，就可以通过使用热交换器 E400、E401、蒸汽喷射器 J405、J406 和冷却水补给阀 FIC402 和 FIC403 为反应器回路提供加热或冷却。

2. 流化气体压缩机 C400 的开车

（1）通过 D400 下的氮气充压线向反应器 D400 输送氮气并充压至中压氮气压力（700kPa），D400 加压到中压氮气压力后压缩机才能正常启动。

（2）启动 C400，调节 HIC400。

3. 反应器 D400 种子床的输送

在进行种子床加料以前，聚合反应器 D400 和气体回路必须处在氮气氛围下。其中氧和水含量通过置换操作后实测值均要接近指标 2×10^{-6}（vol）。由于粉料可能仍保持着一定的残余活性，因此 D400 内碳氢化合物的含量应小于 2%（vol）。

粉料输送期间反应器的压力应为中压 N_2 的压力（700kPa 左右）。

（1）打开种子床进料阀 ROV494，向 D400 输送种子床。

（2）D400 床高 LBED 达到 6~7m。

4. 气相组成的建立并升温到反应温度

在实际生产中，一般是反应器在反应温度（50℃）以下，且 D400 中的床层料位较低（6~7m）的情况下来建立 D400 的气体组成。

气相组成的目标值在生产中，一般将初始乙烯分压设定到目标值的 80%，以限制其起始活性。另外，丁烯比率被设定在目标值的 90%，以避免如果丁烯在调整过程中的含量高于通常值造成密度趋标，要求的气相组成被用于计算气相中每个组分的分压，剩余的偏差在加热到反应温度后再进行调整。

假定 D400 种子床已建立，且已用 N_2 置换到规定的氧、水和 CO_2 含量。气相组成按以下步骤建立：

（1）调整反应器压力到规定的 N_2 分压。

（2）将 C400 缓冲器气体从 N_2 切换至乙烯。

（3）打开 H_2 控制阀 FIC370 和 ROV371 及现场隔离阀，加入规定分压的 H_2。

（4）加入规定分压的乙烯为最终期望值的 80%。

（5）规定的分压的丁烯-1，为最终期望值的 80%。

（6）在所有组分被加入以后，加以调整获得所要求的组成。

（7）调整加热回路进行升温。

5. 注入预聚物反应并调整至正常

（1）调整反应器温度达到 60℃ 左右。

（2）通过 HIC350 手阀控制预聚物注入。

（3）随着反应进行，反应器温度升高，通过调整冷却水回路及冷凝液的流量来控制反应器温度。

（4）逐渐增大预聚物注入的注入量（HIC350 开度 50%），调整系统至正常。

注：具体指标要求见"工艺卡片"。

（二）停车步骤

1. 预聚物注入停车

关闭 HIC350 手阀，停止预聚物注入。

2. D400 反应器停车

（1）停乙烯、氢气和丁烯-1 进料，C400 缓冲气切换至氮气。

（2）反应器冷却至 50℃。

（3）通过侧向抽出开始降低床层，在此期间，反应器压力应保持在 1000kPa 以上，当没有更多的粉料被抽出时（最小可抽出料位 6m），关闭侧线抽出阀门。可以从 D400 底部加

入 N_2 协助吹扫烃类。

（4）降低流化速度至 0.42m/s。

（5）反应器冷却至 30℃。

（6）反应器向大气排放压力至 200kPa。

（7）通过反应器底部抽出系统倒空反应器。

（8）当反应器倒空后，停止 C400，关闭 D400 的大气放空，维持反应器内的压力稍高于大气压力。

任务 5　装置异常工况的分析与处理

一、连续釜式反应器事故处理操作

（一）停电

（1）事故原因：电厂发生事故。

（2）事故现象：所有的机泵停止。

（3）处理方法：

①停催化剂；

②停各进料。

（二）瞬时停电

（1）事故原因：电厂发生事故。

（2）事故现象：所有的机泵停止，过几秒后可重新启动。

（3）处理方法：

①迅速启动所有泵；

②调整各参数至正常值。

（三）停冷冻水

（1）事故原因：冷却水供应中断。

（2）事故现象：

①E1201A/B 出口温度升高；

②R1201 温度升高。

（3）处理方法：

①马上停止催化剂进料；

②停止除纯己烷外各进料，维持反应器液位。

（四）催化剂中断

（1）事故原因：催化剂供应泵坏。

（2）事故现象：FRC10301 流量显示降为 0。

（3）处理方法：

①停各进料；

②关闭 LV10401A/B，停外循环泵。

③反应器温度维持在 70℃左右，待催化剂供应正常后重新开车。

（五）TEAL 中断

（1）事故原因：助催化剂 TEAL 供应泵坏。

（2）事故现象：FRC10303A 流量显示降为 0。

（3）处理方法：

①停催化剂和各进料；

②关闭 LV10401A/B，停外循环泵；

③反应器温度维持在 70℃左右，待催化剂供应正常后重新开车。

（六）己烷中断

（1）事故原因：己烷供应泵坏。

（2）事故现象：

①FRC10407 和 FRC10401 显示将为 0；

②反应器液位降低。

（3）处理方法：

①停催化剂、助催化剂和各进料；

②关闭 LV10401A/B，停外循环泵；

③反应器温度维持在 70℃左右，待催化剂供应正常后重新开车。

（七）P1201A/B 故障

（1）事故原因：P1201A/B 坏。

（2）事故现象：

①反应器液位升高，温度升高；

②泵后流量计显示将为 0。

（3）处理方法：

①停催化剂、助催化剂和各进料；

②关闭 LV10401A/B；

③反应器温度维持在 70℃左右，待催化剂供应正常后重新开车。

（八）P1208 故障

（1）事故原因：P1208 坏。

（2）事故现象：反应器温度升高。

（3）处理方法：打通冷却水直接进出 R1201 夹套换热流程，维持反应温度在 84±2℃。

二、流化床反应器事故处理操作

（一）停水事故过程

（1）事故原因：停水。

（2）事故现象：新鲜循环水停，调温温度和反应温度快速上升。

（3）处理方法：按紧急停车处理。

①停预聚物注入；

②停乙烯、丁烯、氢气进料；

③注入杀死剂失活床层；

④将床层降至 6~7m 后停侧向抽出系统。

（二）乙烯进料中断事故过程

（1）事故原因：乙烯原料中断。

（2）事故现象：反应器床层、压力下降，乙烯浓度下降。

（3）处理方法：

①停预聚物注入，停且隔离各进料；

②保持温度直到床层失活。

（三）床层高事故过程

（1）事故原因：侧向抽出不足。

（2）事故现象：床层高，温度上升。

（3）处理方法：增加侧向抽出。

（四）E400 冷却水泵故障

（1）事故原因：G405 泵故障。

（2）事故现象：G405 泵停止运行，冷却水量降低。

（3）处理方法：启动备用泵，控制反应器温度。

（五）E401 冷却水泵故障

（1）事故原因：G406 泵故障。

（2）事故现象：G406 泵停止运行，冷却水量降低。

（3）处理方法：

①启动备用泵；

②控制反应器温度。

思 考 题

1. 在聚合反应中加入少量的丁烯的作用是什么？

2. 简述连续釜式反应器的优点有哪些？

3. 连续釜式反应器的结构有哪些？

4. 连续反应釜的上封头上开设人孔、手孔的作用是什么？

5. 釜式反应器上设置视镜的作用是什么？

6. 釜式反应器上安装搅拌器的作用？搅拌器的分类？

7. 流化床反应器中气体分布装置的作用和分类？

8. 简述流化床反应器的特征。

9. 与固定床反应器相比，流化床反应器有哪些优点？

10. 什么是固体的流态化？

11. 流化床反应器的缺点有哪些？

12. 在连续釜式反应器中采用的相对分子质量调节剂是什么？如何控制？

13. 为什么说活化剂的浓度过高、过低都不好？

14. 最佳的活化剂浓度是由什么决定的？

15. 连续釜式反应器装置中控制器 TRC10403 可以控制哪几个阀门？

16. 聚乙烯工艺的聚合工段由哪几个系统组成？

17. 在流化床反应器装置工艺卡片中 PIC390 的含义是什么？
18. 绘制连续釜式反应器 DCS 流程图。
19. 绘制流化床反应器 DCS 流程图。
20. 简述聚乙烯装置的开车和停车操作。
21. 举一二个例子说明聚乙烯装置中出现异常现象时如何处理？

学习情境三　聚丙烯装置操作与控制

学习目标

一、能力目标

(1) 具有从专业书籍、操作手册和网络等途径获取专业知识的能力；

(2) 能看懂专业操作规程，能进行设备标志识别，能读懂设备流程图；

(3) 能够从事聚丙烯装置的开车和停车操作；

(4) 能进行聚丙烯装置异常工况的处理操作；

(5) 具有聚丙烯装置基本操作技能，化工工艺指标分析能力；

(6) 具有与人沟通、合作的能力。

二、知识目标

(1) 掌握丙烯聚合工艺基本理论；

(2) 了解聚丙烯装置生产工艺流程；

(3) 掌握聚丙烯装置特点；

(4) 了解聚丙烯产品性质、用途；

(5) 了解聚丙烯生产特点；

(6) 掌握化工操作基本知识、安全用电常识、环保常识和安全生产常识。

三、素质目标

(1) 具有吃苦耐劳、爱岗敬业的职业素质；

(2) 具有团队协作的精神和石油化工行业的职业道德；

(3) 具有不伤害自己、不伤害他人、不被他人伤害的安全意识；

(4) 具有环境意识、社会责任感、参与意识和自信心；

(5) 具备大胆创新精神；

(6) 具备锲而不舍、不怕困难的素质，面对失败能勇于承担责任的精神。

任务描述

聚丙烯装置操作与控制工作是由内操人员通过 DCS 操作系统并在外操人员的协助下对整个装置进行操作和控制的，包括开车、停车、正常运行中的工艺参数调整和事故处理等。

通过仿真软件模拟真实现场操作，学生在操作仿真装置的过程中，学习聚丙烯装置工艺流程与原理，学会装置的 DCS 操作并能够对异常工况进行分析和处理。

要求学生以小组为单位根据装置生产情况和装置的开车、停车及事故处理的运操作规程，制定出工作计划，完成仿真操作，能够分析和处理操作中遇到的异常情况，最后写出工作报告。根据本项目工作任务单要求详细计划每一个工作过程和步骤，以小组为单位制定一份完成工作任务的实施方案，任务完成后撰写一份工作报告。

任务 1　丙烯聚合基本原理

一、丙烯的化学性质

丙烯分子结构中有一个不饱和键——双键，因此丙烯具有烯烃的一切化学性质，如双键的加成反应、氧化反应、聚合反应、α-氢原子的反应。丙烯的活泼性与其分子的不对称性有关，这种不对称性使双键碳原子两边的 π 电荷是不相同的。丙烯的双键碳原子上有较大的电荷密度，具有供电性，丙烯的聚合机理，就是根据丙烯的供电性通过催化剂的媒介作用，使丙烯通过配位聚合生成聚丙烯。

二、配位聚合基本概念

（一）配位聚合（络合聚合也称插入聚合）

聚合反应都采用具有配位或络合能力的引发剂，可采用的引发剂是金属有机化合物与过渡金属化合物的络合体系，单体在聚合反应过程中，通过向活性中心进行配位，然后插入活性中心离子与反离子之间，最后完成聚合反应过程。反应可形成立构规整聚合物，也可生成无规聚合物。

（二）Ziegler—Natta（Z—N）聚合

采用 Z—N 引发剂的任何单体的聚合或共聚合，可以是立构规整的，也可以是无规的聚合物。

（三）定向聚合（立构规整聚合）

定向聚合能够形成立构规整性为主（$\geqslant 75\%$）的聚合反应。

任何聚合过程（包括自由基、阴离子、阳离子、配位聚合）或任何聚合方法（本体、悬浮、乳液和溶液等）只要能形成立构规整聚合物，都可称为定向聚合或立构规整聚合。

一般而言，配位聚合反应能够得到以立构规整性聚合物为主要产物，但也有形成无规聚合的，例如，乙丙橡胶的制备采用 Z—N 催化剂，属配位聚合；但结构是无规的，不属于定向聚合。

三、聚合物立构规整性

（一）聚合物的异构体

异构体：化学组成相同，而性质不同的聚合物。

异构体类型：结构异构、立体异构。

（1）结构异构：是指构成化合物分子的原子或原子团的不同连接方式而产生的异构。

如：结构单元为 $-\!\!\!\!+\!C_2H_4O\!+\!\!\!\!-_n$ 的聚合物可以是聚乙烯醇或聚环氧乙烷：

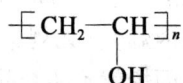

$$-\!\!\!\!+\!CH_2-CH\!+\!\!\!\!-_n \qquad\qquad -\!\!\!\!+\!CH_2-CH_2-O\!+\!\!\!\!-_n$$
$$\qquad\qquad | \qquad\qquad\qquad\qquad\qquad$$
$$\qquad\qquad OH \qquad\qquad\qquad\qquad\qquad$$

聚乙烯醇　　　　　　　　　聚环氧乙烷

（2）立体异构体：是指分子的化学组成相同，连接结构也相同，只是立体构型不同，也就是原子或原子团在空间的排列不同。

立体异构体又分为光学异构和几何异构。

①光学异构（镜像异构、手性异构、旋光异构）：是由分子中不对称因素而引起的旋光性相反的两种不同的空间排列，有 R（右）型和 S（左）型。丙烯聚合后，聚合物分子中含有多个手性中心 C * 原子。立体异构体有三种：

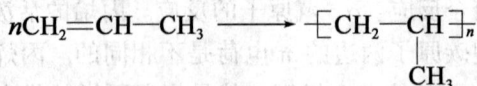

$$nCH_2=CH-CH_3 \longrightarrow \left[CH_2-CH\right]_n$$
$$| \atop CH_3$$

由于丙烯分子的不对称，在其聚合时，结构单元在分子键中有头—头、尾—尾、头—尾连接的可能性（有—CH 取代基的一端称头，不连接取代基的另一端称尾），丙烯在聚合过程中一般都是以头—尾连接，还存在着取代基 R 排布于主链的构型异构体有等规立构体、间规立构体和无规立构体三种，其平面锯形立构图象如图 3 - 1 所示。

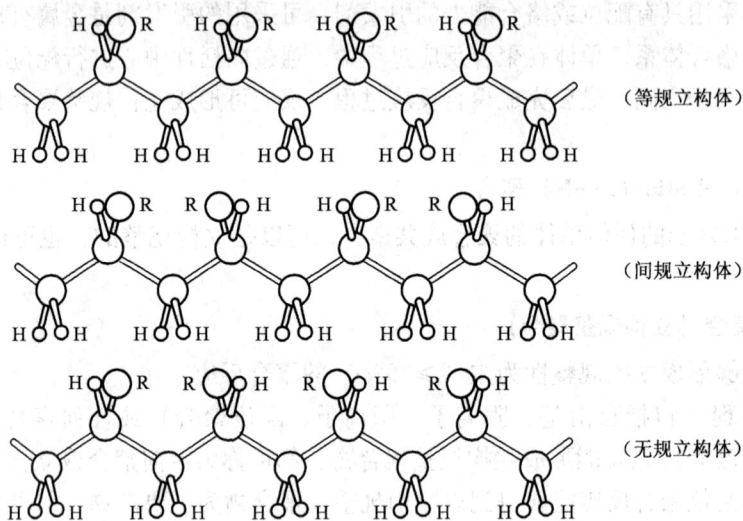

（等规立构体）

（间规立构体）

（无规立构体）

图 3 - 1 聚丙烯的分子结构示意图

"等规立构体"在高分子链上的每一个不对称碳原子都有相同的构型，若把高分子主链拉成平面锯齿形，则取代基 R 排布于主链平面的同侧。"间规立构体"，它在高分子链上，取代基 R 交替排布于主链平面的两侧。"无规立构体"，它在高分子链上，取代基 R 是无规则地排布于主链平面的上面或下面。等规立构体和间规立构体统称为"有规立构体"。等规聚丙烯是高结晶的高立体定向性的热塑性树脂，结晶度 60% ~ 70%，等规度大于 90%，吸水率 0.01% ~ 0.03%，有高强度、高刚度、高耐磨性、高介电性，其缺点是不耐低温冲击，不耐气候，静电高。间规聚丙烯结晶度较低（与等规聚丙烯相比），为 20% ~ 30%，密度低（0.7 ~ 0.8g/cm^3），熔点低（125 ~ 148℃），相对分子质量分布较窄（$M_w/M_n = 1.7 ~ 2.6$），弯曲模量低，冲击强度高，最为优异的是透明性、热密封性和耐辐射性，但加工性较差（以茂金属催化剂聚合可得间规度大于 80 % 的间规聚丙烯）。无规聚丙烯相对分子质量小，一般为 3000 至几万，无规立构体的高分子链构成的聚丙烯就不能结晶，成为无定形聚合物，其形态似蜡状，不能作塑料用。

②几何异构体是由双键及或环上的取代在空间排布方式不同而引起的。例如，双烯类、

丁二烯进行 1，4 加成聚合，获得的聚丁二烯链中有双键存在产生顺式 1，4 和反式 1，4 聚丁二烯。

（二）立构整规度的测定

立构整规度 IIP（对称等规数，定向指数）表示立构规整度聚合物占总聚合物的百分数。在科研和生活中，常以所得聚合物的立构规整度表示引发剂的配位定向能力。

立构整规度可用红外光谱测定。如 PP 可由等规或间规立构特征峰 975cm^{-1} 和 1867cm^{-1} 的强度比求得其 IIP。也可用化学的方法和物理方法，如测定结晶度、密度、熔点和溶解度等间接测定。PP 常用沸腾的正庚烷萃取方法。一般全同 PP 在沸腾正庚烷中溶解度较低，根据等规与无规立构 PP 溶解度差别可将它们分开。等规 IPP 常用沸腾的正庚烷的萃取剩余物质量占聚合物试样质量的百分数表示。

$$聚丙烯的等规指数 = \frac{沸腾正庚烷萃取剩余物质的质量}{未萃取时聚合物的总质量} \times 100\%$$

四、配位聚合的引发剂

（一）引发剂和单体类型

配位聚合引发剂的作用有两个：一是提供活性种；二是引发剂中金属反离子紧邻引发中心，使单体定位，以一定构型进入增长链，起首模板的作用。衡量定向聚合引发剂性能的主要指标是活性和定向能力。活性，即引发能力，以每克引发剂所能得到的聚合物质量衡量；定向能力，以产物的等规度表示。

（1）Z—N 引发剂可引发 α-烯烃、二烯烃、环烯烃进行定向聚合。Z—N 引发剂种类多，组分多变，应用也最广。

（2）π 烯丙基镍型引发剂（π-C$_3$H$_5$Ni$_x$），专供丁二烯的顺、反 1，4 聚合，不能使 α-烯烃定向聚合。

（3）烷基锂引发剂（在均相溶剂中），极性单体、丁二烯可获得有规立构聚合物。

（4）茂金属引发剂可引发几乎所有乙烯基单体聚合。茂金属引发剂是环戊二烯类（简称茂）、过渡金属钴、钛等金属与环氧基铝三部分组成的有机金属络合物。茂金属引发剂的显著特点是 100% 的金属原子都形成活性中心，比 Z—N 引发剂高 10 倍。M_w/M_n 为 2，等规指数达 99%，熔点达 161℃。生产的相对分子质量分布窄的聚丙烯产品，张度和熔点较适用于纤维、薄膜和注塑制品。但是茂金属引发剂至今尚未用于大规模工业化生产的主要原因是按照引发剂（三甲基铝）计算的聚烯烃得率较低，总费用高。

（二）Z—N 引发剂

Z—N 引发剂是一大类引发剂体系的统称，它通常由两个组分构成，单独使用其中一个组分时，不能得到高相对分子质量聚合物。要获的立构规整型的高聚物有时加入第三组分以减少助引发剂用量，还要加入超细载体粉末，使生成的活性络合催化剂附在载体表面，减少引发剂用量，以提高引发剂效率，成为高效引发剂体系。

1. 主引发剂

主引发剂是元素周期表中ⅣB 至Ⅷ族的过渡元素卤化物（或烷氧化物），如 TiCl$_4$、TiCl$_3$、VCl$_3$、VOCl$_3$、ZrCl$_4$ 等均可作配位聚合的主引发剂，其中尤以 TiCl$_3$ 最为常用。

不同过渡金属卤化物引发剂，其定向效能不同（表 3-1）。表 3-1 所列数据表明，由 4 价金属卤化物引发所得的聚丙烯立构规整度，互相都比较接近，即不同的 4 价过渡金属或同种 4 价过渡金属的不同卤化物对聚丙烯立构规整度都影响不大。而各种 3 价过渡金属卤化物对立构规整度的影响有很大差别。

表 3-1　不同过渡金属引发剂定向效能

过渡金属化合物	聚丙烯的立构规整度	过渡金属化合物	聚丙烯的立构规整度
$TiBr_4$	42	$TiBr_3$	44
TiI_4	46	TiI_3	10
$TiCl_4$	48	VCl_3	73
$ZrCl_4$	52	$CrCl_3$	36
VCl_4	48	$VOCl_3$	32

注：共引发剂为 $Al(C_2H_5)_3$，75℃。

2. 助引发剂

助引发剂主要是ⅠA 至ⅢA 族的金属烷基化合物或金属氢化物。金属离子半径小而带正电性的金属（电负性小于 1.5），如 Be、Mg、Al 等金属有机化合物是最有效的共引发剂，这是由于它们的配位能力强，易吸附在三氯化钛表面上，生成稳定的配位化合物（双金属活性中心）。最常用的引发剂有三乙基铝 $Al(C_2H_5)_3$ 和一氯二乙基铝 $Al(C_2H_5)_2Cl$。不同金属有机化合物对聚丙烯的立构规整度的影响有较大差别，见表 3-2。

表 3-2　不同金属有机化合物对聚丙烯立构规整度的影响

金属有机化合物	聚丙烯立构规整度	金属有机化合物	聚丙烯立构规整度	相对聚合速率
$Al(C_2H_5)_3$	86	$Be(C_2H_5)_2$	94~96	—
$Al(nC_3H_7)_3$	78	$Al(C_2H_5)_3$	80~92	100
$Al(nC_4H_9)_3$	60	$Mg(C_2H_5)_2$	78~85	—
$Al(C_{16}H_{33})_3$	59	$Al(C_2H_5)_2F$	83	30
$Al(C_6H_5)_3$	59	$Al(C_2H_5)_2Cl$	93	33
—	—	$Al(C_2H_5)_2Br$	95	33
—	—	$Al(C_2H_5)_2I$	97	9

表 3-2 的数据表明：使用三乙基铝为助引发剂时，聚合速率最大。而从立构规整度的角度则以二乙基铍最高。由于铍的成本较高，故常用三乙基铝为助引发剂。

3. 第三组分

在两组分引发剂中，常添加第三组分，目的提高引发剂活性或提高产物的立构规整度和相对分子质量，而且也有助于探明反应机理。有效第三组分，都是具有给电子能力的 Lewis 碱，如含 N、O 和 P 等的化合物，给电子第三组分的作用是利用其络合能力不同，再生出助催化剂组分。当烷基铝化合物在催化剂形成过程中，进行了烷基化还原反应，例如胺类、醚和一些含磷的化合物，以 B：来表示，第三组分用量较少，就能再生出足够的助引发剂，通常工业上采用的大约是 Al：Ti：B =2：1：0.5 的比例。

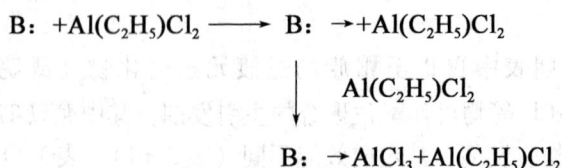

$$B：+Al(C_2H_5)Cl_2 \longrightarrow B： \rightarrow +Al(C_2H_5)Cl_2$$

$$\downarrow Al(C_2H_5)Cl_2$$

$$B： \rightarrow AlCl_3 + Al(C_2H_5)Cl_2$$

第三组分给电子体对丙烯聚合的影响见表 3-3。从表可见,两组分引发剂 TiCl$_3$—Al(C$_2$H$_5$)Cl$_2$ 不能使聚丙烯聚合,加了第三组分使 IIP > 95%。

4. 高效催化剂载体

Z—N 非均相引发剂生成时,只有表面的引发剂能形成聚合引发活性中心,颗粒内部都不起作用,浪费了引发剂的用量,使用超细颗粒载体引发剂高度分散在载体表面形成高效催化剂。超细颗粒载体——例如 Mg(OH)Cl、MgCl$_2$、Mg(OH)$_2$ 等颗粒,使新生成的引发剂高度分散在载体表面,引发剂的活性表面由原来的 1~5m^2/g,增加到 75~200m^2/g,产生所谓高效引发剂。这种引发剂每克钛可聚合得 3×10^{5}g 聚丙烯,甚至更多。不用载体得 3×10^{3}g/gTi,聚合物含引发剂量很少,不需后处理清除引发剂残留物,而且立构规整度提高到 95% 以上,引发剂的稳定性提高,寿命长。

表 3-3　第三组分对引发剂活性和 IIP 的影响

铝化合物	第三组分		聚合速率	等规度 IIP,%
	给电子体（B:）	B:/Al（摩尔比）	μmol·(L·s)$^{-1}$	
AlEt$_2$Cl	—	—	1.51	≥90
AlEtCl$_2$	—	—	—	
AlEtCl$_2$	N(C$_4$H$_9$)$_3$	0.7	0.93	95
AlEtCl$_2$	HMPTA[①]	0.7	0.74	95
AlEtCl$_2$	N(C$_4$H$_9$)$_3$	0.7	0.73	97
AlEtCl$_2$	(C$_4$H$_9$)$_2$O	0.7	0.39	94
AlEtCl$_2$	(C$_4$H$_9$)$_2$S	0.7	0.15	97

①HMPTA 为六甲基磷酰胺,结构式为〔(CH$_3$)$_2$N〕$_3$P＝O。

五、α-烯烃配位聚合的定向机理

(一) Z—N 引发体系反应机理

配位聚合的主引发剂(TiCl$_4$)及共引发剂(AlR$_3$)活性中心形成机理,有两种典型的配位聚合机理并存,并被人们普遍接受。单金属机理——烯烃单体在过渡金属的空位上进行配位;双金属机理——过渡金属和铝原子构成缺电子的桥键,在缺电子桥键上接受烯烃单体的配位。

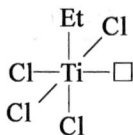

单金属活性中心　　　　　　　双金属活性中心

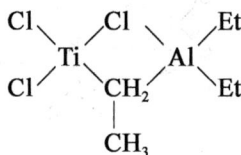

1. Natta 双金属活性中心机理

Natta 等人认为双金属活性中心机理是 Natta 首先提出的,聚合时,单体首先插入到钛原子和烃基相连的位置上,这时 Ti-C 键打开,单体的 π 键即与钛原子新生成的空轨道配位,生成 π 配位化合物,后者经环状配位过渡状态又变成一种新的活性中心。就这样,配位、移位交替进行,每一个过程可插入一个单体(增长一个链节),最终可得聚丙烯。图 3-2 显示的是双金属活性中心机理示意图。

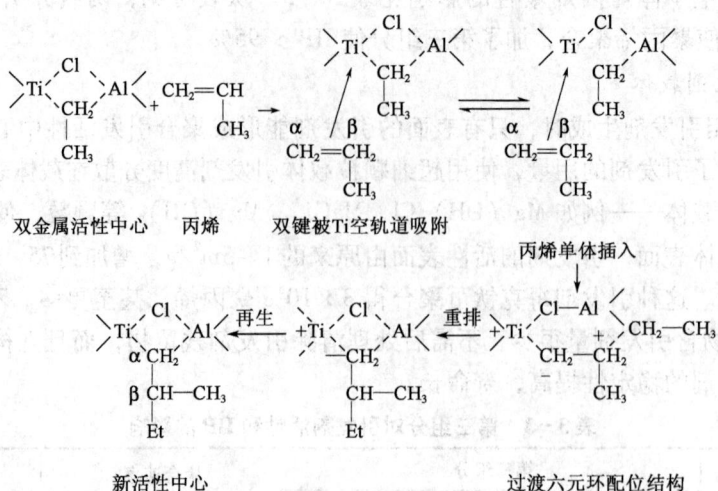

图3-2 丙烯聚合双金属活性中心反应机理示意图

2. Cosse-Arlman 单金属活性中心机理

Cosse 等人使用配位聚合引发剂进行乙烯和丙烯共聚时发现，单体竞聚率只受过渡金属影响，而与铝组分无关。其后，Boor 只用 $TiCl_3$ — 三正丁胺为引发剂成功地实现了丙烯的等规聚合，而无需金属有机化合物的存在。基于这些实验事实，科学工作者认为，活性中心并不包括铝组分，只要过渡金属即可形成 Ti-C 键的配位聚合性中心——单金属活性中心。其过程如图 3-3 所示。

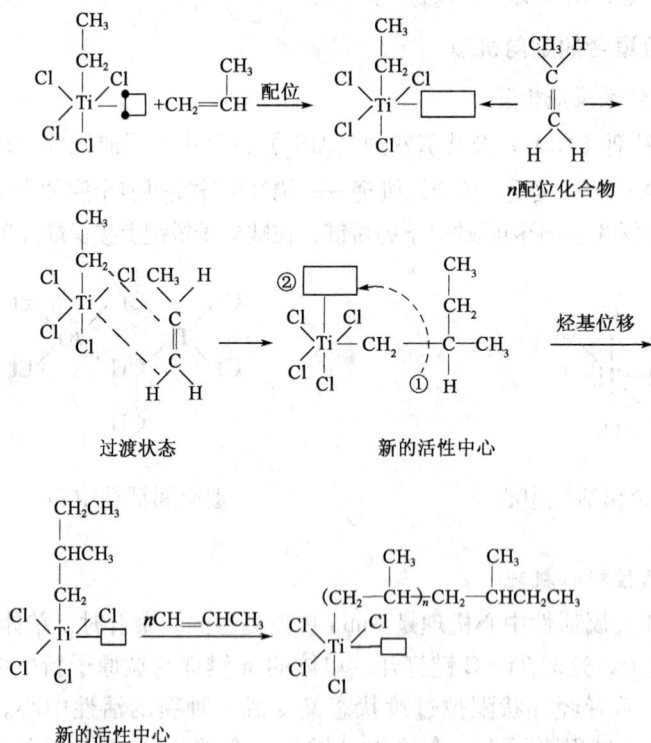

图3-3 单金属活性中心机理示意图

单体的 π 键可直接与钛原子的空 d 轨道配位，生成 π 配位化合物。然后通过移位，就使单体完成定向插入过程。配位、移位交替进行，即可形成聚丙烯。特别指出的是，钛原子上增长的碳链（烃基）由于受周围氯原子的空间效应影响，每次总是从①号位置迁移到②号位置上，而新形成的活性中心空轨道则总是处于①号位置。正由于出现这种交替交换位置的情况，可以推断，按此机理所得聚合物的立体规整性要稍差一些。

（二）丙烯聚合反应机理

丙烯聚合过程采用的是 Z—N 引发剂体系，它是由三氯化钛—烷基铝，加入第三组分组成的高效引发剂，聚合反应实质上是非均相配位阴离子聚合反应。将经历链引发、链增长和链终止这三个阶段。在链转移增长过程中，有向单体转移、向烷基铝转移和向氢转移等方式，其中向氢转移的方式就是利用氢气来调节聚合物的相对分子质量。

（1）链引发：单体分子被形成的"桥键"网形络合引发剂吸附或配位，双键极化，单体分子插入金属—碳键之间，以［Cat］—R 表示络合引发剂：

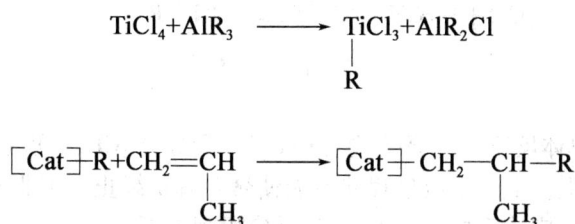

$$TiCl_4 + AlR_3 \longrightarrow \underset{\underset{R}{|}}{TiCl_3} + AlR_2Cl$$

$$[Cat]\!\!-\!\!R + CH_2\!=\!\!\underset{\underset{CH_3}{|}}{CH} \longrightarrow [Cat]\!\!-\!\!CH_2\!\!-\!\!\underset{\underset{CH_3}{|}}{CH}\!\!-\!\!R$$

（2）链增长：纳塔用红外光谱测定高聚物分子的端基证明了在链增长过程中，单体分子以相同的方式不断插入到金属—碳键之间，即：

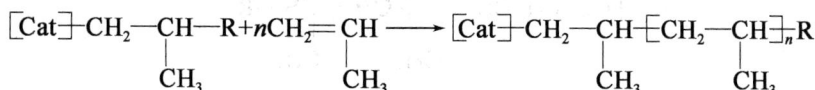

$$[Cat]\!\!-\!\!CH_2\!\!-\!\!\underset{\underset{CH_3}{|}}{CH}\!\!-\!\!R + nCH_2\!=\!\!\underset{\underset{CH_3}{|}}{CH} \longrightarrow [Cat]\!\!-\!\!CH_2\!\!-\!\!\underset{\underset{CH_3}{|}}{CH}\!\!-\!\!\Big[\!CH_2\!\!-\!\!\underset{\underset{CH_3}{|}}{CH}\!\Big]_n\!\!R$$

（3）链终止：链终止按下列三种方式进行：

①与过剩烷基铝的交换反应当使用三乙基铝时，链终止过程为：

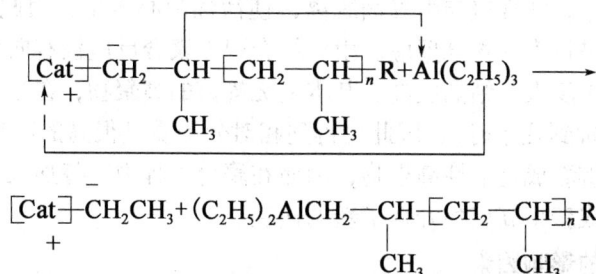

$$[Cat]\overset{-}{\underset{+}{]}}CH_2\!\!-\!\!\underset{\underset{CH_3}{|}}{CH}\!\!\Big[\!CH_2\!\!-\!\!\underset{\underset{CH_3}{|}}{CH}\!\Big]_n\!\!R + Al(C_2H_5)_3 \longrightarrow$$

$$[Cat]\overset{-}{\underset{+}{]}}CH_2CH_3 + (C_2H_5)_2AlCH_2\!\!-\!\!\underset{\underset{CH_3}{|}}{CH}\!\!\Big[\!CH_2\!\!-\!\!\underset{\underset{CH_3}{|}}{CH}\!\Big]_n\!\!R$$

络合物［Cat］—CH∶CH$_3$ 可继续与单体发生聚合反应。

②向单体的链转移：

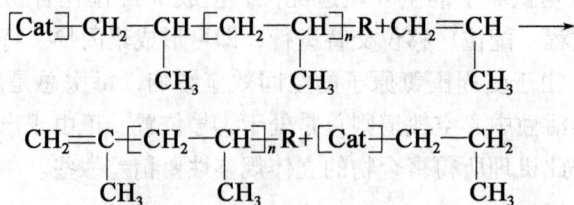

$$[Cat] \!-\! CH_2 \!-\! \underset{\underset{CH_3}{|}}{CH} \!\!\left[CH_2 \!-\! \underset{\underset{CH_3}{|}}{CH} \right]_n \!\!\! R + CH_2 \!=\! \underset{\underset{CH_3}{|}}{CH} \longrightarrow$$

$$CH_2 \!=\! \underset{\underset{CH_3}{|}}{C} \!\!\left[CH_2 \!-\! \underset{\underset{CH_3}{|}}{CH} \right]_n \!\!\! R + [Cat] \!-\! CH_2 \!-\! \underset{\underset{CH_3}{|}}{CH_2}$$

络合物〔Cat〕—CH：CH$_3$ 可继续与单体发生聚合反应。

③自发终止络合引发剂与高聚物分子通过叔碳原子上的氢阴离子向络合引发剂转移，形成氢化物而自发终止：

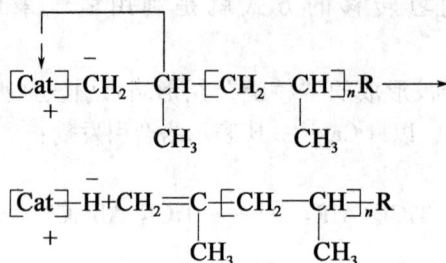

$$\overset{-}{[Cat]}_{+} \!-\! CH_2 \!-\! \underset{\underset{CH_3}{|}}{CH} \!\!\left[CH_2 \!-\! \underset{\underset{CH_3}{|}}{CH} \right]_n \!\!\! R \longrightarrow$$

$$\overset{-}{[Cat]}_{+} \!-\! H + CH_2 \!=\! \underset{\underset{CH_3}{|}}{C} \!\!\left[CH_2 \!-\! \underset{\underset{CH_3}{|}}{CH} \right]_n \!\!\! R$$

〔Cat〕$^+$—H$^-$ 再与单体反应生成络合物〔Cat〕$^+$—CH$_2$CH$_2$CH$_3$，重新形成活性中心并继续发生聚合反应。实际上，上述反应过程并不能使聚合真正终止。工业上为了调节高聚物的相对分子质量，常常在反应体系中加入 H$_2$，其反应机理如下：

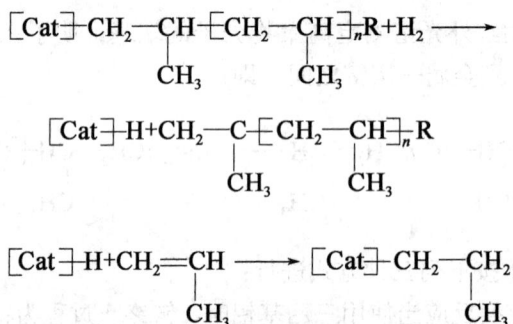

$$[Cat] \!-\! CH_2 \!-\! \underset{\underset{CH_3}{|}}{CH} \!\!\left[CH_2 \!-\! \underset{\underset{CH_3}{|}}{CH} \right]_n \!\!\! R + H_2 \longrightarrow$$

$$[Cat] \!-\! H + CH_2 \!-\! \underset{\underset{CH_3}{|}}{C} \!\!\left[CH_2 \!-\! \underset{\underset{CH_3}{|}}{CH} \right]_n \!\!\! R$$

$$[Cat] \!-\! H + CH_2 \!=\! \underset{\underset{CH_3}{|}}{CH} \longrightarrow [Cat] \!-\! CH_2 \!-\! \underset{\underset{CH_3}{|}}{CH}$$

上述链终止过程中，活性链与引发剂脱离，使活性中心再生，因此引发剂不仅不消耗，且一个活性中心可以进行多次聚合反应。由于络合引发聚合反应没有向大分子链的链转移反应，因而所得到的是密度大、结晶度高、基本上无支链的高聚物，在络合聚合反应中，活性链的寿命很长（几分钟到几小时），因此可得到相对分子质量很高的高聚物；另一方面，可以把寿命很长的活性链看成是活性高聚物，因而在聚合过程中交替加入不同单体，可生成立体嵌段共聚物，为合成新型高聚物开辟了新的途径。

六、聚合过程中的影响因素

（一）氢气加入量的影响及作用

在丙烯聚合过程中，氢气是一个很有效的链转移剂。反应体系中无氢气时，液相本体法聚合的聚丙烯相对分子质量高达 150 万以上，不能满足加工性能的要求。相对分子质量的大小及其分布，对聚合物产品质量的影响，工业上都用熔融指数表示（也称熔体流动速率，符号 MFR，单位：g/10min）。熔融指数是聚丙烯树脂加工工艺要求中的重要指标之一，它取决于聚合物的相对分子质量和相对分子质量分布，其中尤以相对分子质量起着主要作用。聚合物熔融指数的测定是由仪器测定，即测定在熔融状态下聚合物的流动性能。聚丙烯的熔融指数值是指在 230℃ 和 2160g 负荷下，聚丙烯熔体在 10min 内，流过标准出料孔的质量。在工业应用中，不同要求的加工就需要不同的熔融指数范围。

络合型催化体系用氢气调节聚丙烯熔融指数的大小十分有效。当氢、丙烯比在（100～200）×10^{-6}时，则相对分子质量在 30 万左右，且与聚丙烯的熔融指数对应呈线性关系，氢气浓度越高，熔融指数越大，聚丙烯的相对分子质量也越小。应用络合型催化剂的情况下，氢调熔融指数的可调范围较宽，而且也容易控制。除了调节相对分子质量外，增加氢浓度，催化剂活性反而略有提高。

（二）钛浓度和 Al（C_2H_5）$_3$ 加入量的影响

在其他条件不变的情况下，钛浓度即钛与丙烯的比值（Ti/$C_3^=$）对聚合反应速率及催化剂得率和转化率有明显的影响。当钛浓度增加时，反应速率随之增加，反应时间相应缩短，但催化剂得率和转化率都相应降低。因为当钛浓度增加，催化剂活性中心数目增加，因而反应速度加快，但每克催化剂对聚合过程的贡献则反而下降，这是因为该活性中心的寿命较长，而由于聚合过程是放热反应，当反应速率过快时，温升太大，釜内热量不能及时导出，会使釜内局部过热导致爆聚和热塑化结块，甚至使设备超温超压，造成搅拌电动机负荷增大和损坏搅拌器等意外事故，因而适度控制钛浓度是聚合反应的关键操作。

反应体系和原料丙烯存在的有害杂质，如 H_2O、O_2、S、CO、CO_2、炔烃、二烯烃、烯烃及醛酮类含氧化合物等。H_2O、O_2、CO、CO_2 都是阻聚剂，S 能使催化剂发生中毒现象而很快失去活性，其他烯烃、炔烃等能生成无规物，而使产品粘结成块。由于多数杂质在催化剂表面上的吸附能力比丙烯强得多，尽管在加料顺序上已注意到这一问题，在加入催化剂之前，先将活化剂加入并进行充分搅拌，而此时大部分丙烯也加入，这样，过量的活化剂能将绝大部分杂质络合除去，但毕竟不能完全除去杂质，而且最后那一部分丙烯中的杂质也会使一部分催化剂失去活性。正因为如此，当三氯化钛用量很少时，反应速率较低，同时由于催化剂在反应过程中不断衰减，会使得反应不能达到预期目的。当钛浓度小于某一值后，在其他条件不变时，反应速度为零，钛浓度的大小，主要与原料丙烯的纯度及反应体系的清洁程度有关，还与活化剂加入量有关。

总之，钛浓度的选择要根据丙烯质量以及产品质量的要求，考虑到催化剂得率和产品产量，以及反应的控制能力（指反应热能否及时取出的能力），在保证聚丙烯产量和质量的前提下，尽可能降低钛浓度，通常钛浓度控制在 40～70μg/g，当杂质含量偏高时，可以适当地增加钛浓度。

活化剂加入量的选择，通常用铝钛比（Al/Ti，物质的量比）来表示，选择一合适的铝钛比很重要。在一定范围内，活化剂加入量多时对聚合反应有利，可以提高等规度，清除丙烯中的杂质，保持催化剂的活性。但铝钛比过高，等规度不再增大，且使反应速度增加，聚丙烯粒度细，同时使产品中灰分和氯离子含量增加，对聚丙烯后处理加工产生较大的腐蚀性，聚丙烯强度下降。铝钛比过低将影响产品的表观密度，易使成品发粘。通常情况下铝钛比控制在 8～15。铝钛比的选择原则类同于钛浓度的选择原则，它是根据原料质量及产品质量要求而定，在保证产品等规度的前提下，三乙基铝用量要尽量低。

（三）反应温度、压力对聚合反应的影响

丙烯本体液相聚合可看作是单组分二相系统，即气液两相并存，自由度为1，温度和压力是共轭体系，一定的压力对应着一定的温度，只要确定其中一个参数，另一个参数也就确定了。在实际生产中，用测定压力通过变送系统来控制温度就是这个原理的应用。

用络合型催化剂和三乙基铝活化剂在氢调和不同温度条件下，催化剂效率是不相同的，产品等规度也不同。在 $60 \sim 70℃$ 反应温度范围，催化剂效率随温度上升而明显提高，$70℃$ 以后这种效应就不怎么明显。

反应温度对等规度的影响不大，温度低，等规度高，反应温度高，等规度低，但等规度高低最大不超过 2%。

温度升高，丙烯液体密度相对下降，因而温度越高，反应釜的投料系数越低。另外，温度过高，反应速度过快，在传热不好的情况下，容易引起局部爆聚、塑化结块，甚至恶性循环，温度压力继续升高从而损坏设备。相反，温度低，除了反应速度下降大大延长反应时间外，还会造成较多的低聚物，甚至不反应。因此，温度的控制很重要，应力求保持平缓，给操作和散热带来好处。采用络合型催化剂时，温度控制在 $74 \sim 75℃$ 为佳，此时相应的操作压力为 $3.4 \sim 3.5MPa$（表压）。

（四）杂质对聚合反应的影响

杂质对聚合反应的作用可分为两类：一类如氧、水、CO、CO_2、S 等，它们能与催化剂直接作用，生成烷氧基化合物和烃基化合物，从而破坏催化剂的活性，当这些杂质少量存在时，会使催化剂的定向能力降低；另一类杂质如烯烃、二烯烃等，它们可以与催化剂配位络合，与丙烯竞争活性中心，由于这类杂质与催化剂的配位络合能力比丙烯强得多，一旦催化剂与它们接触，立即发生作用从而使催化剂失去活性。

七、本体聚合定义和分类

本体聚合是在不加溶剂和介质，仅有单体和少量引发剂（有时也不加）或在光、热、辐射的作用下进行的聚合反应。在实际生产中，根据产品需要有时还往往加入其他助剂，例如，色料、增塑剂、防老剂及相对分子质量调节剂等。该法适用于自由基聚合反应和离子聚合反应。缩聚都可选用本体聚合，如聚酯、聚酰胺熔融本体聚合。

本体聚合中使用单体可为气相、液相或固相进行，但大多数是液相本体聚合。本体聚合按高聚物在其单体中的溶解情况又可分为均相本体聚合和非均相本体聚合。均相本体聚合是指高聚物可溶于单体中，聚合体系始终是均相。非均相本体聚合，高聚物不溶于单体中，高聚物不断从单体中沉析出来，又称为沉淀聚合。

八、本体聚合特点及实践本体聚合途径

本体聚合是四种聚合方法中最简单的一种。但由于该反应无介质随着反应进行，体系粘度不断增大，加上自加速作用，放热激烈，热量不能及时移走，故易产生局部过热，使部分单体汽化产生气泡，致使产品受热分解变色，严重的则因放热猛烈，聚合温度失控，引起爆聚生产事故发生。由于反应体系粘度高，分子扩散困难反应温度不易恒定，因此所得聚合物多分散性程度大，相对分子质量分布宽。

解决本体聚合散热的方法在工艺和设备设计上应采取以下措施：

（1）选择聚合热比较小的单体，加入少量引发剂或不加。

（2）反应在较低的转化率下，分离出高聚物。

（3）将聚合过程采用分段聚合：第一阶段是使单体在较大的聚合釜中预聚合，控制在较低的转化率（$X = 10\% \sim 40\%$）范围内，以保证在可搅拌较低粘度下进行聚合散热较好。第二阶段可在薄型（如管、板、槽型）设备中继续聚合直至完成聚合。

（4）选择散热比较好的聚合设备。

本体聚合的优点是产品纯度高、生产快速、工艺流程短、设备少、工序简单，尤其适用于制板材、型材等透明制品，而且聚合和成型可同时进行，直接造粒得粒状树脂。

任务2　聚丙烯装置工艺流程的识读

一、工艺流程简介

（一）装置的生产过程

通过催化剂的引发，在一定温度和压力下丙烯等单体聚合成聚丙烯，聚合后的丙烯浆液经蒸汽加热后，高压闪蒸，分离出的丙烯经丙烯回收系统回收循环使用，聚合物粉末部分送入下一工段。

（二）装置流程说明

1. 原料系统

来自界区的丙烯在液位控制下进入D302丙烯原料罐，经丙烯回收单元回收的丙烯送入D302，混合后的丙烯经进料泵P301A/B送进反应器系统。

P301A/B出口在任何时候都需要一个稳定的流量，以便保持恒定的输出压力，因而将一定量的丙烯在流量控制下（FIC331），经E305冷却后返回D302。为了保证D302压力稳定，通过改变经过丙烯蒸发器E302的丙烯量来控制D302的压力。

来自P301A/B的丙烯经F201过滤器进入反应系统，反应系统主要由预接触罐D201、预聚反应器R200及两个串联的环管反应器R201和R202组成。

2. 预聚系统

从预接触罐D201溢流出来的活性催化剂混合物在管线上与冷的丙烯混合进入R200，一个小的环管反应器，在很短的停留时间内与补充的新鲜丙烯进行预聚合，反应在3.45MPa的压力和20℃温度的条件下进行。

3. 聚合系统

聚合反应是在两个串联的液相环管反应器中进行的。来自R200的预聚合的浆液同新鲜丙烯进入第一反应器R201。其中一部分丙烯聚合，另一部分液态丙烯作为固体聚合物的悬浮剂。R201循环泵P201高速运转，保证反应器内物料混合均匀。

从第一反应器R201出来的聚合物浆液直接进入第二反应器R202，进一步聚合。R202与R201的体积相同，反应条件相同。反应条件为：压力3.4MPa，温度70℃。

两个环管反应器内浆液的温度是通过其反应器夹套中闭路循环的脱盐水系统来控制的，反应温度控制器（TIC241、TIC251）给夹套水温度控制器（TIC242、TIC252）设定一个值，使它作用于两蝶阀（TV242A/B、TV252A/B）控制夹套水温度，若水需要冷却，则使水进入板式换热器E208/E209，通过E208/E209的冷却水冷却，降低夹套水的温度，以进一步降低环管反应温度，从而除去反应中所产生的热量。反应温度控制属"分程控制"。在装置开车和停车期间，为了维持环管温度恒定在70℃，夹套水需通过E204/E205用蒸汽加热。

反应器温度通过夹套内的循环水来控制。循环泵P205和P206使水流量恒定。反应器冷却系统包括板式换热器E208和E209，循环泵P205和P206。整个系统与氮封下的D203相连。另一台泵P207作为P205和P206的备用泵。

夹套的第一次注水和补充水用脱盐水或蒸汽冷凝水。D203上的两个液位开关控制夹套水的补充。

反应压力是在一定的进出物料的情况下，通过反应器缓冲罐D202来控制的，因为该罐是与聚合反应器相连通的容器，而D202的压力是通过E203加热蒸发丙烯得到的，丙烯蒸发量越大，压力就越高。通过聚合反应，环管反应器中的浆液浓度维持在50%左右（浆液密度为560），未反应的液态丙烯用作输送流体。两个反应器配有循环泵P201和P202，它们是轴流泵，通过该泵将环管中的物料连续循环。循环泵对保持反应器内均匀的温度和密度是很重要的。

环管中的浆液浓度是通过调节到反应器的丙烯进料量来控制的。环管反应器中的聚合物浆液连续不断地送到聚合物闪蒸及丙烯回收单元，以把物料中未反应的丙烯单体蒸发分离出来。从环管反应器来的浆液的排料是在反应器平衡罐D202的液位控制下进行的。

催化剂的供给对反应速度和生成的聚丙烯量有非常重要的影响，催化剂的中断会使反应停止，因此在生产中必须按要求控制催化剂供给平稳。

H_2加入环管反应器以控制聚合物的熔融指数，根据操作条件，如密度、丙烯流量、聚丙烯产率等改变H_2的补充量，若H_2中断，需终止环管反应。

环管反应器设置了一个使反应器内催化剂失活的系统，当反应必须立即停止时，把含2%一氧化碳的氮气加进环管反应器中以使催化剂失去活性。

第二环管反应器R202排出的聚合物浆液进入闪蒸罐D301，丙烯单体与聚合物在此分离，单体经丙烯回收系统回收后返回到D302。

4. 闪蒸系统

闪蒸操作是从环管反应器排料阀出口处开始进行的，聚合物浆液自R202经闪蒸管线流到D301，其压力由3.4MPa降到1.8MPa，使丙烯汽化。为了确保丙烯完全汽化和过热，在R202和D301之间设置了闪蒸线，在闪蒸线外部设置蒸汽夹套，通过D301气相温度控制器串级设定通入夹套的蒸汽压力。如果D301出现故障，R202排出的物料可通过D301前的三通阀切送至排放系统而不进入D301。

聚合物和汽化丙烯进入D301，聚合物落到D301底部，并在料位控制下送至下一工序，气相丙烯则从D301顶部送至丙烯回收系统。在D301顶部有一个特殊设计的动力分离器，它能将气相丙烯中夹带的聚合物粉末进一步分离回到D301。

二、设备列表

聚丙烯装置设备见表3-4。

表3-4　聚丙烯装置设备

序　号	位　号	名　称	说　明
1	A201	预接触罐搅拌器	
2	F201A/B	丙烯安全过滤器	
3	F202A/B	氢气安全过滤器	

序　号	位　号	名　称	说　明
4	D201	催化剂预接触罐	
5	Z203A/B	催化剂在线混合器	
6	E201	预聚反应器加料冷却器	
7	R200	预聚反应器	
8	E203	丙烯蒸发器	
9	E204	R201 夹套水加热器	
10	E208	R201 夹套水冷却器	
11	E209	R202 夹套水冷却器	
12	D202	反应器缓冲罐	
13	D203	夹套水缓冲罐	
14	E205	R202 夹套水加热器	
15	R201	第一反应器	
16	R202	第二反应器	
17	F204	P201 冲洗丙烯过滤器	
18	F205	P202 冲洗丙烯过滤器	
19	P200	预聚反应器循环泵	
20	P201	R201 循环泵	
21	P202	R202 循环泵	
22	P203	D201 夹套水循环泵	
23	P204	R200 夹套水循环泵	
24	P205	R201 夹套水循环泵	
25	P206	R202 夹套水循环泵	
26	P207	备用夹套水循环泵	
27	A301	动力分离罐	
28	D301	闪蒸罐	
29	D302	丙烯原料罐	
30	E302	D302 丙烯蒸发器	
31	E305	丙烯进料泵冷却器	
32	P301	丙烯进料泵	

三、仪表列表

聚丙烯装置仪表见表 3-5。

表 3-5　聚丙烯装置仪表

序　号	仪表号	说　明	单　位	量　程	正常数据	报警值
1	AIC201	进 R201 丙烯中氢气	mg/kg	0~20000		
2	AIC202	进 R202 丙烯中氢气	mg/kg	0~20000		
3	FIC201	去 R201 的氢气	kg/h	0~22	1.2	
4	FIC202	去 R202 的氢气	kg/h	0~22	0.6	
5	FIC203	去反应的丙烯	kg/h	0~40000	27000	

序 号	仪表号	说 明	单 位	量 程	正常数据	报警值
6	FIC204	去预聚合的丙烯	kg/h	0～4000	2500	
7	PDI201	F201A/B压力降	MPa		0	
8	TIC201	来自E201的丙烯	℃	0～50	10	
9	TI202	去预聚合的丙烯	℃	0～50	10	
10	TIC211	D201温度	℃	0～50	10	
11	SI211	A201轴转速	r/min		300	
12	FIC221	P200冲洗丙烯	kg/h	0～700	400	
13	FI222	去预聚合的冷冻水	kg/h	0～15000	10000	
14	PIC221	预聚合压力	MPa	0～5	3.45	
15	TIC221	预聚合温度	℃	0～50	20	
16	TIC222	来自预聚合的夹套水	℃	0～50	10	
17	TI223	预聚合排气	℃	−45～50	AMB	
18	TI224	预聚合温度	℃	0～50	20	
19	JI221	P200电动机功率	kW			
20	FIC231	丙烯去R202	kg/h	0～25000	17000	
21	FIC232	来自D202的清洗丙烯	kg/h	0～500	200	
22	LIC231	D202液位	%	0～100	50	
23	PIC231	D202压力	MPa		3.45	
24	PIC232	D202压力	MPa		3.45	
25	TI231	去反应器的丙烯	℃	0～100	42	
26	DIC241	R201浆液密度	kg/m³	400～700	560	
27	FIC241	P201冲洗丙烯	kg/h	0～1200	800	
28	FIC244	自F201的丙烯	kg/h	0～10000	4200	
29	PI243	R201压力	MPa	0～5	3.4	
30	JI241	P201吸收功率	kW			
31	PIC241	R201压力	MPa	0～5	3.4	
32	TIC241	R201温度	℃	0～100	70	
33	TIC242	R201夹套水	℃	0～100	55	
34	TI244	反应器排气	℃	−50～80	40	
35	TI245	反应器排气	℃	−50～80	40	
36	TI246	反应器温度	℃		70	
37	TI247	反应器温度	℃		70	
38	TI248	反应器温度	℃		70	
39	FIC251	P202冲洗丙烯	kg/h	0～1200	800	
40	PIC251	R202压力	MPa	0～5	3.4	
41	TIC251	R202温度	℃	0～100	70	
42	TIC252	R202夹套水	℃	0～100	55	
43	TI254	R202排气	℃	−50～50	40	
44	TI255	R202排气	℃	−50～50	40	
45	TI256	R202温度	℃	0～100	70	
46	TI257	R202温度	℃	0～100	70	

序　号	仪表号	说　　明	单　位	量　程	正常数据	报　警　值
47	TI258	R202 温度	℃	0~100	70	
48	JI251	P202 吸收功率	kW			
49	PI263	R201 杀死剂注入	MPa	0~25	10	
50	PI264	R201 杀死剂注入	MPa	0~25	10	
51	FI271	去 R201 的夹套水	m³/h	0~1200	900	
52	FI272	去 R202 的夹套水	m³/h	0~1200	900	
53	PIC302	D301 压力	MPa	0~2.2	1.8	
54	LIC301	D301 料位	%	0~100	50	
55	PIC301	到闪蒸罐夹套的蒸汽	MPa	0~0.6	0.25	
56	TIC301	D301 温度	℃	0~150	80	
57	TI304	D301 出口温度	℃		80	
58	LIC331	D302 液位	%	0~100	60	
59	PIC331	D302 压力	MPa	0~2.5	2	
60	PI333	P301A/B 排出口	MPa	0~6	4.9	
61	FIC004	丙烯新鲜进料	kg/h	0~44000	25000	

四、聚丙烯仿真系统 PI&D 图

聚丙烯仿真系统 PI&D 图如图 3-4 所示。

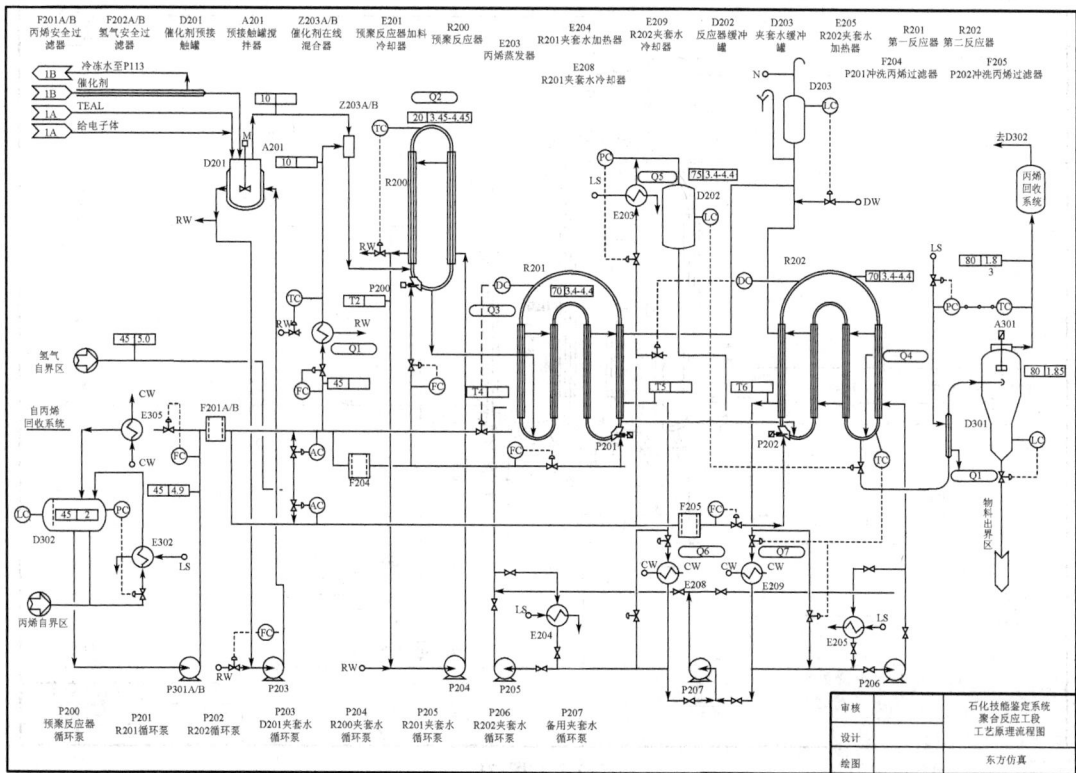

(a) 工艺原理流程图

图 3-4　聚丙烯仿真系统 PI&D 图

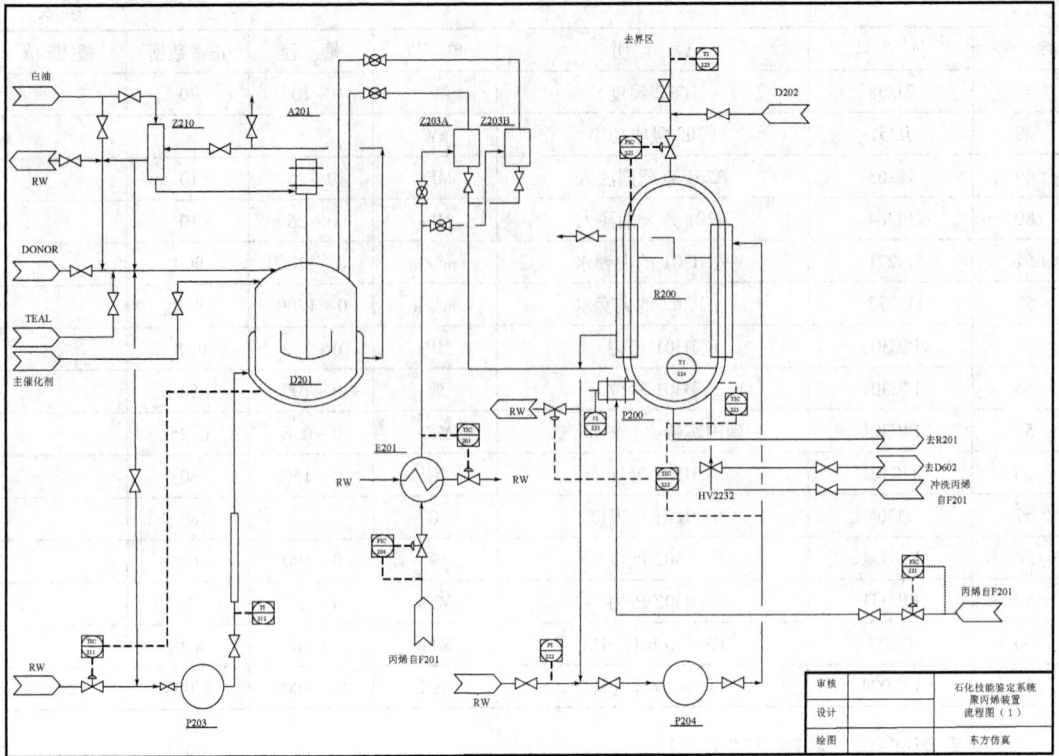

（b）流程图（1）

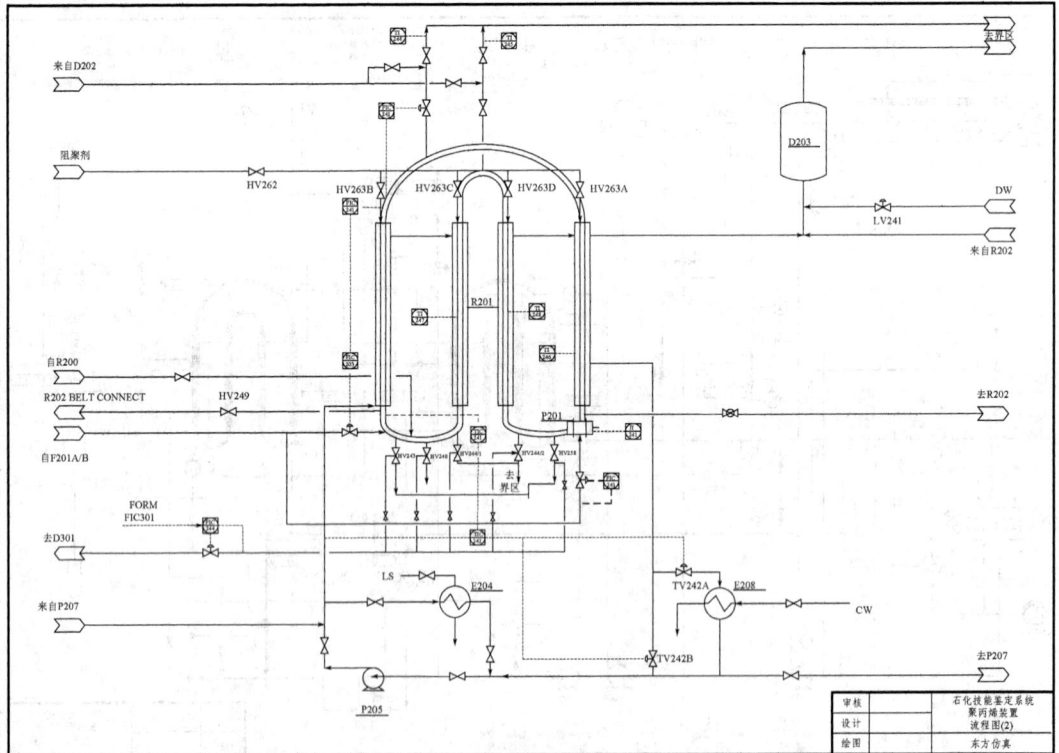

（c）流程图（2）

图 3-4　聚丙烯仿真系统 PI&D 图（续）

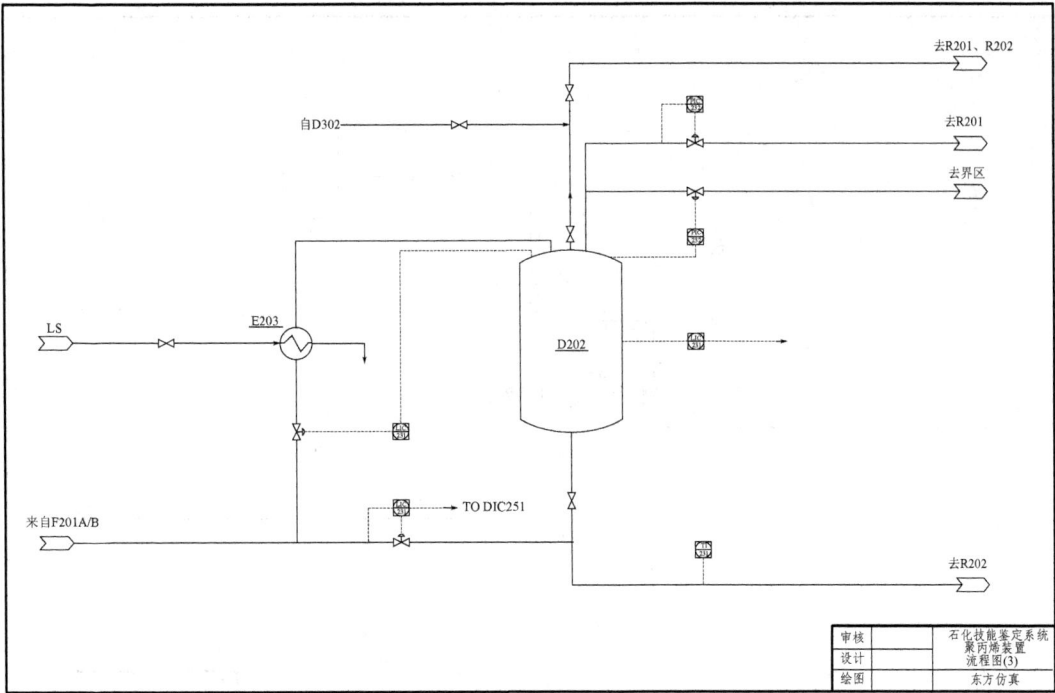

（d）流程图（3）

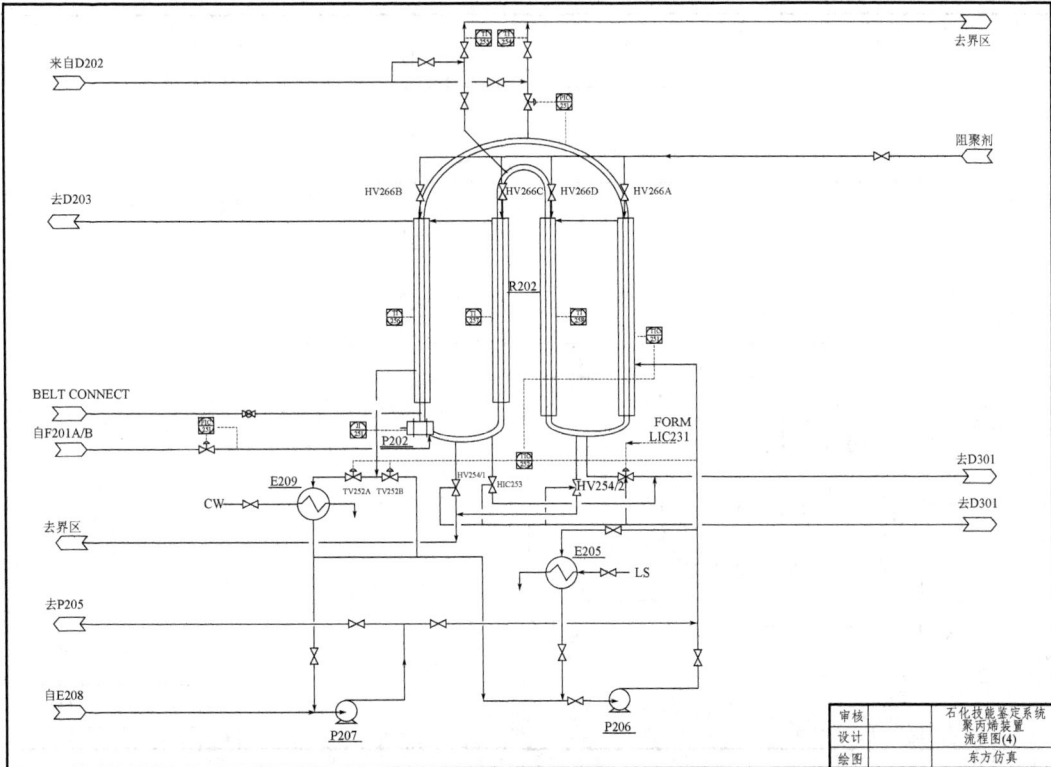

（e）流程图（4）

图 3-4　聚丙烯仿真系统 PI&D 图（续）

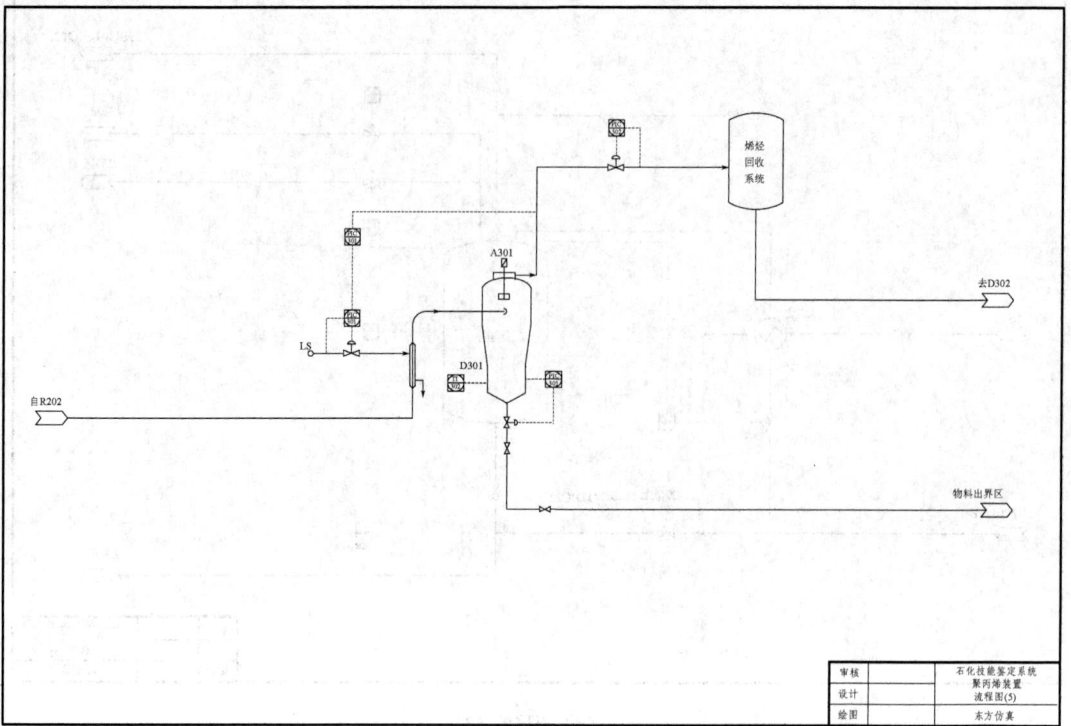

（f）流程图（5）

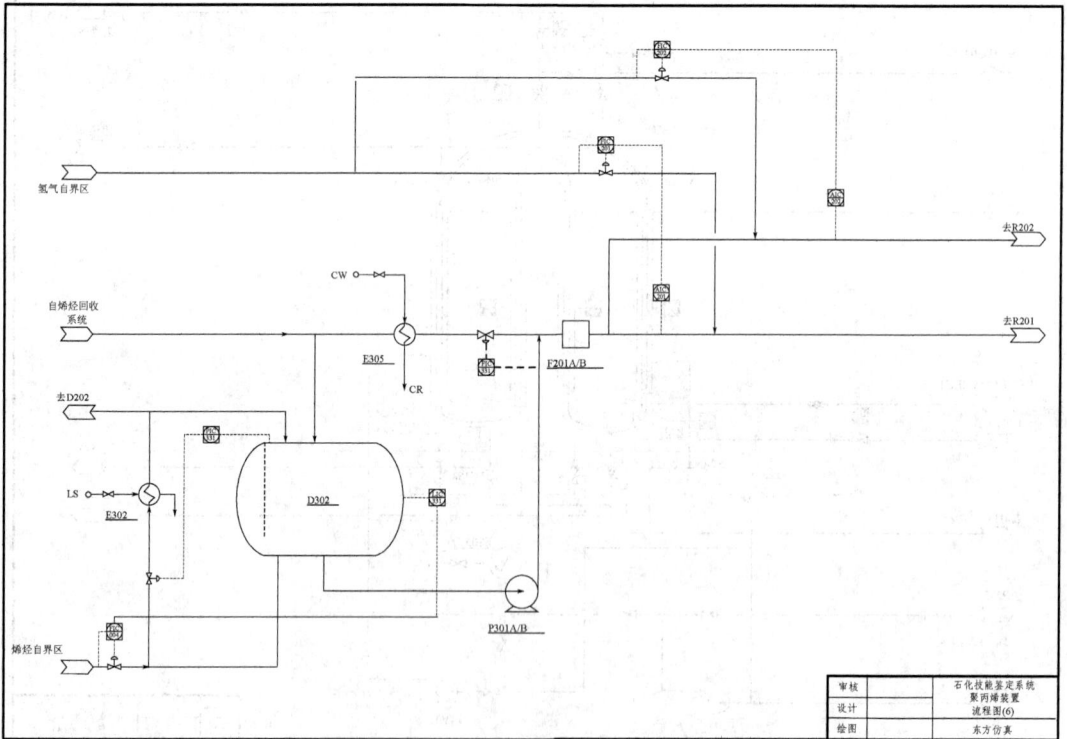

（g）流程图（6）

图 3-4　聚丙烯仿真系统 PI&D 图（续）

任务3 聚丙烯装置的开车和停车操作

一、联锁系统

（一）联锁系统使用说明

联锁旋钮位于现场图"ESD"画面中，每一个联锁有启动、旁路、复位三个按钮，如1209联锁如下：

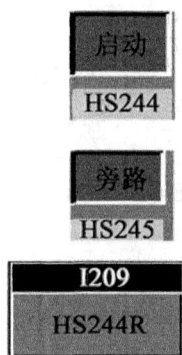

其中"启动"表示该相应联锁程序投用；"旁路"为切除相应联锁程序旁路；HS244R表示联锁复位。其操作为：将鼠标移到相应的字母说明位置上按一下鼠标左键即可。

（二）1010 紧急停车

1. 动作原因

HS010启动。

2. 动作过程

（1）I001动作（界区联锁）。

（2）I205动作（R201紧急停车）。

（3）I207动作（R202紧急停车）。

（4）I209动作（R201底部紧急出料）。

（5）I210动作（R202底部紧急出料）。

（6）I220动作（紧急向R201注入阻聚剂自动启动）。

（7）I221动作（紧急向R202注入阻聚剂自动启动）。

（8）I301动作（切断到脱气单元的冲洗丙烯）。

（9）I307动作（切断至E302丙烯进料）。

（10）I309动作（切断至P301A丙烯）。

（11）I310动作（切断至P301B丙烯）。

（12）给出盘面信号I010亮（IA010）：I010由HSOl0复位键手动复位。

（三）I201 切断催化剂进料

1. 动作原因

（1）HS203启动。

（2）FSLL204（至 E201 丙烯流量低）（500kg/h）。

（3）I202 动作（R200 停车）。

（4）I203 动作（切断反应器进料）。

（5）I204 动作（P201 停车）。

（6）I205 动作（R201 紧急停车）。

2. 动作过程

（1）停止三乙基铝进料。

（2）停止给电子体进料。

（3）停止主催化剂进料。

（4）给出盘面信号 I201 亮（IA201）：

①I201 由 HS203 复位键手动复位；

②盘面设联锁旁路键 HS204。

（四）I202、R200 停车及向排放系统排放

1. 动作原因

（1）HS223 启动。

（2）YSLH221（泵 P200 停延时 5s）。

（3）I205 动作（R201 紧急停车）。

（4）PSHH221（R200 压力超高）（4.2MPa）。

2. 动作过程

（1）P200 泵停止。

（2）I201 动作（切断催化剂进料）。

（3）关闭 FV221（至 P200 的冲洗丙烯）。

（4）关闭 HV223/1（R200 至 R201 进料）。

（5）打开 HV223/2（R200 至排放）。

（6）延时 30s 关闭 FV204（丙烯至 E201）

（7）给出盘面信号 1202 亮（IA202）：

①I202 由 HS223 复位键手动复位；

②盘面设旁路键 HS222；

③HS224 可不受 I202 制约独立停泵 P200；

④P200 停泵报警 YAL221。

（五）I203 反应器进料停止

1. 动作原因

（1）HS233 启动。

（2）LSH232（反应器缓冲罐 D202 高液位）。

2. 动作过程

（1）切断催化剂。

（2）关闭 FIC203（至 R201 主丙烯流）。

（3）关闭 FIC201（至 R201 氢气进料）

（4）关闭 FIC202（至 R202 氢气进料）。

（5）关闭 FIC231（至 R202 主丙烯流）。

（6）给出盘面信号 I203 亮：

①I203 由 HS233 复位键手动复位；

②盘面设联锁旁路键 HS232。

（六）**I204、P201 停车**

1. 动作原因

泵 P201 停止。

2. 动作过程

（1）切断催化剂。

（2）关闭 FIC201（至 R201 氢气进料）。

（3）关闭 FIC202（至 R202 氢气进料）。

（4）给出盘面信号 I204 亮：

①可通过 HS203（复位）手动复位 I201，从而恢复催化剂进料；

②当 P201 重新启动时，至反应器的氢气进料自动恢复；

③盘面设联锁旁路键 HS247。

（七）**I205、R201 紧急停车**

1. 动作原因

HS235 启动。

2. 动作过程

（1）I201 和 I202 启动。

（2）停泵 P201。

（3）关闭 FIC201（R201 氢气进料）。

（4）关闭 FIC202（R202 氢气进料）。

（5）关闭 FIC203（R20 丙烯进料）。

（6）关闭 FIC241（P201 冲洗丙烯）。

（7）关闭 HV249（R201 排放至 R202）。

（8）关闭 HV235（R201 至 R202 的浆液输送线）。

（9）给出盘面信号 I205 亮：

①I205 由 HS235 复位键手动复位；

②HS246 可不受 I205 制约独立停 P201 泵。

（八）**I206、P202 停车**

1. 动作原因

泵 P202 停止。

2. 动作过程

（1）关闭 FIC202（至 R202 氢气进料）。

（2）关闭 FIC201（至 R201 氢气进料）。

（3）给出盘面信号 I206 亮：

①盘面设联锁旁路键 HS257；

②P202 停泵报警信号。

（九）**I207、R202 紧急停车**

1. 动作原因

HS234 启动。

2. 动作过程

（1）停泵 P202。

（2）关闭 FIC202（R202 氢气进料）。

（3）关闭 FIC201（R201 氢气进料）。

（4）关闭 FIC231（R202 丙烯进料）。

（5）关闭 FIC251（P202 冲洗丙烯）。

（6）关闭 HV234（R202 与 D202 的连通阀）。

（7）关闭 LIC231（R202 排放至脱气系统）。

（8）关闭 HV249（R201 排放至 R202）。

（9）关闭 HV241（R201 排放线的丙烯冲洗）。

（10）关闭 HV235（R201 至 R202 的浆液输送线）。

（11）给出盘面信号 I207 亮：

①I207 由 HS234 复位键手动复位；

②HS256 可不受 I207 制约独立停 P202 泵。

（十）**I209、R201 底部紧急排放**

1. 动作原因

（1）HS244 动作。

（2）PSH241（R201 压力高）（4.2MPa）。

2. 动作过程

当反应器压力上升达到 4.0MPa 时，PAH241 盘面报警，当压力超过 4.2MPa 时，PSH241 已经动作，PSH241 动作如下：

（1）打开 HV244/1、HV244/2（反应器下部排料阀）。

（2）停 P201 泵。

（3）给出盘面信号 1209 亮：

①当压力逐渐减低于 4.2MPa，PSH241 消失，可由 HS244（复位）关闭底部排放阀；

②盘面设联锁旁路键 HS245。

注：即使压力低于 4.2MPa，也可用 HS244"启动"打开 HV244/1、HV244/2。

（十一）**I210、R202 底部紧急排放**

1. 动作原因

（1）HS254 动作。

（2）PSH251（R202 压力高）（4.2MPa）。

2. 动作过程

当反应器压力上升达到 4.0MPa 时，PAH251 盘面报警，当压力超过 4.2MPa 时，PSH251 已经动作，PSH251 动作如下：

（1）打开 HV254/1、HV244/2（反应器下部排料阀）。

（2）停 P202 泵。

（3）给出盘面信号 1210 亮：

①当压力逐渐减低于 4.2MPa，PSH251 消失，可由 HS254（复位）关闭底部排放阀；

②盘面设联锁旁路键 HS255。

注：即使压力低于 4.2MPa，也可用 HS254"启动"打开 HV254/1、HV254/2。

（十二）I211 紧急向 R201 注入阻聚剂

1. 开启程序

直接按动 HS263"开始"或使 I220 动作，开启程序如下自动进行：

（1）关闭 HV261（去火炬放空阀）。

（2）第一步延时 3s，打开 HV262（CO 钢瓶上主阀）。

（3）第二步延时 3s，打开反应器上的阻聚剂注入阀 HV263A、HV263B、HV263C、HV263D。

注：只有当 PSL263 无信号，才进行第三步；若 PSL263 有信号，关闭 HV263A、HV263B、HV263C、HV263D，当 PSL261 消失后，HV261A、HV261B、HV261C、HV261D 重新打开。

2. 关闭程序

按下 HS263"复位"后，以下步骤自动进行：

（1）关闭 HV263A、HV263B、HV263C、HV263D。

（2）3s 后关闭 HV262。

（3）再 3s 后打开 HV261。

3. 检验操作

复位后或正常运行时，可进行如下检验操作：

①用 HS261 关闭 HV261，3s 后可用 HS262 打开 HV262。

复位到正常动作状态：

②用 HS262 关闭 HV262，3s 后可用 HS261 打开 HV261 复位到正常动作状态。

（十三）紧急向 R202 注入阻聚剂

1. 开启程序

直接按动 HS266"开始"或使 I221 动作，开启程序如下自动进行：

（1）关闭 HV265（去火炬放空阀）。

（2）第一步延时 3s，打开 HV264（CO 钢瓶上主阀）。

（3）第二步延时 3s，打开反应器上的阻聚剂注入阀 HV266A、HV266B、HV266C、HV266D。

注：只有当 PSL264 无信号，才进行第三步；若 PSL264 有信号，关闭 HV266A、HV266B、HV266C、HV266D，当 PSL265 消失后，HV266A、HV266B、HV266C、HV266D 重新打开。

2. 关闭程序

按下 HS266"复位"后，以下步骤自动进行：

（1）关闭 HV266A、HV266B、HV266C、HV266D。

（2）3s 后关闭 HV264。

（3）再 3s 后打开 HV265。

3. 检验操作

复位后或正常运行时，可进行如下检验操作：

用 HS265 关闭 HV265，3s 后可用 HS264 打开 HV264。

复位到正常动作状态：

用 HS264 关闭 HV264，3s 后可用 HS265 打开 HV265 复位到正常动作状态。

（十四）紧急向 **R201** 注入阻聚剂的自动启动

1. 动作原因

（1）反应器温度高 TSHH241（76℃）。

（2）反应器压力高 PSHH241（4.2MPa）。

（3）I010 动作（装置紧急停车）。

2. 动作过程

（1）I204 动作。

（2）I211 动作（R201 紧急注入终止剂）。

（3）给出盘面信号 I220 亮（IA220）：盘面设联锁旁路键 HS240。

（十五）**I221** 紧急向 **R202** 注入阻聚剂的自动启动

1. 动作原因

（1）反应器温度高 TSHH251（76℃）。

（2）反应器压力高 PSHH251（4.2MPa）。

（3）I010 动作（装置紧急停车）。

2. 动作过程

（1）I206 动作。

（2）I212 动作（R202 紧急注入终止剂）。

（3）给出盘面信号 I221 亮（IA221）：盘面设联锁旁路键 HS251。

（十六）**I301** 闪蒸罐故障，反应器向排放系统排放

1. 动作原因

（1）LSH302（闪蒸罐料位高）。

（2）TSLL303（闪蒸罐温度低）（55℃）。

（3）PSHH302（D301 压力高）（2.5MPa）。

（4）HS301 切至"排放"。

（5）I010 动作（装置紧急停车）。

2. 动作过程

（1）转向阀 HV301 转向"排放"。

（2）I302 动作（闪蒸罐故障，反应器向排放系统排放）。

（3）给出盘面信号 I301 亮（IA301）：

①盘面设联锁旁路键 HS304；

②I301 由 HS301 手动复位。

只有当动作原因消失或旁路时，才能用 HS301（转 D301 向）将转向阀 HV301 转向 D301。

（十七）**I307 切断至 E302 丙烯进料**

1. 动作原因

（1）PSH332（D302 压力高）（3.0MPa）。

（2）PSH336（E302 蒸汽管线压力高）。

（3）I010 动作（装置紧急停车）。

2. 动作过程

（1）关闭 PV336（E302 蒸汽冷凝液排放）。

（2）关闭 PV331（丙烯至 E302）。

（3）给出盘面信号 I307 亮（IA307）：该联锁自动复位。

（十八）**I309 切断至 P301A 丙烯**

1. 动作原因

（1）PSL334（管路压力低）（1.1MPa）。

（2）HS332 关闭（控制台上手动操作）。

（3）I010 动作（装置紧急停车）。

2. 动作过程

（1）关闭 HV332（至 P301A 丙烯）。

（2）停 P301A 泵。

（3）给出盘面信号 I309 亮（IA309）：

①HS331A 可不受 I309 制约独立的停 P301A 泵；

②该联锁用 HS332（开）手动复位。

（十九）**切断至 P301B 丙烯**

1. 动作原因

（1）PSL335（管路压力低）（1.1MPa）。

（2）HS333 关闭（控制台上手动操作）。

（3）I010 动作（装置紧急停车）。

2. 动作过程

（1）关闭 HV333（至 P301B 丙烯）。

（2）停 P301B 泵。

（3）给出盘面信号 I310 亮（IA310）：

①HS331B 可不受 I310 制约独立的停 P301B 泵；

②该联锁用 HS333（开）手动复位。

（二十）**I321、A301 启动**

1. 动作原因

HS305 开—停按钮动作。

2. 动作过程

（1）A301 启动（HS305 开）。

（2）A301 停止（HS305 停）。

二、装置开车和停车操作

(一) 正常开车

开车前进行全面大检查，设备处于良好的备用状态，排放系统及火炬系统应已正常，机、电、仪表正常，如图3-5所示。

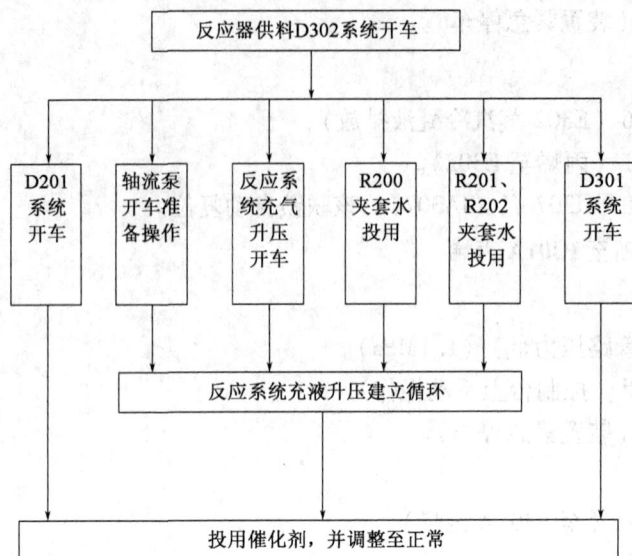

图3-5 开车过程流程图

1. 反应器供料D302系统开车

(1) 丙烯蒸发器E302投入运行，打开其蒸汽进口阀。

(2) 进料泵循环冷却器E305投入运行，打开其冷却水进口阀。

(3) 手动打开FIC004阀，开50%～100%，接收丙烯。调节PIC331使丙烯经E302缓慢供到D302顶部，直至D302压力达到0.8MPa后，打开阀CHF1对D302装液态丙烯。

(4) 直至D302压力达到1.5MPa，可以开始向反应系统充气升压。

(5) 继续升压并控制PIC331为1.8MPa。

(6) 当LIC331达到40%时，打开FIC331阀至（30%～40%），启动P301A或B循环丙烯回至D302，通过FIC331调节回流量。

(7) 控制LIC331在40%左右。

(8) 投用催化剂后，控制正常液位在60%，压力2.0MPa。

2. 装置开车操作

(1) 预接触罐D201开车：

①开TV211前截止阀，旁通阀处于关位；开P203泵的进口阀，手动全开TV211；

②启动P203，确认运转正常；

③从Z210处管线对冷冻水管线排气，打开排气阀V14C021，满液（指示点变红）后关闭排气阀；

④开P203出口管线上夹套循环水进出口阀V7C021和V6C021；

⑤开冷冻水出口D13C021、D18C021阀；

⑥控制 TIC211 在 10℃；

⑦打开现场阀 V1C021，对 D201 进油，打开 Z210 的进油阀 D12C021；

⑧启动 A201，并确认运转正常；

⑨将 D201 的压力升至 3.5MPa。

（2）轴流泵开工准备操作：启动轴流泵前，必须投用密封油系统，投用 Z200、Z201、Z202。

①打开密封油冷却器的 CW 进出口阀门 V1C028、V2C028、V3C028、V4C028；

②保持加压活塞（Z200、Z201、Z202）底部切断阀关闭；连接氮气软管，开氮气切断阀 D16C028、D17C028 和 D18C028 约 5s（实际顶上活塞到中部位置），然后关闭氮气切断阀，拆下软管；

③打开密封油总管到主密封油罐的手动切断阀，使油充满密封油罐和相关管线，打开密封油罐顶部管线上的阀门约 5s（实际在高点放空直至有不带气泡的油流出），关闭进油管线上的手动切断阀；

④环管压力到达 1.0MPa 时，打开与环管相连的丙烯管线截止阀，投用密封油系统；

⑤P201、P202 安全密封油罐 Z207、Z208 投用。

（3）反应系统充气升压：

①充气升压前，必须进行预聚合反应器 R200、聚合反应器 R201、R202 串联，并与平衡罐 D202 连通，以便各系统同步升压；

②打开 D302 到 D202 管线上的切断阀；

③用气相丙烯给 D202 充压，同时对 D202 至 R200、R201、R202 的气相充压；

④当压力达到 1.5～1.8MPa 时，检查泄漏；

⑤当 D202 和 R200、R201、R202 的压力升至 1.0MPa 以上后，关闭 D302 和 D202 之间管线上的切断阀，关闭所有充压阀，开反应器顶部放空阀。

（4）R200 夹套水系统投用：

①开 R200 夹套冷冻水进出口阀门，开 P204 旁通；

②向夹套内进冷冻水，从顶部打开切断阀排气，确定灌满（指示点变红）后关闭切断阀 D8C022；

③开 P204 前后截止阀，关旁通，启动 P204，建立冷冻水循环；

④控制 TIC222 在 15℃；

（5）R201 和 R202 夹套水系统的投用：

①打开夹套水循环管线上的手动切断阀；

②打开换热器 E208、E209 的冷却水；

③通过 LV241 将夹套循环水系统充满脱盐水，待 D203 有液位时，则夹套已充满；D203 设有高低液位控制，调节 LI241 进行高低液位控制；

④打开 P205 和 P206 钝化剂开关阀，约 5s 后关闭进料阀；

⑤打开循环水进出换热器的手阀；

⑥打开 TV242A 和 TV242B 截止阀，打开 TV252A 和 TV252B 截止阀，打开 E208 和 E209 的冷冻水入口阀；

⑦启动夹套水循环泵 P205、P206（或备用泵 P207），打开循环管线上的截止阀，建立水循环；

⑧打开 D203 的氮封阀；

⑨打开到加热器 E204、E205 的蒸汽加热夹套水，对夹套水进行升温，控制 TIC242、TIC252 在 40～50℃。

(6) D301 罐的操作：

①检查 D301 伴管通蒸汽；

②打通闪蒸线夹套蒸汽系统，首先打开蒸汽疏水器旁路，再打开蒸汽，待管子加热后再关闭蒸汽疏水器旁路；

③打开 PIC301 截止阀，开 PIC301，控制 PIC301 在 0.2MPa；

④打开 A301 密封油阀 D12C030 和 D13C030；

⑤阀 FIC244 至 15%～20%，从该管线加入液相丙烯；

⑥D301 升至压力 0.5MPa 时，启动 A301；

⑦手动控制 PIC301，使 TIC301 温度维持在 80℃左右；

⑧控制 PIC302 升至 1.8MPa，并可视情况投自动。

(7) 反应器系统充液升压建立循环：

①当供料罐 D302 液位接近 40% 时，给环管反应器 R200、R201、R202 中注入液态丙烯；

②充液之前，从 D302 到反应器的丙烯管线上的所有的流量控制器都应置于手动关闭状态；

③打开到 E203 的蒸汽，打开到反应器去的丙烯管线上的所有流量控制器的上、下游切断阀，并确认旁通阀是关闭的；

④将 PIC231 的压力控制在 2.5MPa 左右；

⑤开 E201 冷冻水进出口截止阀，关 TV201，开 TV201 旁路；

⑥通过各反应器的控制阀向环管反应器进丙烯，最大流量为量程的 80%；

⑦调节 PIC231 使 D202 的压力逐渐增加到 3.4～3.6MPa；

⑧待 LIC231 见液时，控制 LIC231 在 40%～60%；

⑨环管充满液相丙烯，压力将上升，检查环管各腿顶部的液相丙烯充满情况；

⑩当反应器压力接近正常时，打开环管反应器顶部放空阀 D2C022、D2C024、D3C024、D3C025、D5C025，然后稍开相应的控制阀，观察相应的下游温度指示器，当温度急剧降至零度时，表明这根管已充满了液相丙烯；

⑪把 R201 的丙烯流量（FIC203）控制在 18000kg/h，到 R202 的丙烯流量（FIC231）控制在 7000kg/h，FIC221、FIC241、FIC251 的流量控制至正常；

⑫检查并调整好环管反应器循环泵 P200、P201、P202 泵，然后启动循环泵 P200、P201、P202；

⑬将 FIC232 控制在 200kg/h，开始向闪蒸管线通冲洗丙烯；调整各反应器的进料量至正常流量，在此期间调整 R202 的出料量（LIC231），使得丙烯系统建立循环（D302—R200—R201—R202—D301—丙烯回收单元—D302）；

⑭以（4～6）℃/5min 的升温速度缓慢提高环管反应器 R201、R202 温度至 70℃；

⑮将反应器的压力、温度调整至正常，D202 的压力、液位调整至正常，为进催化剂做好准备。

注：由于液相丙烯受热膨胀，致使丙烯从环管反应器中排出并回收到 D302 中，所以，

在外管反应器充满液相丙烯而未升温之前，D302 的液位要保持在 40%。

3. 投用催化剂并调整至正常

（1）预接触罐 D201 操作：

①先给电子体和三乙基铝正常进料，将 FIC111 控制在 2kg/h，FIC121 控制在 0.5kg/h；

②当 D201 压力高于环管压力 0.2MPa 时，连通 D201 和 Z203A 或 Z203B；

③给电子体和三乙基铝进料约 30s（实际生产 60min）后，H_2 适当进料；

④进氢气约 30s（实际生产 60min）后，再开始向 D201 逐步进主催化剂；

⑤充满液的预接触罐在大约 3.5MPa 的压力下连续操作。

（2）反应系统操作：

①进催化剂：打开催化剂进料阀，开始加入催化剂，为防止反应急剧加速，要逐步增加催化剂量，使外管反应器中的浆液密度逐步上升到 550～565kg/m^3；为防止密度超过设定值，堵塞管线，当浆液密度达到设定值且操作平稳，将每个反应器进料丙烯量与该反应器密度控制投串级，即用 DIC241 串级控制 FIC203、DIC251 串级控制 FIC231；

②主催化剂进环管反应器后，丙烯开始反应，并释放热量，反应速度越快，释放的热量就越多，随着反应的进行，要及时减少夹套水加热器的蒸汽量，以使环管反应器的温度保持在 70℃；随反应的加速，很快就需要完全关闭蒸汽，并且启用 E208 和 E209；

③从 R201 到 R202 的排料共有两种形式：桥连接和带连接，分别采用两根不同的管线，正常生产采用桥连接，带连接是桥连接的备用；

④DIC241 与 FIC203 投串级后，控制正常生产要求，调节催化剂量至正常；

⑤在调整催化剂的同时，控制正常生产要求，调节进入两个反应器的氢气量至正常。

（3）D301 罐的操作：

①将 FIC244 的调整到 4200kg/h，这可保证环管反应器出料受阻时，有足够的冲洗丙烯进入闪蒸罐；

②当开始向环管进催化剂时，要手动打开 D301 底部阀 LIC301（约 20% 左右），以便不断出空初期生成的聚合物粉料，排放到界区回收；

③D301 的料位在开车初期通常保持在零位，这种操作一直要持续到环管反应器的浆液密度达到 450kg/m^3；

④反应接近正常后，控制 LIC301 升至 50%，并投自动，完成 D301 的料位建立。

注：该系统必须在反应系统充满液相丙烯之前就处于操作状态，以便该系统接收反应系统的排料。该系统正常操作压力为 1.80MPa。

（4）联锁投用：

待各生产指标处于正常时，投用联锁系统 HS204、HS222、HS232、HS240、HS245、HS247、HS251、HS255、HS257、HS304。

（二）正常停车

1. D201 的停车

（1）关闭主催化剂到预接触罐 D201 供料管线上的切断阀，停止到预聚合区的主催化剂进料。

（2）停主催化剂 60s（实际生产 120min）进料后，先停掉到反应器去的三乙基铝阀 V4C021 和 D16C021，然后用给电子体稀释清洗 D201 约 10s 后，关 Z203A 或 B 的进口阀 1A/

B 或 2A/B。

（3）关掉到预接触罐的给电子体进料管线上的切断阀 D17C021，关闭给电子体的进料阀 V3C021。

（4）必须继续进丙烯到预聚反应器，以便稀释环管反应器内的浆液。

（5）在停掉预接触罐搅拌器 A201 之前，要用油冲洗从三乙基铝计量泵 P101A/B 到预接触罐 D201 的三乙基铝进料线 20min，通过预接触罐底部废油线将油排放到废油处理罐中。同时停掉到预聚反应器 R200 的丙烯进料，关掉至 Z203A（或 B）丙烯进料线上的切断阀。

2. 环管反应器的停车

（1）解除 DIC241 与 FIC203 串级及 DIC251 与 FIC231 串级，逐渐将 FIC203 减至 18000kg/h，逐渐将 FIC231 减至 7000kg/h。

（2）密度到 450kg/m^3 时，停止 H$_2$ 进料 FIC201 和 FIC202。

（3）一旦 TIC242、TIC252 完全旁通 E208、E209（TV242A、TV252A 接近全关），则启用反应器夹套水加热器 E204、E205 来加热夹套水，打开 E204、E205 蒸汽线上的手阀，通过调节控制阀 HV272、HV273 来维持环管温度在 70℃。

（4）继续稀释环管，直至密度达到此温度下的丙烯密度，将环管内的浆液经 HV301 向 D301 进料。

（5）当浆液浓度降至 414kg/m^3 时，如需要停 P200、P201、P202，关 FIC204、FIC203、FIC231、FIC241、FIC251 及 FIC232，并关掉上述阀门的前手阀。

（6）环管中的物料排至 D301，丙烯气经丙烯回收系统后送 D302。

（7）调整蒸汽用量，使环管温度维持在 70℃。

（8）当环管反应器腿中的液位低于夹套时，用来自 E203 的丙烯蒸汽从反应器顶部排气口对环管加压。

3. 排空环管底部丙烯的操作

（1）关反应器顶部排放管线上的手动切断阀，开充丙烯蒸汽截止阀。

（2）打开每个环管顶部自动阀 PIC241、HV242、PIC251、HV252 以平衡 D202 气相和环管顶部压力。

（3）通过 PIC231 控制 D202 的压力为 3.4MPa，使带压丙烯排向 D301，使之尽可能回收。

（4）将环管夹套水温度保持在 70℃，以免丙烯蒸汽冷凝。

（5）环管和 D202 的液体倒空后，手动关闭 PIC231，使带压丙烯排向 D301，使之尽可能回收。

（6）当环管中的压力降到 1MPa 时，关闭轴流泵密封压力活塞 Z200、Z201、Z202 的底部切断阀。

（7）停轴流泵（P200 和 P201 和 P202）的油路系统。

（8）当环管中的压力降到 1MPa 时，切断夹套水加热器 E204、E205 的蒸汽。

（9）设定 TIC242 和 TIC252 为 40℃，将夹套水冷却至 40℃，停水循环泵 P205、P206（或 P207）。

4. D301 的停车

（1）保持 D301 出口气相流量控制器（PIC302）设定值不变，控制 D301 进料管线的液相冲洗丙烯量。

（2）当聚合物流量降低时，料位继续保持 D301 料位的自动控制，直到出料阀的开度不大于 10%，则 LIC301 打手动，并且逐渐把聚合物的料位降为零。

（3）当 D202 液位低于 15% 时，将 HV30l 转换至低压排放，把剩余的聚合物排至后系统。

（4）当聚合物的流量为零时（即环管密度降至 414kg/m^3），且 D301 无料积存，并手动关闭 LIC301。

（5）待反应系统停车完毕后，通过放火炬（即 BDL 线）将 D301 压力泄至 0.1MPa 以下。

5. D302 罐的停车

一旦供给工艺区的丙烯停止，D302 将进行自身循环。

（1）将 LIC331 置于手动，并处于关闭状态。

（2）手动关闭 FIC004 使 D302 的压力处于较低状态。

（3）倒空 D302 内的丙烯，缓慢打开 P301A/B 出口管线上后系统的丙烯截止阀。

（4）待 D302 液体倒空后，开 D302 顶部放空阀泄压至 0.1MPa。

（三）紧急停车

1. D201 的停车处理

在紧急情况下，该系统必须迅速停车，所有的进料停止，并把本系统隔离。

（1）关掉主催化剂到预接触罐 D201 进料线上的切断阀，切断预聚合区催化剂的进料。

（2）关掉到预接触罐的三乙基铝进料管线上的切断阀，切断预聚合区三乙基铝的进料。

（3）关掉到预接触罐的给电子体进料管线上的切断阀，切断预聚合区给电子体的进料。

在这些操作完全完成之后，用油冲洗三乙基铝进料管线和预接触罐，然后停掉预接触罐上的搅拌器 A201。

2. 环管反应器的停车处理

若发生紧急情况，环管反应器必须立即停车，则启用反应阻聚剂 CO 直接注入到环管中以使催化剂失活。CO 几乎能立即终止聚合反应。CO 的注入方式是直接向 R201、R202 各支管上部注入，浓度为 2%。

3. CO 终止聚合反应操作

（1）自动操作：

①分别打开至 R201、R202 的 CO 钢瓶的手动截止阀；

②按 HS263、HS266 启动 I211、I212；

③当终止反应后，按 HS263、HS266 复位 I211、I212。

（2）手动操作：

①分别打开至 R201、R202 的 CO 钢瓶的手动截止阀；

②关闭通往火炬的排气阀 HV261 和 HV265；

③打开 CO 总管上的阀门 HV262 和 HV264；

④当终止反应后，关闭反应器底部 CO 注入阀（HV262、HV264），同时也关闭 CO 总管上的通往排放系统的排气阀 HV261、HV265；

⑤当阻聚剂注入反应器时，预聚反应器 R200 应迅速隔离，并通过 HS223 启动 I202，使

R200 向排放系统卸料，同时停泵 P200；

⑥尽快切断环管 H_2 的进料；

⑦尽可能稀释反应器；

⑧当环管反应器的浆液密度低于 $450kg/m^3$ 时，停循环泵；

⑨关闭丙烯流量进料阀和现场手阀。

4.300 单元的停车处理

（1）将闪蒸罐 D301 系统完全停下。

（2）D302 进料停。

任务4　聚丙烯装置异常工况的分析与处理

一、停蒸汽

（1）事故原因：蒸汽故障。

（2）事故现象：

①PIC301 压力为 0；

②D302 压力降低；

③D301 温度降低。

（3）处理方法：

①200 单元的处理：

a. 启动联锁 I202，倒空小环管 R200；

b. 立即启动联锁 I211、I212、向 R201、R202 内加 2% 的 CO（通知现场立即将 CO 钢瓶出口阀打开）；

c. 打开 Z203A/B 的油冲洗，并停主催化剂和助催化剂；

d. 停 H_2 进料；

e. 关 FV232、FV244 并注意 D202 的压力；

f. 油洗 Z203 系统和 D201，把 D201 的物料排到废油罐；

g. 手动关闭 PV231、关闭现场阀；

h. 降低环管温度应低于 $60℃$；

i. 使用 FIC203 和 FIC231 来降低环管密度；

j. 其余按正常停车处理。

②300 单元的处理：

a. 为稳定 D302 压力，关 PIC331；

b. 当闪蒸罐温度降到 $55℃$，引发联锁 1301HV301 切到高压排放系统；

c. 其余按紧急停车处理。

二、停冷却水

（1）事故原因：冷却水停。

（2）事故现象：

①TIC242 温度升高；

②TIC252 温度升高。

（3）处理方法：

①启动 I211 和 I212，加 CO 到环管反应器；

②切换 HV301 将环管 R202 的物排到高压排放系统；

③由 HS223 启动联锁 I202，隔离并排 R200 物料到高压排放系统；

④用油冲洗预接触罐 D201 和催化剂在线混合器 Z203A/B，停 Cat、Teal 和 Donor 进料；

⑤其余按紧急停车处理。

三、原料中断

（1）事故原因：丙烯原料中断。

（2）事故现象：FIC004 流量为 0。

（3）处理方法：按正常停车步骤处理，但无需出空设备，待丙烯恢复时，按正常步骤开车。

四、停电故障

（1）事故原因：电厂停电。

（2）事故现象：所有动设备停，且无法启动。

（3）处理方法：

①启动 I209、I210，确认 CO 注入环管；

②确保反应器压力小于 2MPa；

③手动关闭 R200 到 R201 的手动阀 D1C021；

④启动 I301，手动关闭 FIC244、FIC232、PIC231；

⑤其余按紧急停车。

五、P201 泵停

（1）事故原因：P201 机械故障停泵。

（2）事故现象：R201 反应温度上升。

（3）处理方法：

循环泵 P201 不能立即重新启动，采取下列有效措施，实现装置停车：

①通过 I220 将反应中止剂 CO 向 R201 注入；

②按 HS235 启动 I205；

③启动 I209，通过 HV244/1/2，将物料从 R201 每个腿的底部排放至 D601，排放 2～3min，以确保 CO 到达环管的最低点；

④将 TIC242 设定在 20℃，最大程度冷却反应器；

⑤确认环管反应器底部的温度、压力保持稳定。如果温度，压力再上升，则打开 HV244/1/2，排放 2～3min，确保 R201 压力小于 1.0MPa；

⑥切断 FIC203 和 FIC241，彻底倒空 R201 里的物料（压力小于 0.1MPa）；

⑦用油冲洗预接触罐和在线混合器；

⑧继续向 R202 通入丙烯，直到其浆液密度低于 $414kg/m^3$；如果是长时间停车，应将丙烯进料量降至最低允许值 7000kg/h；

⑨其余紧急停车。

六、P202 泵停

（1）事故原因：P202 机械故障停泵。

（2）事故现象：R202 反应温度上升。

（3）处理方法：

R200、R201 由于 R202 的停车也必须尽快终止反应，做紧急停车处理。

①启动 1202，带动 1201，隔离并排空 R200，关闭催化剂进料；

②启动 1211 将反应中止剂 CO 向 R201 注入，保持 P201 的循环，FIC203 的丙烯进料量大于 35000kg/h，夹套水系统加入蒸汽，保持环管温度小于 60℃；

③若 1221 还没有启动反应中止剂注入 R202 系统，则立即检查确认现场 CO 系统情况，务必通过 1212 将反应中止剂 CO 向 R202 注入；

④启动 1210，通过 HV254/1/2，将物料从 R202 的底部排放至 D601，排放 2～3min，以确保 CO 到达环管的最低点；

⑤将 TIC252 设定在 20℃，最大程度地冷却反应器；

⑥确认环管反应器底部的温度、压力保持稳定，如果温度、压力再上升，则 HV254/1/2 排放 2～3min；

⑦当 R201 的压力已低于 2.5MPa 时，停止 P201，防止汽蚀的发生，同时启动 1207、1209，隔离并对 R201、R02 分别排空（压力小于 0.1MPa）；

⑧采取这一措施后，R201、R202 处于排放状态，并在反应器中仍有大量聚合物残留；

⑨用油冲洗预接触罐和在线混合器。

七、桥连接堵塞

（1）事故原因：桥连接阀门故障。

（2）事故现象：桥连接阀门、管线堵塞。

（3）处理方法：

①快速恢复带连接阀；

②调节反应器压力；

③调节反应器温度；

④各仪表恢复到正常数据。

八、循环冷却水 P205 故障

（1）事故原因：P205 泵故障。

（2）事故现象：

①去 R201 的冷却水中断；

②R201 反应温度上升；

③DIC241 密度略有下降。

（3）处理方法：

①快速启动备用泵 P207；

②调整反应器温度；

③各仪表恢复到正常数据。

九、氢气中断

（1）事故原因：氢气进料故障。

（2）事故现象：

①FIC202 流量为 0；

②FIC201 流量为 0。

（3）处理方法：

①观察反应；

②切断 Z203 进料且用油冲洗，隔离 D201 并用油冲洗至废油罐；

③关闭氢气进料阀，注 CO 进环管停车处理。

十、P301A/B 泵故障

（1）事故原因：P301A/B 泵故障。

（2）事故现象：

①P301 泵停；

②FIC331 流量为 0；

③去反应的丙烯停。

（3）处理方法：

①按 HS223，启动 1202 倒空 R200；

②动 I211、I212 向环管反应器内直接加入 CO 反应中止剂，立即停止 H_2 进料；

③检查确认已成功地终止反应（R201 和 R202 温度低于 65℃）后，停反应器循环泵 P201 和 P202；

④启动 I209 和 I210 泄压；

⑤并用油冲洗洗接触罐和催化剂在线混合器；

⑥手动控制 TIC242 和 TIC252，使环管反应器的温度尽可能降低；

⑦其余按紧急停车。

思 考 题

1. 简述丙烯的化学性质。

2. 什么是配位聚合？

3. 聚合物的异构体类型有哪些？并解释？

4. 配位聚合引发剂的作用有哪些？

5. 简述丙烯聚合反应机理。

6. 影响丙烯聚合过程中的因素有哪些？

7. 简述本体聚合的定义和分类。

8. 解决本体聚合散热的方法有哪些？

9. 聚丙烯装置工艺流程由几部分组成？

10. 绘制聚丙烯仿真系统 PI&D 图。

11. 聚丙烯装置的开车和停车操作。

12. 绘制开车过程流程图。

13. 举 1～2 个例子说明聚丙烯装置异常工况的分析与处理。

学习情境四 典型化工产品制备装置操作与控制

学习目标

一、能力目标

(1) 具有从专业书籍、操作手册和网络等途径获取专业知识的能力；

(2) 能看懂专业操作规程，能进行设备标示识别，能读懂设备流程图；

(3) 能够进行典型化工产品制备装置的开车和停车操作；

(4) 能进行典型化工产品制备装置异常工况的处理操作；

(5) 具有典型化工产品制备装置基本操作技能和化工工艺指标分析能力；

(6) 具有与人沟通、合作的能力。

二、知识目标

(1) 掌握典型化工产品制备工艺基本理论；

(2) 了解典型化工产品制备装置生产工艺流程；

(3) 掌握典型化工产品制备装置特点；

(4) 了解典型化工产品的性质、用途；

(5) 了解典型化工产品生产特点；

(6) 掌握化工操作基本知识、安全用电常识、环保常识和安全生产常识。

三、素质目标

(1) 具有吃苦耐劳、爱岗敬业的职业素质；

(2) 具有团队协作的精神和石油化工行业的职业道德；

(3) 具有不伤害自己、不伤害他人、不被他人伤害的安全意识；

(4) 具有环境意识、社会责任感、参与意识和自信心；

(5) 具备的大胆创新精神；

(6) 具备锲而不舍、不怕困难的素质，面对失败能勇于承担责任的精神。

任务描述

典型化工产品制备装置操作是实验室工作人员为获得物料配比、生产工艺条件参数等指标，而在实验室完成的实验装置操作。

要求学生学习实验设备工作原理、生产流程、操作规整，完成装置的操作文件，工艺参数调整方案，学生通过操作实验装置，懂得装置工艺流程与原理，学会典型化工产品生产的工艺条件的确定以及配料的选定。

要求学生以小组为单位，根据装置生产情况和装置的开车、停车及事故处理的运行操作规程，制定出工作计划，完成装置操作，能够分析和处理操作中遇到的异常情况，最后写出工作报告。根据本项目工作任务单要求详细计划每一个工作过程和步骤，以小组为单位制定一份完成工作任务的实施方案，任务完成后撰写一份工作报告。

任务 1　苯甲酸制备实验装置操作与控制

一、基础知识

本装置为塔式鼓泡反应器和玻璃精馏塔组成一套完整的苯甲酸制备实训装置，塔式设备广泛用于气液相反应或气液固相反应。它是一个非均相反应过程，气体可为一种或多种类型，而液体可以为反应物或催化剂，其反应速度决定化学反应速度和两界面上组分分子扩散速度，充分接触是加快反应的必要条件，实验室常用该反应器做有机化合物氧化，如烷烃氧化制有机酸、对二甲苯氧化生成对苯二甲酸、环己烷氧化生成环己醇和环己酮、乙醛氧化制乙酸、乙烯氧化制乙醛、苯氯化制氯苯、甲苯氯化制氯甲苯、乙烯氯化制氯乙烯、烯烃加氢、脂肪酯加氢等。此外，还可进行 SO_3、NO_2、CO_2、H_2S 的吸收反应、生化反应、污水处理等。

（一）采用鼓泡氧化反应器的原因

（1）进气体能以小气泡形式分布，可连续不断地进入，保证气液接触反应效果良好。

（2）反应器结构简单，容易稳定操作。

（3）有较高的传质、传热效率，适于慢反应和强放热反应。

（4）换热件安装方便，可处理悬浮液体，塔内可填加构件。

（二）采用精馏塔分离的原因

（1）从苯甲酸与甲苯混合液中分离回收甲苯。

（2）从粗苯甲酸溶液中提纯苯甲酸。

（三）采用分相器的原因

氧化反应会产生一些水，水会影响甲苯转化，故必须排水，排水过程甲苯也会排出，用分相器可使甲苯与水分离。

二、技术指标

（1）最高操作压力 0.6MPa，使用温度 170℃。

（2）甲苯氧化反应器，下段 $\phi57mm \times 4mm$，高度 440mm，外加套 76mm，内插加热管 $\phi10mm \times 1.5mm$；上段 $\phi89mm \times 4mm$，外加套 108mm，高度 150mm，气体分布器开孔率 10%。

（3）热液体循环齿轮泵。

（4）无油空压机 1000L/h。

（5）导热油输送系统。

（6）甲苯加料电磁泵 0.79L/h。

（7）精馏塔釜 500mL，电热包加热功率 400W、精馏塔直径 20mm，塔高 1400mm，塔外壁有两段透明膜导电加热保温，加热功率各 200W。

（8）摆锤式内回流塔头，回流比控制 0～99s 内自动控制。

（9）甲苯储罐。

三、操作说明

(一) 准备工作

(1) 将液体甲苯注入储罐内，并接好进气管线 N_2 与空气，将气体、液体出口阀门关死，通入 N_2 或空气在 0.2MPa 下试漏，10min 内压力不变为合格。

(2) 往甲苯储罐内加料，甲苯和环烷酸钴的比例约为 100∶1。

(3) 通冷却水（最好强冷）。

(4) 油浴槽内放导热油至标识位。

(二) 开车

(1) 开空气泵，把系统压力调节到 0.2MPa。

(2) 开进料泵向系统内进料 300~400mL。

(3) 给定油浴温度 150~160℃。

(4) 开启齿轮泵，频率调到 10~15Hz。

(5) 连续进出物料时，反应需用加料泵进料，液体加料要求要根据选定的停留时间而定，高转化需调低进料速度，但选择性要降低些；高速加料会使转化率下降，但选择性能够提高。尾气大小，也需根据试验要求而定，尾气小，气泵进气量就小，转化率有所降低，但甲苯夹带吹出的量也很小，可减少浪费，尾气大则相反。

试验中要不断地在溢流口调节阀门的开度，以排除反应后的液体，可保持鼓泡器内液位稳定。反应压力一旦确定，就不要随意改变系统压力，压力变化会造成排料数据不能稳定。一般来说，在一开始就调节好进气压力和出气压力，此后只能微调各阀门，不应该大起大落地调节。

当试验完成后继续通气反应一定时间，最后通 N_2 清扫，并放出所有反应液，用清水充满鼓泡器，清洗干净，以防腐蚀生锈。

试验中应注意安全问题，避免空气与原料气浓度增加进入爆炸极限内，时刻用 N_2 进行调整。

当反应产物有一定数量时，可开启精馏塔，渐渐升温使塔顶温度达到 110℃。收集甲苯原料，塔底产物用重结晶的方法处理得到纯苯甲酸，或者用多次累积量再精馏，控制塔底温度在 190℃，塔顶温度在 160℃，留出物为苯甲酸纯品。

四、停车操作

当反应结束后停止加料（液体），停止加热，关闭电源。电源关闭后要继续通气，待温度降至 50℃ 以下可关闭气体（具体视催化剂的要求而定）。

精馏设备可用甲苯洗涤。塔底产物为催化剂与碳化物，可用其他溶剂稀释做废物处理。

五、故障处理

(1) 开启电源开关指示灯不亮，并且没有交流接触器吸合声，则熔断器坏或电源线没有接好。

(2) 开启仪表各开关时指示灯不亮，并且没有继电器吸合声，则分熔断器坏或接线有脱落的地方。

(3) 开启电源开关有强烈的交流振动声，则是接触器接触不良，应反复按动开关消除。

（4）仪表正常但仪表数值没有变化，可能熔断器坏或固态变压或固态继电器坏。

（5）控温仪表、显示仪表出现四位数字，则告知热电偶有断路现象。

（6）反应系统压力突然下降，则有大泄漏点，应停车检查。

（7）电路时通时断，有接触不良的地方。

（8）压力增高，尾气流量减少，系统有堵塞的地方，应停车检查。

任务 2 小型脱氢反应及分离实训装置操作与控制

一、基础知识

丙酮（Acctone）也称 2 -丙酮（2 - Propanone），无色透明，易燃，易挥发液体，有微香气味。分子式为 C_3h_6O，结构简式为（CH_3）$_2$CO，相对分子质量 58.08，熔点 - 94.6℃，沸点 56.5℃，密度（20℃）0.7898g/cm^3，能与水、甲醇、乙醇、乙醚、氯仿、吡啶等混溶，能溶解油脂肪、树脂和橡胶，是制造醋酐、双丙酮醇、氯仿、碘仿、环氧树脂、聚异戊二烯橡胶、甲基丙烯酸甲酯等的原料。它是一种重要的溶解原料，在无烟火药、赛璐珞、醋酯纤维、喷漆等工业中做溶剂。

生产中，丙酮的制备和来源主要有以下几种途径：淀粉发酵；丙烯水和成异丙醇，再经催化脱氢或催化氧化；异丙苯氧化水解；丙烯在钯作催化剂液相氧化。此外，也可从木材干馏而得。实验室中常用乙酸钙干馏制得。本实训采用的反应装置是一种典型的气固相催化脱氢工艺。在市场上异丙醇大量过剩情况下，为寻找出路，它仍有一定的生产意义。因此，通过本实训掌握有关脱氢工艺技术还有实用价值。

本实训的内容包括掌握气固相固定体催化剂脱氢反应的工艺条件，了解脱氢催化剂的组成作用，测试活性方法，了解固定床反应器的结构与操作使用方法，了解脱氢产物组分的精制方法，了解精馏塔操作控制工艺，掌握实验仪器的使用，以及色谱分析方法，能够独立进行操作。

本实训的优点是催化剂的反应温度较低，易于操作；精制反应条件易于操作；产品易于分析；物料易于购买。

二、反应原理

在常压 200～300℃，异丙醇在催化剂表面，脱氢吸热生成丙酮，并产生大量氢气。

本实验主要涉及两个过程：温度适中时，发生主反应（CH_3）$_2$CHOH→（CH_3）$_2$CO + H_2，起始时，由于（CH_3）$_2$CHOH 的加入，汽化需要吸收大量的热，导致反应温度降低，发生副反应（CH_3）$_2$CO +（CH_3）$_2$CHOH→（CH_3）$_2$CHCH$_2$COCH$_3$ + H_2O；温度过高时，发生分子内脱水，生成丙烯，（CH_3）$_2$CHOH→CH_2=CHCH$_3$ + H_2O。

因此，温度控制的是否得当是生成目的产物的关键。

三、装置配置及流程图

（一）装置配置

（1）开合式加热炉，三段加热，每段 1.5kW，计算机自动控制。

（2）不锈钢反应器直径为 50mm，长 700mm。

（3）预热器直径为 10mm，长 250mm，加热功率 0.8kW。

（4）压力变送器及显示仪 2 套。

（5）进口电磁隔膜加料泵 2 台，最大流量 0.76L/h。

（6）精馏塔塔釜容积为 1.0L。

（7）塔体内径 20mm，长 1.4m。

（8）卧式塔头冷凝器。

（9）塔顶流出液收集罐容积 1L，2 个。

（10）塔釜流出液收集罐容积 1L，1 个。

（11）回流比控制器 2 套，0~99s 自动控制。

（12）单检测器气相色谱仪 1 台，CT-2200 气相色谱工作站 1 台。

（二）装置流程

脱氢反应及分离实训装置流程如图 4-1 所示。

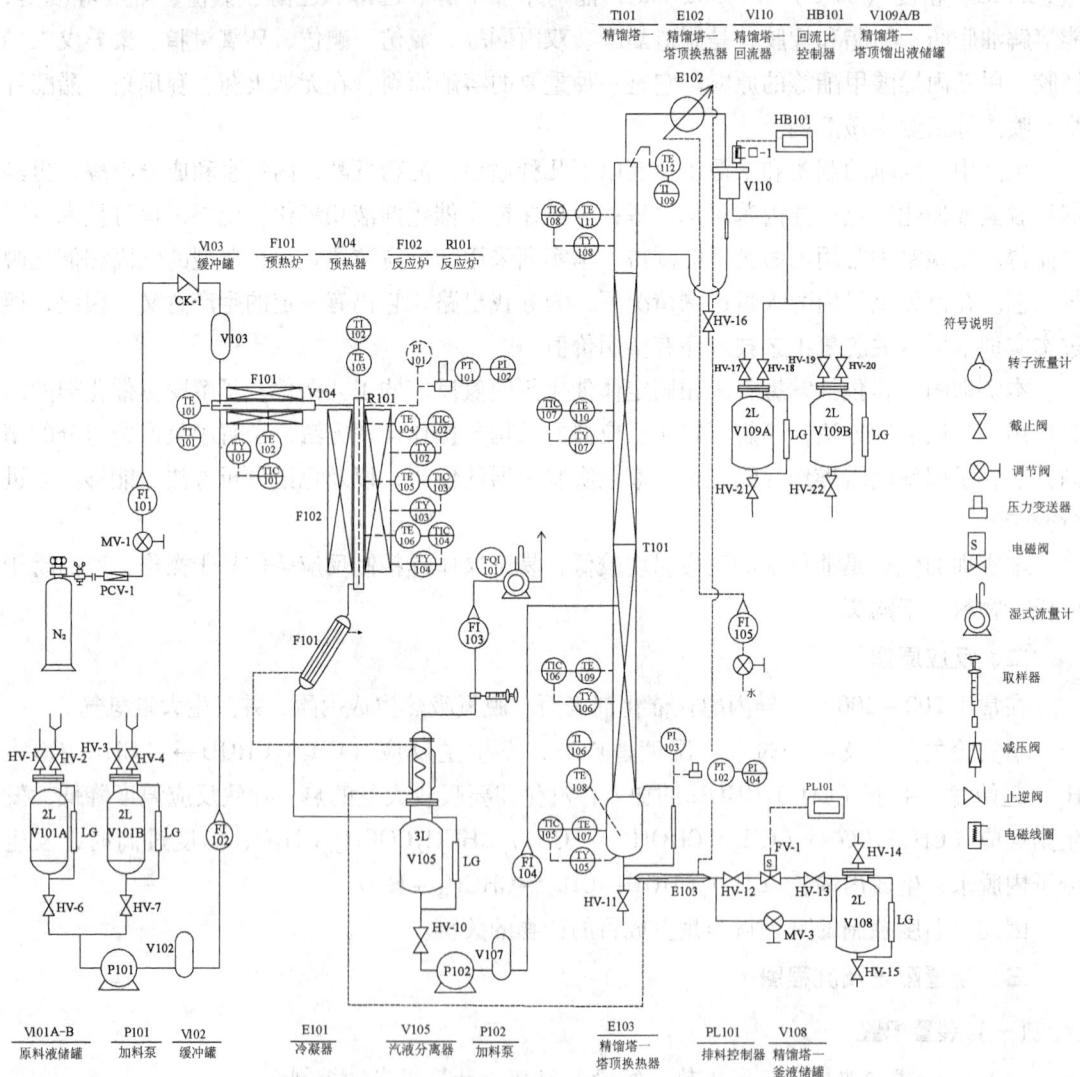

图 4-1　脱氢反应及分离实训装置流程图

四、分离方案

本实验中产品的分离是采用常压精馏的方法。常压下，丙酮的沸点56.5℃，异丙醇的沸点82.5℃。副反应是导致产物中含水的原因，分离方案要依据具体需要而确定。情况主要有两种：

（1）若反应控制得当，反应产物中水的含量较少，即副产物少，采取连续式精馏，将产品流进精馏塔，得到较高纯度的丙酮。

（2）若反应产物中水的含量较高，即反应选择性差，负反应剧烈，采取连续精馏和间歇精馏组合方式分离；将反应产物用连续精馏的方法进入精馏塔，大回流比控制，得到高纯度的丙酮；将塔釜液采用间歇精馏的方式，回收异丙醇。

此方案需要注意的是，异丙醇和水会形成共沸物，它们的分离只能采取特殊的分离方法，例如，共沸精馏，萃取精馏等。

五、分析条件

反应原料与产物均系用色谱仪进行分析。色谱仪使用条件如下：

（1）色谱柱：GDX－104，$\phi 3mm \times 2000mm$。

（2）载气：氢气。

（3）热导检测器：桥流100mA，温度100℃。

（4）柱前压：0.1MPa。

（5）柱温：100℃。

（6）汽化器：100℃。

六、操作

（一）反应操作

1. 催化剂装填

由于反应器直径较大，两端密封螺帽难以拧紧，故必须在台钳上进行操作，催化剂装填要在振动情况下从上部倒入。反应器结构如图4－2所示。

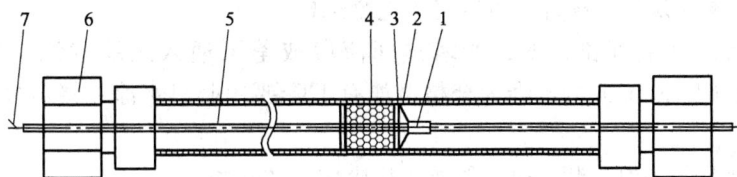

图4－2 固定床反应器结构示意图

1—三角架；2—丝网；3—玻璃毛；4—催化剂；
5—测温套管；6—螺帽；7—热电偶

将反应器用丙醇或乙醇擦拭干净后，插入热电偶套管，调整支撑架高度，使管靠向下部，留出部分空间约200mm，在支架上部放80～100目的不锈钢网，网上添加玻璃棉（高硅铝棉），用棒插入，测量高度后记录该值，并在反应器外部做一记号（注意此时必须先将反应器下部的接头拧上，并将热电偶套管的螺帽拧紧，使套管不再移动，否则套管再装填催化剂时要移动，不能准确定位）。此后添加催化剂，最好为直径 $\phi 3mm$，长 $5 \sim 6mm$ 颗粒，边装边振动反应器，使催化剂均匀堆积，不形成架桥现象。当加入 $100 \sim 200mL$ 催化剂（取一定量，由催化剂堆密度决定，不能太多）再量此时床层高度并记录，后加玻璃棉少许或上部装填玻璃球 $\phi 5mm \times 5mm$ 或 $SiO_2 \phi 4mm \times 4mm$ 直至顶部后再加玻璃棉，擦拭干净封头后拧紧接头，并用力拧紧大螺帽，最后装入反应炉内，连接上进出口接头（注意：操作时要观察反应器出入口接头位置是否与现场一致，不一致要调整过来，免去在现场调整，现场不易拧紧螺帽）。

2. 试漏

开车前首先对设备进行试漏，这一点很重要，务必认真进行。将压缩气体接入氮气进气口，如果连接在氮气钢瓶上，打开减压阀，调整进气，使流量维持最低进气即可，关闭气液分离器的出口阀，使系统密闭，进气维持压力在 $0.05MPa$，关闭进气阀，停留 $5min$，开启测压电源，在仪表上有压力数值显示（压力表上也有指示），当压力不下降时认为合格，可开启各路阀门，后检查电路。

3. 电路检查

将各热电偶插入相应位置，开启各路电源，相应的控制或测定温度仪表上有数值显示，分别拔掉热电偶插件，在相应的仪表上有四位数闪烁，说明连接正确，再将热电偶插回原插件内，把所有的热电偶检查完毕后可通氮气，开启加热系统升温至所需温度。

4. 升温反应

当温度达到200℃时，停止进氮气，开始进液体原料。

保持进料速度不变，在 $160 \sim 300°C$ 之间每隔15℃，稳定 $20min$ 后，取样称量后进行色谱分析，记录尾气量，并记录数据，然后保持温度不变（如 $250°C$），改变进料速度，测定产物含量，并记录数据。

实验完毕，先关反应器，后关冷却水；先关色谱仪，后关闭氢气。

（二）精馏操作

（1）安装精馏塔。装置法兰采用凸凹面，内有聚四氟乙烯垫片，装塔时应对正法兰口，放入后左右不能推动认为已插好，可以对角上紧螺栓。

在连接好后，接上管路接头，在塔顶回流段或釜下通入压缩空气，观察压力计在 $0.10MPa$ 时有无下降，$5min$ 内不降为合格。如有下降要用肥皂水涂各接口处查漏，直至不降为止。

（2）将各部分的控温、测温热电偶放入相应位置的孔内。

（3）检查操作台板面各电路接头，检查各接线端子与线上标记是否吻合。检查仪表柜内接线有无脱落。

（4）加料。进行间歇精馏时，要打开釜的加料口或取样口，加入被精馏的样品；连续精馏初次操作时还要在釜内加入一些被精馏的物质或釜残液。

（5）升温。开启釜热控温开关，调整到所需温度。保温温度调节不要超过物料的沸点，要低于沸点15℃左右，避免形成再沸现象。仪表的具体操作参看仪表操作说明书（AI人工智能工业调节器说明书）。升温注意事项：

①釜热控温仪表的给定温度要高于沸点温度 $20 \sim 30℃$，使加热有足够的温差以进行传

热，其值可根据实验要求而取舍，边升温边调整，当很长时间还没有蒸汽上升到塔头内时，说明加热温度不够高，还需提高，温度过低蒸发量少，没有馏出物，温度过高蒸发量大，易造成液泛；

②还要再次检查是否给塔头通入冷却水，此操作必须在升温前进行，不能在塔顶有蒸汽出现时再通水；

③升温后观察塔釜和塔顶温度变化，当塔顶出现气体并在塔头内冷凝时，进行全回流一段时间后可开始出料；

④有回流比操作时，应开启回流比控制器给定比例（通电时间与停电时间的比值，通常是以"s"计），此比例即采出量与回流量之比；

⑤连续精馏时，在一定的回流比和一定的加料速度下，当塔底和塔顶的温度不再变化时，认为已达到稳定，可取样分析，并收集之。

（6）停车操作。停止操作时，关闭各部分开关，关闭泵，待无蒸汽上升时停止通冷却水。由于塔釜保温较好，釜降温较慢，故停车后还有较多气体在塔顶馏出。

七、试验记录与数据处理

（一）产物的计算方法

$$异丙醇转化率 = \frac{原料异丙醇量 - 液体产物异丙醇量}{原料异丙醇量} \times 100\%$$

$$丙酮收率 = \frac{液体产物丙酮量}{液体产物总量} \times 100\%$$

$$选择性 = \frac{丙酮收率}{异丙醇转化率}$$

（二）原始数据表

保持进料流量不变，改变反应温度，控制异丙醇进料流量为 1.6mL/min。原始数据见表4-1。

表4-1　原始数据表

温度,℃	丙酮含量,%	异丙醇含量,%
222	48.85	39.96
233	58.1	35.8
249	64.88	29.9
263.3	74.25	21.69
275.8	83.9	12.58
283.8	86.57	9.907

（三）异丙醇实验分析报告

（1）温度为222℃时，色谱分析图样如图4-3所示。

（2）当温度为283.8℃时，色谱分析图样如图4-4所示。

（3）当温度为292.2℃时，色谱分析图样如图4-5所示。

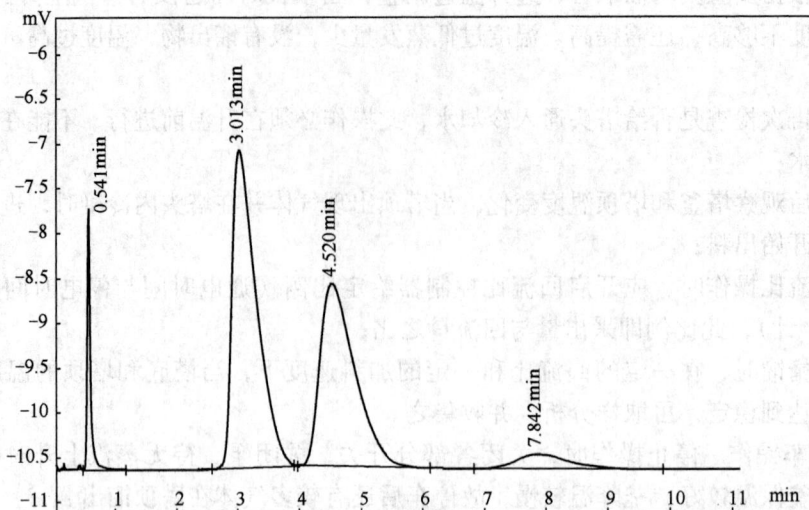

序号	保留时间，min	名称	峰面积,%	峰面积
1	0.541	水	5.753	11534
2	3.013	丙酮	48.85	97951
3	4.520	异丙醇	39.96	80114
4	7.842	未知物	5.436	10900

图 4-3　色谱分析图样（一）

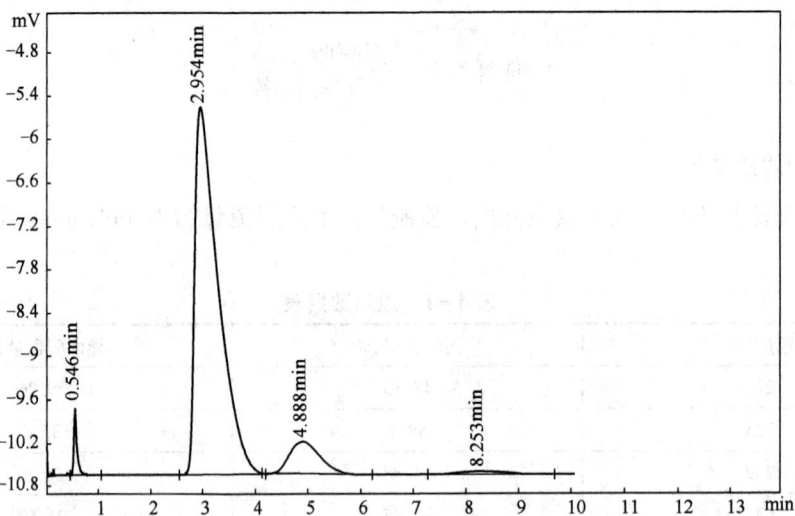

序号	保留时间，min	名称	峰面积,%	峰面积
1	0.546	水	2.217	3994
2	2.954	丙酮	86.57	155972
3	4.888	异丙醇	9.907	17848
4	8.253	未知物	1.301	2343

图 4-4　色谱分析图样（二）

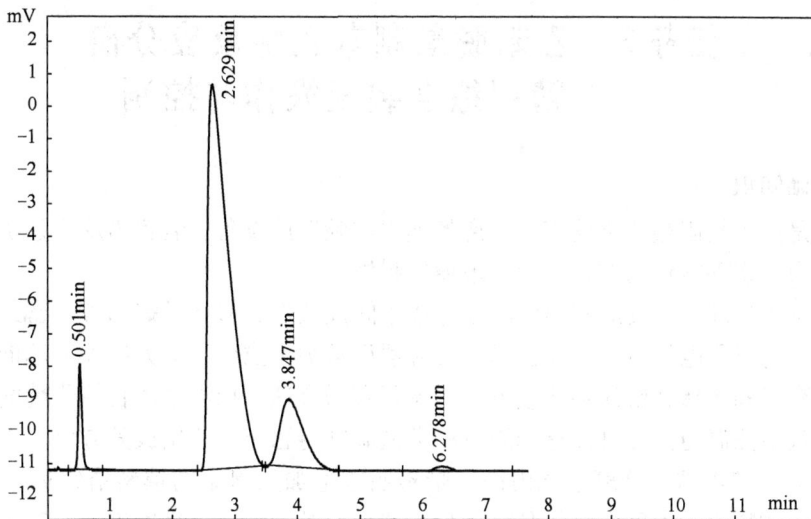

序号	保留时间，min	名称	峰面积，%	峰面积
1	0.501	水	3.936	14089
2	2.629	丙酮	80.07	286585
3	3.847	异丙醇	15.48	55410
4	6.278	未知物	0.5125	1834

图 4-5 色谱分析图样（三）

八、实验讨论

（1）异丙醇脱氢是强烈的吸热反应，从实验中可以看出，当反应器稳定在某个温度下，并开始进料反应时，反应器温度会迅速下降，这时，必须等到反应器温度稳定不再降低时，才能取样分析。

（2）随着进料量的逐渐增多，丙酮的转化率会逐渐降低。

（3）随着温度的上升，丙酮的转化率也随着上升。

九、注意事项

（1）必须熟悉仪器的使用方法。

（2）升温操作一定要有耐心，不能忽高、忽低、乱改、乱动。

（3）流量的调节要随时观察，及时调节，否则温度也不容易稳定。

（4）长期不使用时，应将装置放在干燥通风的地方，如果再次使用，一定要在低电流下通电加热一段时间，以除去加热炉保温材料吸附的水分。

十、故障处理

（1）开启电源开关指示灯不亮，并且没有交流接触器吸合声，则熔断器坏或电源线没有接好。

（2）开启仪表各开关时指示灯不亮，并且没有继电器吸合声，则分熔断器坏或接线有脱落的地方。

（3）开启电源开关有强烈的交流振动声，则是接触器接触不良，反复按动开关可消除。

（4）仪表正常但设备不加热，可能熔断器坏或固态继电器坏。

（5）控温仪表、显示仪表出现四位数字，则告知热电偶有断路现象。

（6）液体泵不进料液时，可能是加料泵泵头前的过滤器堵塞，应清除脏东西，或者是泵内存在气体，应排除空气后再进料。

任务 3 乙苯脱氢制苯乙烯反应分离 精制综合装置操作与控制

一、基础知识

本装置是用于气固相催化反应与分离的模拟实验专用设备。装置为反应系统和精制分离系统，前者由不锈钢材料制作，后者为玻璃填料塔。

反应系统中的固定床反应器为凹凸面连接中间加柔性石墨垫及螺帽拧紧密封，加热采用管式加热炉，为三段电加热，自动控温。反应器可从炉中拉出，能方便地装填催化剂。管路部分采用卡套式和硅橡胶密封垫连接方式，流程布局合理。控温采用智能化精度较高的温度控制仪表。仪表测温与控温可任意选用各种类型温度传感器，使用极其方便。本装置采用带补偿导线的 K 型热电偶，分离系统由两个带透明膜电加热保温的填料塔组成，能稳定地进行连续操作。物料流程为反应物经泵打到预热器，再经过预热汽化后进入反应器，反应产物经直管冷凝器进入气液分离器，液体进入油水分离器，气体进入湿式流量计计量后排空。油层被真空抽到分离系统的第一精馏塔，在塔顶脱出未反应的乙苯，釜液进入第二精馏塔，最后在二塔顶部流出纯度较高的苯乙烯。

二、技术指标

（一）乙苯脱氢反应部分

（1）设备最高使用压力：0.2MPa。

（2）设备最高使用温度：800℃。

（3）固定床反应器尺寸：ϕ40mm，长650mm。

（4）固定床加热炉：ϕ230mm，长650mm。

（5）电磁泵0.79L/h，2台。

（6）回流比控制器2个。

（7）湿式流量计：2L。

（8）催化剂装填量：≤100mL。

（9）塔顶最高操作温度：160℃。

（10）计算机温度控制软件。

（11）气相色谱仪 sp-1000。

（12）色谱工作站 CT-2200。

（13）联想计算机1台。

（14）打印机 HP-1008。

（二）苯乙烯分离部分

（1）塔釜最高操作温度：280℃。

（2）最大操作压力：0.005MPa。

（3）最低操作压力：-0.097MPa。

（4）双塔：塔1，内径20mm，高1.4；塔2，内径15mm，高1.2m，塔体透明导电膜加热保温。

（5）塔釜容积：塔1，500mL；塔2，250mL。

（6）预热器：0.15L

三、流程与面板布置

（一）流程

乙苯脱氢制苯乙烯反应分离精制综合装置流程如图4-6所示。

（二）面板布置

乙苯脱氢制苯乙烯反应分离精制综合装置面板布置如图4-7所示。

四、操作说明

（一）反应系统的操作

1. 催化剂的填装

拆开上下口所有连接接头，将反应器从炉上方拉提出，卸出原装填物，拉出测温 3mm 套管，用丙酮或乙醇清洗反应器内部及套管干净后吹干，连接好下口接头，插入测温套管及催化剂支撑管和不锈钢支撑网，放少许耐高温硅酸铝棉或加入少量粗粒惰性物体。注意装催化剂要将其放在反应器中心位置，最后将上部接头的测温套管安装好，拧紧小螺帽，使测温管不会移动，再卸开下部接头后，放在炉内，连接好上下口接头，插入测温热电偶。

2. 电路检查

检查电路与测温热电偶线路是否位置与标识相符，确认无误后可进行管路试漏（注意第一次全流程管路试漏，此后仅对反应器进行试漏即可）。

3. 气密性检验

充氮后，压力至 0.1MPa，保持 5min，如果压力计不下降为合格，可开始升温操作。如果压力计有下降时，可通过涂拭肥皂水检查各处有气泡否，如有漏点，用扳手拧紧后再试，直至压力不下降为止。

4. 开车

（1）将气液分离器通冷却水。

（2）开启控温开关，仪表有显示。温度控制的数值给定要按仪表的"∧"、"∨"键，在仪表的下部显示出设定值。当给定值和参数值都给定后控制效果不佳时，可将控温仪表参数 CTRL 改为2再次进行自整定。自整定需要一定时间，温度经过上升、下降、再上升、下降，类似于位式调节，很快就达到稳定值。升温时要将仪表参数 0ph 控制在 20，此时加热仅以 20% 的强度进行，电流值不大，以后可提高该值，但不能超过 50，以防止过度加热，而热量不能及时传给反应器则造成炉丝烧毁。控温仪表的使用应仔细阅读 AI 人工智能工业调节器的使用说明书，不能随意改动仪表的参数，否则仪表不能正常进行温度控制。

（3）当温度达到 400℃ 时可开启加料泵，进入一定量的水。达到反应温度后（400～650℃）维持一定时间，再进乙苯（或根据催化剂的性能要求进行升温操作）。

（4）记录温度、压力、原料消耗及产物产量。

（5）控温注意事项：

①反应器控温是依靠插在电炉中的热电偶传感器传导毫伏信号而进行的，这时因它在加热区内，温度要比反应器内温度高许多，调整温度给定值，则可达到床内反应温度要求，经过数次测试即可找到最佳温度给定值；如不理想，可先进行仪表自整定操作，还不理想，再检查热电偶插入位置是否合适；

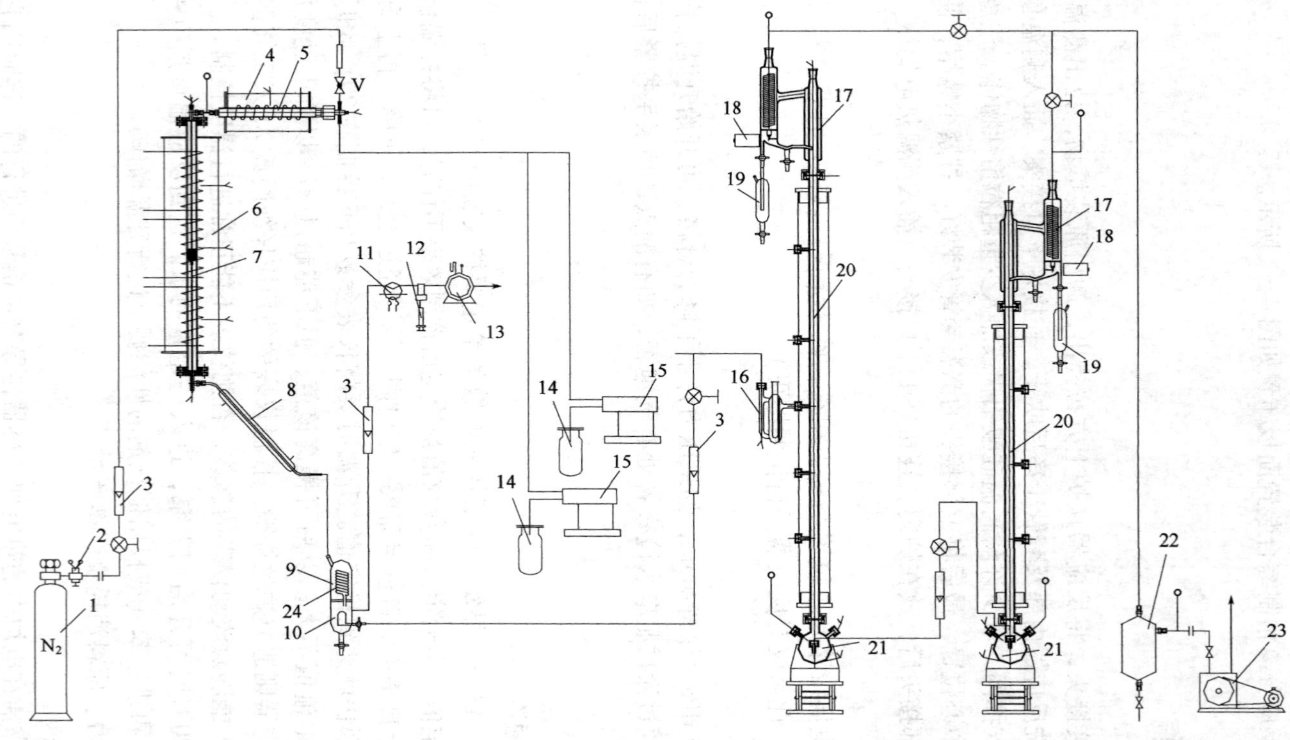

乙苯脱氢	
名称	单位

PI—压力计；V—截止阀；1—钢瓶；2—减压阀；3，—转子流量计；4—预热炉；5—预热器；6—反应炉；7—反应器；8—冷凝器；9—气液分离器；10—油水分离器；11—六通阀；12—取样器；13—湿式流量计；14—加料管；15—柱塞泵；16—预热器；17—塔头；18—磁铁；19—收集器；20—塔体；21—塔釜；22—缓冲罐；23—真空泵；24—蛇形冷凝管

图4-6　乙苯脱氢制苯乙烯反应分离精制综合装置流程

压力表 塔1塔顶测压

压力表 塔1塔釜测压

塔1真空调节

压力表 塔2塔顶测压

压力表 塔2塔釜测压

塔2真空调节

床预热

床测温

塔1预热

塔2塔顶测温

塔2塔釜测温

塔2釜

塔1塔顶测温

塔1塔釜测温

塔1釜

床上段 床中段 床下段

塔1回流

塔1上保 塔1下保 塔2上保 塔2下保

开 关

塔2回流

床预热 床测温 床上段 床中段 床下段

塔1预热 泵1 泵2

塔1上保温 塔1下保温 塔2上保温 塔2下保温

塔1回流 塔1塔顶测温 塔1塔釜测温 塔2回流 塔2塔顶测温 塔2塔釜测温

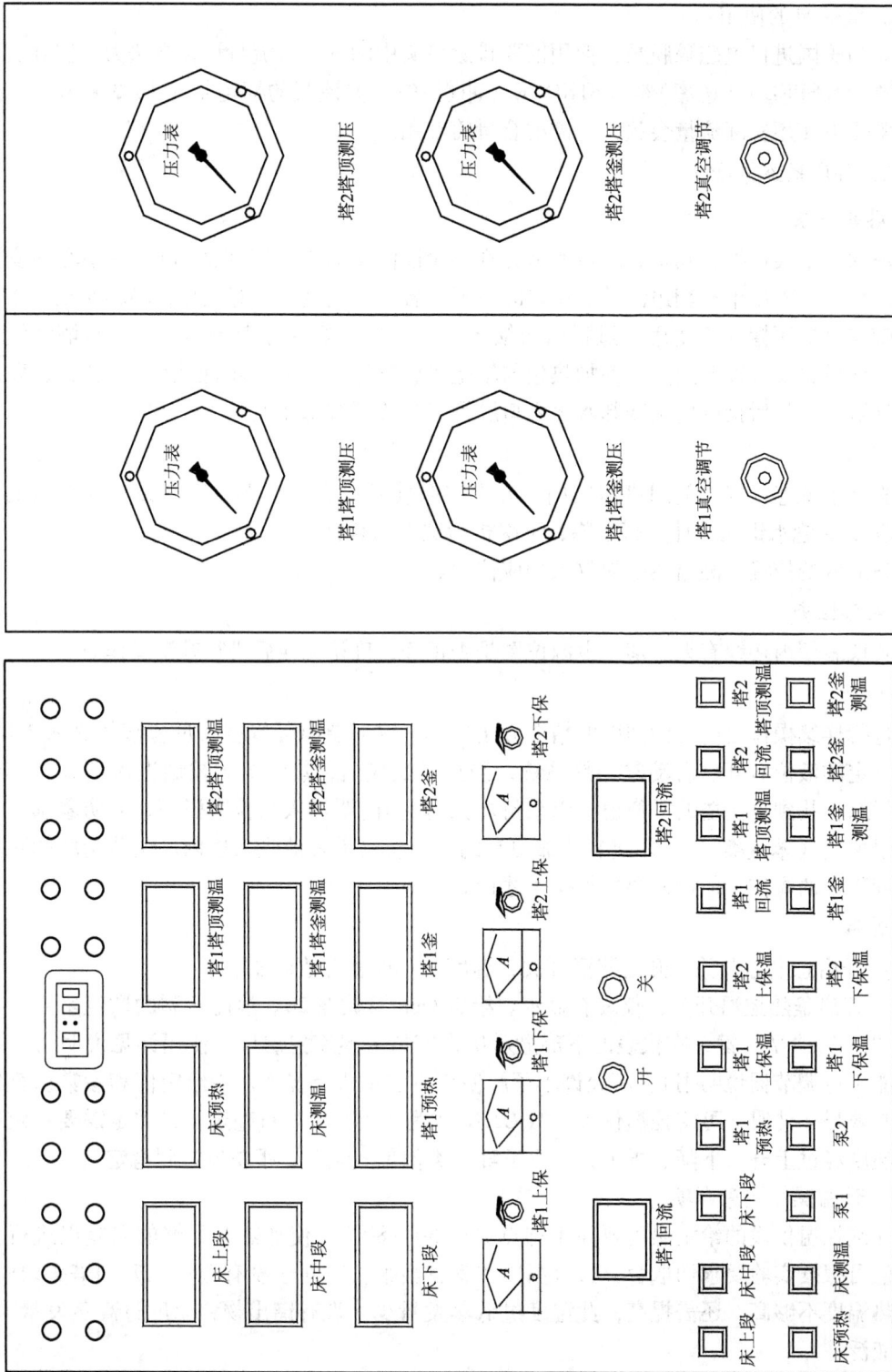

图4-7 乙苯脱氢制苯乙烯反应分离精制综合装置面板布置

— 177 —

②实验操作时不得离人，实验进行时要不停地观察水进料泵工作是否正常，因为一旦停水，反应器里的催化剂就会失活。

（6）液体泵的使用：

该泵为美国进口电磁隔膜泵，使用前要排除泵头中的气体。流量计算方法为：实际流量＝最大流量×SPEED（速率)% ×STROKE（冲程)%，但该泵的标定是在 $10.3 \times 10^5 Pa$ 下，所以在常压下使用实际流量会放大，需配合量筒使用。

（二）分离系统的操作

1. 塔的安装

在塔的各个接口处，凡是有磨口的地方都要涂以活塞油脂（真空油脂），并小心地安装在一起。另外，若用带有翻边法兰的接口时，要将各塔节连接处放好垫片，轻轻对正，小心地拧紧带螺纹的压帽（不要用力过猛以防损坏）这时要上好支撑卡子螺钉，调整塔体使整体垂直，此后调节升降台距离，使加热包与塔釜接触良好（注意，不能让塔釜受压），以后再连接好塔头，最后接好塔头冷却水出入口胶管（操作时先通水）。

2. 连接

将真空系统连接好，关闭进料阀门，开真空泵使塔内有一定真空度，关闭真空系统阀门，观察 U 形管水银压力计是否下降，下降极为缓慢为合格。

将各部分的控温、测温热电偶放入相应位置。

3. 电路检查

检查仪表柜内接线有无脱落，电源位置是否正确，确认无误后进行升温操作。

4. 加料

未进行连续操作之前可做间歇的精馏方法操作。这时要靠低真空将反应液体吸入 1 塔，釜内有一定的液位后开始启动釜加热系统，当正常反应后，靠调节阀控制进入量（转子流量计有指示，找到进出塔的平衡值，以维持之），操作前要加入几粒陶瓷环，以防暴沸，还要加入阻聚剂（苯醌类）。二塔进料要靠更高的真空将塔 1 釜液吸入塔内。调节两塔的真空度可达到稳定的操作，但控制要仔细操作才行。

5. 升温

（1）开启总电源开关，开启测温开关，温度显示仪表有数值显示。

（2）开启釜热控温开关，仪表有显示。给定 Oph 参数在 20。温度控制的数值给定要按仪表的"∧"、"∨"键，在仪表的下部显示出设定值。温度控制仪的使用详见说明书（AI 人工智能工业调节器说明书），不允许不了解使用方法就进行操作。当给定值和参数值都给定后控制效果不佳时，可将控温仪表参数 CTRL 改为 2 再次进行自整定。自整定需要一定的时间，温度经过上升、下降、再上升、再下降，类似位式调节，很快就达到稳定值。

（3）升温操作注意事项：

①釜热控温仪表的给定温度要高于沸点温度 50～80℃，使加热有足够的温差以进行传热，其值可根据实验要求而取舍，边升温边调整，当很长时间还没有蒸汽上升到塔头内时，说明加热温度不够高，还需提高，此温度过低蒸发量少，没有馏出物；温度过高蒸发量大，易造成液泛；

②还要再次检查是否给塔头通入冷却水，此操作必须在升温前进行，不能在塔顶有蒸汽出现时再通水，这样会造成塔头炸裂；

③当釜已经开始沸腾时，打开上、下段保温电源，顺时针方向调节保温电流给定旋钮，使电流维持在0.2～0.3A之处（注意电流不能过大，过大会造成过热，使加热膜受到损坏，另外还会造成因塔壁过热而变成加热器，回流液体不能与上升蒸气进行气液相平衡的物质传递，反而会降低塔分离效率）；

④升温后观察塔釜和塔顶温度变化，当塔顶出现气体并在塔头内冷凝时，进行全回流一段时间后可开始出料；

⑤用回流比操作时，应开启回流比控制器给定比例（通电时间与停电时间的比值，通常是以秒计，此比例即采出量与回流量之比）；

⑥与反应连接后的操作要比单塔连续精馏复杂得多，要在反应系统操作一段时间在油水分离器内有一定液面后才能进料，同时要控制好两塔的真空度和加料量，更要控制好两釜液体的采出量，以保持釜的液位在一定的位置上；回流比的确定要以流出物的分析结果来决定，当塔底和塔顶的温度不再变化时，认为已达到稳定，可取样分析，并收集之。

五、停止操作

当操作结束时，先关闭塔壁保温电源并将电位器旋至0点处（一定要进行这一操作，否则下次开车会发生突然有大电流输入造成危险）关闭真空泵，无蒸汽上升时停止通冷却水。

对反应部分要停止加料（乙苯），通水与通氮气吹扫，降温至200℃后再停车。

六、故障处理

（1）开启电源开关指示灯不亮，并且没有交流接触器吸合声，则熔断器坏或电源线没有接好。

（2）开启仪表等各开关时指示灯不亮，并且没有继电器吸合声，则分熔断器坏，或接线有脱落的地方。

（3）控温仪表、显示仪表出现四位数字，则告知热电偶有断路现象。

（4）仪表显示温度为负值，热电偶接线反相。

（5）开电源后接触器有嗡嗡交流响声，有杂质落入，反复启动可消除。

（6）真空度下降或尾气无流量指示，塔或反应系统漏气与加料泵漏液。

任务4　仲丁醇脱氢生产甲乙酮装置操作与控制

一、基础知识

甲乙酮也称甲基乙基甲酮（Methyl Ethyl Ketone，简称MEK）或称为2-丁酮（2-Butanone），分子式为C_4H_8O，相对分子质量72.11，结构式为$CH_3(C_2H_5)CO$，沸点79.6℃，密度（20℃）0.8049，爆炸极限下限1.8%，上限10.1%，水中溶解度26.8%。它是一种重要的工业溶剂，由于沸点适中，溶解性能好，挥发速度快，无毒，在工业上有广泛用途，主要做涂料溶剂、粘合剂与洗涤剂、润滑油脱蜡剂、硫化促进剂、中间体等。另外，也可做植物油萃取、炼厂共沸分离剂、制药与合成革、磁带等的溶剂使用。

它的生产大多数采用正丁烯水和制仲丁醇，再由仲丁醇催化脱氢的工艺路线，脱氢法占生产中的90%，故气固相催化脱氢法是生产该产品的重要环节。

二、反应原理

在催化剂的作用下，仲丁醇可在 $200 \sim 300℃$，常压下脱氢吸热生成甲乙酮，并产生大量氢气，反应热为 51kJ/mol。

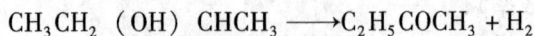

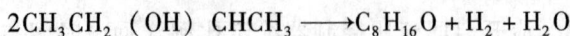

$$CH_3CH_2（OH）CHCH_3 \longrightarrow C_2H_5COCH_3 + H_2$$

$$CH_3CH_2（OH）CHCH_3 \longrightarrow CH_3CH = CHCH_3 + H_2O$$

$$2CH_3CH_2（OH）CHCH_3 \longrightarrow C_8H_{16}O + H_2 + H_2O$$

后者为乙基戊基酮和 3，4－二甲基－2－己酮异构体（沸点均在 $167 \sim 158℃$）。甲乙酮与水能形成共沸物：水为 88%，共沸点 $73.4℃$；水与正己烷形成共沸物，水 29.5%，正己烷 70.5%，共沸点 $64.2℃$，故分离反应产物时先采用共沸精馏分离因发生副反应时生成的水。

反应转化率和收率的计算公式为：

$$转化率 = \frac{原料仲丁醇物质的量 - 产物仲丁醇物质的量}{原料仲丁醇物质的量} \times 100\%$$

$$收率 = \frac{产物甲乙酮物质的量}{原料仲丁醇物质的量} \times 100\%$$

采用 Cu－Zn 基－SiO 催化剂，装填 100mL，在 $200 \sim 290℃$下，进料控制 $0.8 \sim 1.2$L/h，反应装置为固定床，反应后的产物在冷凝器和汽液分离器内冷凝分离，如果冷却水温度不够低，则要在分离器出口的冷凝器内通制冷剂，使甲乙酮冷却回收在产物储罐内。

将产物用泵打入第一精馏塔，该塔直径为 $\phi38$mm，高为 2m，填料 $\phi2.5$mm $\times 2.5$mm 网环，在该塔出口有回流控制器。另外，加入正己烷，控制一定回流比，有部分采出经分相器后排出水，另一部分油相返回塔内，在准确的控制条件下，边进料边脱水，同时补充部分正己烷，第一塔底排出料中不含水与正己烷，进入储罐内，用泵打入第二精馏塔内，控制塔回流比，塔顶即排出符合溶剂要求的甲乙酮。

三、工艺流程与面板布置图

（一）工艺流程

仲丁醇脱氢生产甲乙酮装置工艺流程如图 4－8 所示。

（二）面板布置

仲丁醇脱氢生产甲乙酮装置面板布置如图 4－9 所示。

四、分析条件

反应原料与产物均系用气相色谱仪进行分析。色谱仪使用条件如下：

（1）热导检测器：桥流 100mA。

（2）载气：H_2。

（3）柱前压：0.18MPa。

（4）柱温：100℃。

（5）汽化器：120℃。

（6）检测器：120℃。

（7）色谱柱：GDX－104，$\phi3$mm $\times 2000$mm。

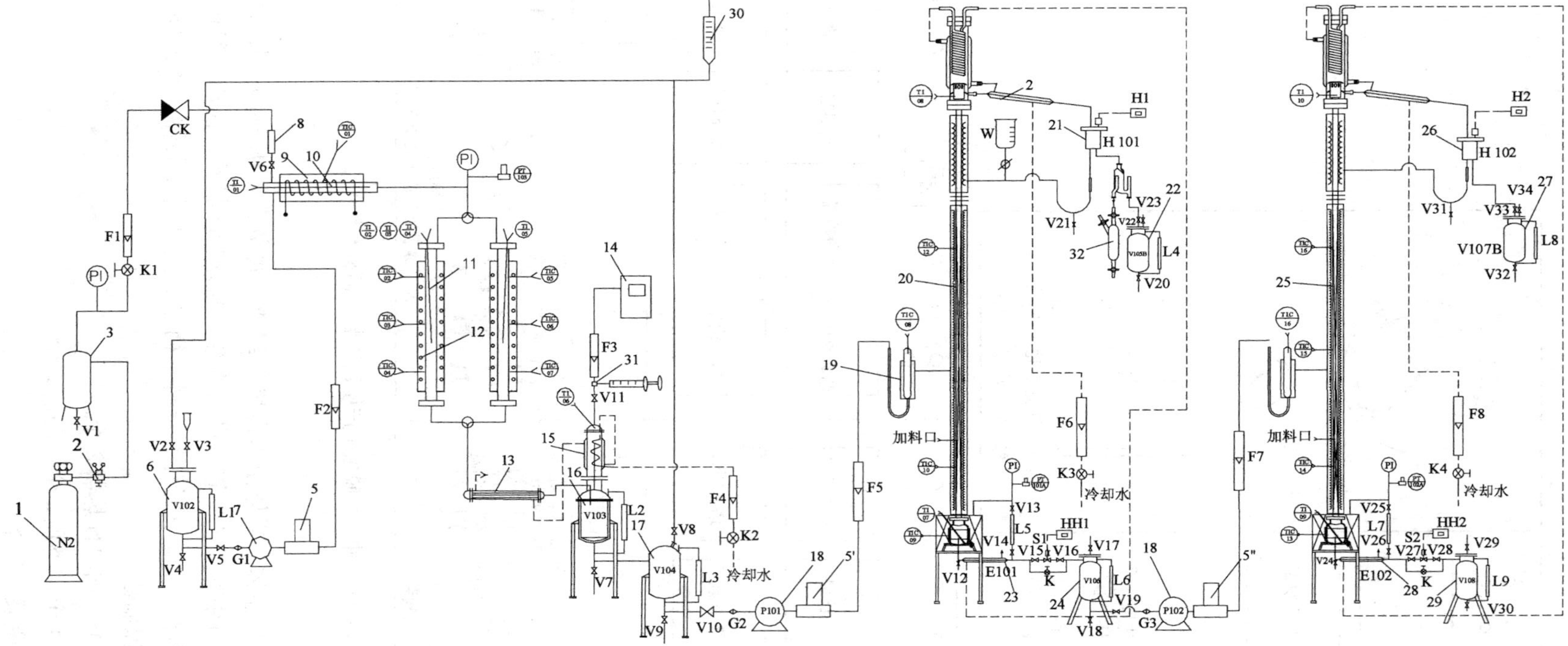

图4-8 仲丁醇脱氢生产甲乙酮装置工艺流程图

PI—压力计; TIC—控温热电偶; TI—测温热电偶; S₁₋₂—电磁阀; K₁₋₄—调节阀; F₁₋₈—转子流量计; L₁₋₉—液面计 1—N₂气体钢瓶; 2—减压阀; 3—氮气缓冲罐; 4—加料斗; 5—阻尼器; 6—原料罐; 7—仲丁醇加料泵; 8—缓冲罐; 9—预热炉; 10—预热器; 11—反应器; 12—反应器; 13—冷凝器; 14—煤气表; 15—二次冷凝器; 16—汽液分离罐; 17—粗产品储罐; 18—精馏塔加料泵; 19—预热器; 20—精馏塔; 21—塔—精馏塔; 22—塔—塔顶馏出物储罐; 23—塔—釜液储罐; 24—塔—回流罐; 25—精馏塔二; 26—塔二回流器; 27—塔二塔顶馏出物加料罐; 28—塔二塔顶馏出物储罐; 29—塔二塔底冷却器; 30—阻火器; 31—取样口; 32—收集瓶; V1~V34—截止阀; G1~G3—过滤器; H1~H2—回流控制器; HH1~HH2—排料控制器; W—共沸剂储瓶

— 181 —

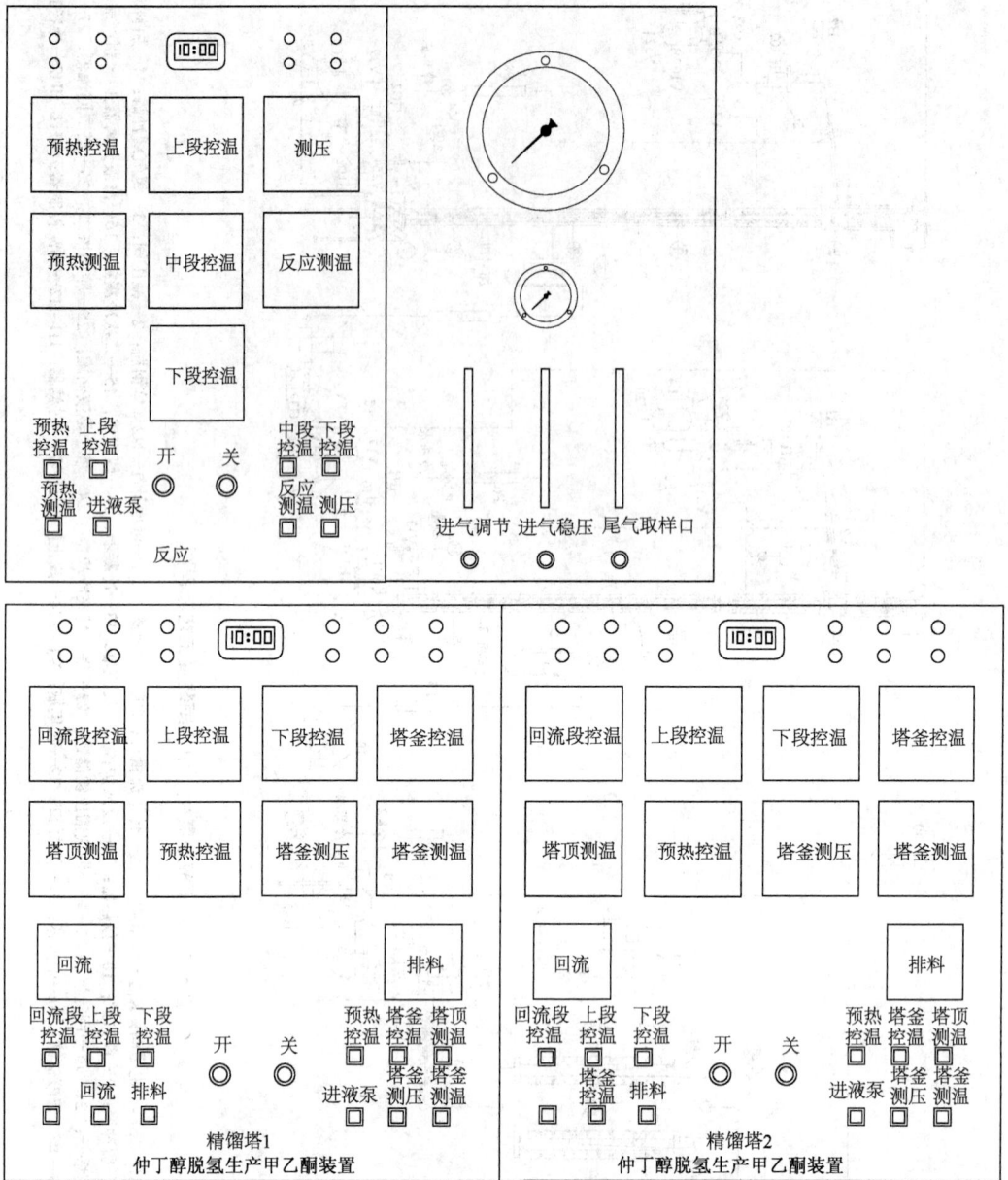

图4-9 仲丁醇脱氢生产甲乙酮装置面板布置图

五、主要配置

(1) 塔（塔一和塔二）主体：塔体由多段塔节组成，每节直径 φ38mm，共有两节，另有回流段 600mm；每段塔节中部有控温管，塔头为套管与盘管冷凝器，换热面积 0.8m²。

塔釜容积 5L，自动控温。设备中配有釜排料平衡管、釜排料冷凝器、釜液面计。塔釜外部有两段控温加热件和保温套。

(2) 回流比控制器 2 个，加料预热器 2 个。

(3) 馏出液储罐 4L，4 个，塔顶 2 个，塔底 2 个。

(4) 液体加料泵为电磁泵，3 台。

（5）压力变送器 3 个。

（6）填料为 2.5×2.5，316L 不锈钢网环。

（7）冷却水转子流量计 3 个，LZB-10，6~60L/h，所有设备均放在架板上。

（8）预热器 φ20mm，长 30mm，1 个，预热炉 1.5kW，1 个。

（9）固定床管式反应器 φ30mm，长 1200mm，2 个（其中 1 个备用）。

（10）反应器加热炉，三段加热，每段功率 2kW，2 个（其中 1 个备用）。

（11）湿式流量计 2L，1 台。

（12）电磁阀及排料控制系统 2 套。

（13）计算机数据采集与温度控制软件 1 套。

（14）气相色谱仪 SP1000 1 台。

（15）色谱工作站 CT-2200 1 套。

（16）联想商用计算机 1 台。

（17）惠普打印机 HP1008，1 台。

六、反应部分操作

（一）催化剂装填

由于反应器直径较大，两端密封螺帽难以拧紧，故必须在钳台上进行操作，催化剂装填要在振动情况下从上部倒入，反应器结构如图 4-10 所示。

将反应器用丙酮或乙醇擦拭干净后，插入热电偶套管，调整支撑架高度，使管靠向下部，在支架上部放有 80~100 目的不锈钢网，网上添加玻璃棉（高硅铝棉），用不锈钢管 φ14mm 插入，测量高度后记录该值，并在反应器外部做一记号（注意此时必须先将反应器下部的接头拧上，并将热电偶套管的螺帽拧紧，使套管不再移动，否则套管在装填催化剂时要移动，不能准确定位）。此后添加催化剂，边装边振动反应器，使催化剂均匀堆积，不形成架桥现象。当加入 100mL 催化剂（取一定量，电催化剂堆密度决定，不能太多）再量一下床层高度并记录。之后加玻璃棉，拭干净密封头后拧紧接头，并用力拧紧大螺帽，最后装入反应炉内，接上进出口（注意操作时要观察出入口接头位置是否与现场一致，不一致要调整过来，免去在现场调整）。

（二）试漏

在开车前首先对设备进行试漏，应认真进行，将压缩气体接入
氮进气口，如果使用氮气钢瓶，要通过减压阀，调整进气，使流量维持最低进气即可。在尾气流量计出口加盲垫，使系统密闭，进气维持压力在 0.05MPa，关闭进气阀，停留 5min，开启测压电源，在仪表上有压力数值显示（压力表上也有指示），当压力不下降时认为合格，可开启各路阀门，后检查电路。

（三）电路检查

将各热电偶插入相应位置，开启各路电源，此时控制和测定温度仪表上均有数值显示，

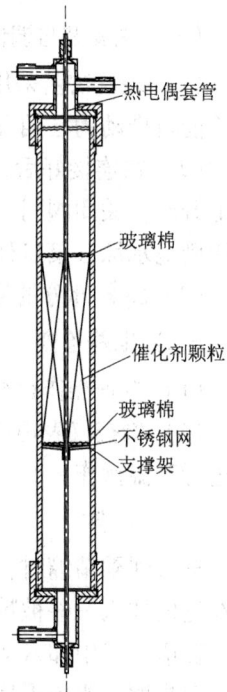

图 4-10 反应器结构

（图中标注：热电偶套管、玻璃棉、催化剂颗粒、玻璃棉、不锈钢网、支撑架）

分别拔掉热电偶插件，在相应的仪表上有四位数闪烁，说明连接正确，再将热电偶插回原插件内，把所有的热电偶检查完毕后可通氮气，开启加热系统升温至所需温度。

（四）催化剂的还原、活化、再生

（1）新鲜催化剂需在维持一定氢气流量下进气，在 160~180°C 下维持 4~6h，使催化剂组分还原为金属态，此后可通原料液体进行脱氢反应。

（2）当催化剂失活转化率降低时，可通入 N_2 和少量 O_2，控制 O_2 在 5% 左右，可慢慢升温，控制升温速度不大于 60°C，控制尾气中 CO_2 低于 8%，并在 280°C 维持相当时间，直至无 CO_2 生成为合格，再次用 N_2 置换 H_2 还原，切勿通入过多氧气，使催化剂升温超过控制温度要求，造成催化剂无法再生。

（五）升温反应

当温度达到 200°C 时，开始进液体原料。液体原料进料速度由反应床催化剂装量决定，一般选用空速 $2h^{-1}$，当催化剂优良时可选 $4h^{-1}$，不佳时选 $1~2h^{-1}$，由此决定进料量。

进料中可观察转子流量计转子是否升上来，以确定是否有料进入反应器内。

七、分离部分操作方法

（一）塔安装与调试

（1）装置法兰采用凸凹面，内有柔性石墨垫片，装塔时应对正法兰止口，插入后以左右不能再推动为已插好，可以用对角法上紧螺栓。

（2）在连接好后，接上管路接头，在塔顶回流段或釜下通入压缩空气或氮气，压力不再上升时，关闭阀门，观察压力计在 0.1MPa 下有无下降，5min 内不降为合格。如有下降则要用肥皂水涂各接口处查漏，直至不降为止，方可进行试验。

（3）将各部分的控温、测温热电偶放入相应位置的孔内。

（二）电路检查

（1）检查操作台板面各电路接头，检查各接线端子与线上标记是否吻合。

（2）检查仪表柜内接线有无脱落，电源的相线、零线、地线位置是否正确。确认无误后进行升温操作。

（三）加料

进行间歇精馏时，要打开釜的加料口或取样口，加入被精馏的样品；连续精馏开车时还要在釜内加入一些被精馏的物质或釜残液。

在塔一釜中加入适量仲丁醇脱氢产物或塔釜残液与正己烷的混合液，加入量要没过加热管一定高度，避免干烧；在塔二釜中加入塔一釜流出液或塔二釜残液，加入量要没过加热管一定高度；在分相器中加入适量的水和正己烷，产生分层，正己烷和水的高度分配可通过调节出水管的高度调节。

（四）升温

（1）合总电源开关。

（2）开启釜热控温开关，仪表有显示之后，调节加热通电时间比，其方法是：按住仪表上键 3s，进入菜单，再按则出现 HIAL、LOA1 等参数，直至出现 OPH 参数时，通过上下加减键，限制 OUTP 调节输出最大值的百分比，设定范围为 0~110%，百分比越大，加热越快。调节比例时，应从低逐渐增高。停车时，最好将 OPH 退回至 0 或较低的参数，避免下次启动时，加热太猛，毁坏电加热元件。

当给定值和参数都给定后，若控制效果不好时可按住设置键，使 CTLR 为 2，即可重新自整定。通常自整定需要一定的时间和温度，其值上升、下降、再上升、再下降，经过类似位式控制方式很快达到稳定值。

（3）升温操作注意事项：

①釜热控温仪表的给定温度要高于沸点温度一定温度，使加热有足够的温差以进行传热，其值可根据实验要求而取舍，边升温边调整，当很长时间还没有蒸汽上升到塔头内时，说明加热温度不够高，还需提高，此温度过低蒸发量少，没有馏出物，温度过高蒸发量大，易造成液泛；

②检查是否给塔头通入冷却水，此操作必须在升温前进行，不能在塔顶有蒸汽出现时再通水。

（4）加热塔一塔釜，设定温度 95～110℃，逐渐升高，加热通电时间比例设为 50%，当釜已经开始沸腾时，各塔节开始陆续升温，打开各塔节保温电源，根据各塔节温度设定保温温度（注意：温度不能过高，过高会造成过热，也会因塔壁过热而变成加热器，回流液体不能与上升蒸汽进行气液相平衡的物质传递，反而会降低塔分离效率）。

（5）升温后观察塔釜和塔顶温度变化，当塔顶出现气体并在塔头内冷凝时，进行全回流一段时间后，待塔顶塔釜温度稳定后（塔釜温度 83℃左右，塔顶温度 61.5℃左右），可开始出料。

（6）有回流比操作时，应开启回流比控制器，按下控制柜上回流按钮，给定比例（通电时间与停电时间的比值，通常是以秒计，此比例即回流量与采出量之比）为 12:2，塔顶开始出料，塔顶出料在分相器中分层，正己烷进收集瓶，然后通过共沸剂高位槽返回塔内。

（7）塔釜开始出料时，按下控制柜上排料按钮，设定出料比例（通电时间与断电时间的比例，通常以秒计，通电时间即为出料时间）为 3:2，出料比例根据塔釜液位的高低调节，以保持塔釜液位稳定。

（8）连续精馏时，在一定的回流比和一定的加料速度下，当塔底和塔顶的温度不再变化时，认为已达到稳定，可取样分析，并收集之。本试验中正己烷的加入量多或少都会影响分离效果，若塔底水含量增高，说明正己烷加入量少了，可通过塔顶加正己烷的管加入适量的正己烷，若塔顶组成甲乙酮含量增高，说明正己烷加入量多了，可通过正己烷收集罐放出一定量正己烷，待塔顶和塔釜温度保持不变，且塔釜水含量低于 1%，则系统达到稳定。

（9）加热塔二塔釜，设定温度由 90～120℃ 逐渐升高，加热通电时间比例设为 50%，当釜已经开始沸腾时，各塔节开始陆续升温，打开各塔节保温电源，根据各塔节温度设定保温温度，待塔顶有上升蒸汽后，全回流一段时间，待塔顶塔釜温度稳定后（塔釜温度 93℃左右，塔顶温度 75℃左右），开始进料。

（10）设定回流比 8:1，开始排料，根据分析塔顶组成，调节回流比，若塔顶组成中含仲丁醇过高，则加大回流比，也可能是蒸发量过大，可降低塔釜控温；开启塔釜电磁阀，开始排料，通过设定排料比例，保持塔釜液位稳定，待塔釜塔顶温度稳定后，可以开始收集塔顶出料。

（五）停止操作

停止操作时，关闭各部分开关，关闭泵，待无蒸汽上升时停止通冷却水。由于塔釜保温较好，釜降温较慢，故停车后还有较多气体在塔顶馏出。

八、故障处理

（1）开启电源开关指示灯不亮，并且没有交流接触器吸合声，则熔断器坏或电源线没有接好。

（2）开启仪表等各开关时指示灯不亮，并且没有继电器吸合声，则分熔断器坏，或接线有脱落的地方。

（3）控温仪表、显示仪表出现四位数字，则告知热电偶有断路现象。

（4）仪表正常但电流表没有指示，可能是熔断器坏或固态变压器、固态继电器坏。

（5）操作中有强烈的交流响声，交流接触器吸合不良，可反复开启电源开关，如果多此操作仍不消失，需拆换。

（6）压力突然下降，有大漏点，停止操作，进行检查。

思 考 题

1. 简述苯甲酸的性质和用途。

2. 苯甲酸制备实训装置由哪两个主要的设备组成？

3. 苯甲酸制备实训装置采用鼓泡反应器的原因是什么？

4. 苯甲酸制备实训装置采用精馏塔的原因是什么？

5. 操作苯甲酸制备实验装置的准备工作有哪些？

6. 苯甲酸制备实验装置的开停车操作。

7. 丙酮的性质及用途？

8. 生产中，丙酮的制备和来源有哪些？

9. 脱氢反应及分离实训的原理是什么？

10. 脱氢反应及分离实训中分析丙酮和异丙醇的方法是什么？

11. 简述脱氢反应及分离实训中在反应操作中试漏的过程。

12. 简述苯乙烯的物理性质。

13. 苯乙烯的用途有哪些？

14. 简述乙苯脱氢生产苯乙烯的原理。

15. 简述甲基乙基甲酮的物理性质。其用途有哪些？

16. 简述仲丁醇脱氢生产甲乙酮的反应原理。

17. 简述仲丁醇脱氢生产甲乙酮装置的操作。

学习情境五 合成氨装置操作与控制

学习目标

一、能力目标

(1) 具有从专业书籍、操作手册和网络等途径获取专业知识的能力；

(2) 能看懂专业操作规程，能进行设备标志识别，能读懂设备流程图；

(3) 能够从事合成氨装置的开车和停车操作；

(4) 能进行合成氨装置异常工况的处理操作；

(5) 具有合成氨装置基本操作技能和化工工艺指标分析能力；

(6) 具有与人沟通、合作的能力。

二、知识目标

(1) 掌握氨合成裂解工艺基本理论；

(2) 了解合成氨装置生产工艺流程；

(3) 掌握合成氨装置特点；

(4) 了解氨产品性质、用途；

(5) 了解氨生产特点；

(6) 掌握化工操作基本知识、安全用电常识、环保常识和安全生产常识。

三、素质目标

(1) 具有吃苦耐劳、爱岗敬业的职业素质；

(2) 具有团队协作的精神和石油化工行业的职业道德；

(3) 具有不伤害自己、不伤害他人、不被他人伤害的安全意识；

(4) 具有环境意识、社会责任感、参与意识和自信心；

(5) 具备大胆创新精神；

(6) 具备锲而不舍、不怕困难的素质，面对失败能勇于承担责任的精神。

任务描述

合成氨置装置的操作由外操作人员和内操作人员共同完成，内操作人员通过控制 DCS 操作系统在外操作人员的协助下完成。

通过氨合成装置仿真操作系统让学生懂得氨合成装置工艺流程与原理，学会装置的可停车操作并能够对异常工况进行分析和处理。

要求学生以小组为单位根据装置生产情况和装置的开车、停车及事故处理的运行操作规程，制定出工作计划，完成仿真操作；能够分析和处理操作中遇到的异常情况，最后写出工作报告。根据本项目工作任务单要求详细计划每一个工作过程和步骤，以小组为单位制定一份完成工作任务的实施方案，任务完成后撰写一份工作报告。

任务 1　合成氨的基本原理

氨的合成是氨厂最后一道工序，任务是在适当的温度、压力和有催化剂存在的条件下，将经过精制的氢氮混合气直接合成为氨。然后将所生成的气体氨从未合成为氨的混合气体中冷凝分离出来，得到产品液氨，分离氨后的氢氮气体循环使用。

一、氨合成反应的特点

氨合成的化学反应式如下：

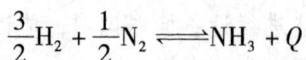

$$\frac{3}{2}H_2 + \frac{1}{2}N_2 \Longleftrightarrow NH_3 + Q$$

这一化学反应具有如下几个特点：

（1）是可逆反应。即在氢气和氮气反应生成氨的同时，氨也分解成氢气和氮气。

（2）是放热反应。在生成氨的同时放出热量，反应热与温度、压力有关。

（3）是体积缩小的反应。

（4）反应需要有催化剂才能较快地进行。

二、氨合成反应的化学平衡

（1）平衡常数。氨合成反应的平衡常数 K_p 可表示为：

$$K_p = \frac{p(NH_3)}{p^{1.5}(H_2) \cdot p^{0.5}(N_2)}$$

式中　$p(NH_3)$、$p^{1.5}(H_2)$、$p^{0.5}(N_2)$ ——平衡状态下氨、氢、氮的分压。

由于按合成反应是可逆、放热、体积缩小的反应，根据平衡移动定律可知，降低温度，提高压力，平衡向生成氨的方向移动，因此平衡常数增大。

（2）平衡氨含量。反应达到平衡时按氨在混合气体中所占的百分含量，称为平衡氨含量，或称为氨的平衡产率。平衡氨含量是在给定操作条件下，合成反应能达到的最大限度。

计算平衡常数的目的是为了求平衡氨含量。平衡氨含量与压力、平衡常数、惰性气体含量、氢氮比例的关系如下：

$$\frac{Y(NH_3)}{[1 - Y(NH_3 - Y_i)]^2} = K_p \cdot p \frac{r^{1.5}}{(1+r)^2}$$

式中　$Y(NH_3)$ ——平衡时氨的体积分数；

　　　Y_i ——惰性气体的体积分数；

　　　p——总压力，Pa；

　　　K_p——平衡常数；

　　　r——氢氮比例。

由上述关系可见，温度降低或压力升高时，等式右方增加，因此平衡氨含量也增加。所以，在实际生产中，氨的合成反应均在加压下进行。

三、氨合成动力学

（一）反应机理

氮与氢自气相空间向催化剂表面接近，其绝大部分自外表面向催化剂毛细孔的内表面扩散，并在表面上进行活性吸附。吸附氮与吸附氢及气相氢进行化学反应，一次生成 NH、NH$_2$、NH$_3$。后者至表面脱附后进入气相空间。整个反应过程表示如下：

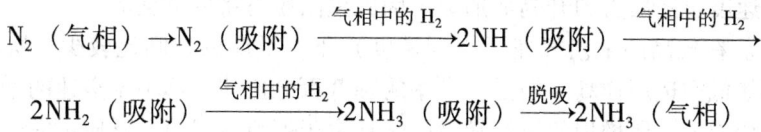

$$N_2（气相）\rightarrow N_2（吸附）\xrightarrow{\text{气相中的 } H_2} 2NH（吸附）\xrightarrow{\text{气相中的 } H_2}$$

$$2NH_2（吸附）\xrightarrow{\text{气相中的 } H_2} 2NH_3（吸附）\xrightarrow{\text{脱吸}} 2NH_3（气相）$$

在上述反应过程中，当气流速度相当大，催化剂粒度足够小时，外扩散和内扩散因素对反应影响很小，而在铁催化剂上吸附氮的速度在数值上很接近合成氨的速度，即氮的活性吸附步骤进行得最慢，是决定反应速度的关键，也就是说氨的合成反应速度是由氮的吸附速度所控制的。

（二）反应速度

反应速度是以单位时间内反应物质浓度的减少量或生成物质浓度的增加量来表示。在工业生产中，不仅要求获得较高的氨含量，同时还要求有较快的反应速度，以便在单位时间内有较多的氢和氮合成为氨。

根据氮在催化剂表面上的活性吸附是由氨合成过程的控制步骤、氮在催化剂表面成中等覆盖度、吸附表面很不均匀等条件决定，捷姆金和佩热夫导得速度方程式如下：

$$W = k_1 p(N_2)\frac{p^{1.5}(H_2)}{p(NH_3)} - k_2 \frac{p(NH_3)}{p^{1.5}(H_2)}$$

式中 W——反应的瞬时总速度，为正反应和逆反应速度之差；

  k_1、k_2——正、逆反应速度常数；

  $p(H_2)$、$p(N_2)$、$p(NH_3)$——氢、氮、氨气体的分压，kPa。

（三）内扩散的影响

当催化剂的颗粒直径为 1mm 时，内扩散速度是反应速度的百倍以上，故内扩散的影响可忽略不计。但当半径大于 5mm 时，内扩散速度已经比反应速度慢，其影响就不能忽视了。催化剂毛细孔的直径越小和毛细孔越长（颗粒直径越大），则内扩散的影响越大。

实际生产中，在合成塔结构和催化层阻力允许的情况下，应当采用粒度较小的催化剂，以减小被扩散的影响，提高内表面利用率，加快氨的生成速度。

四、影响合成塔操作的各种因素

（一）影响合成塔反应的条件

催化的合成反应可表示为：

$$N_2 + 3H_2 \longrightarrow 2NH_3$$

在推荐的操作条件下，合成塔出口气中氨含量约 13.9%（分子）没有反应的气体循环返回合成塔，最后仍变为产品。

（1）温度。温度变化时对合成氨的反应有影响，并同时影响平衡浓度及反应速度。因为合成氨的反应是放热的，温度升高使氨的平衡浓度降低，同时又使反应加速，这表明在远离平衡的情况下，温度升高时合成效率就比较高，而另一方面对于接近平衡的系统来说，温度升高时合成效率就比较低，在不考虑衰老时，合成效率总是直接随温度变化的。合成效率的定义是：反应后的气体中实际的氨的催化剂百分数与所讨论的条件下理论上可能得到的氨的百分数之比。

（2）压力。氨合成时体积缩小（分子数减少），所以氨的平衡百分数将随压力提高而增加，同时反应速度也随压力的升高而加速，因此提高压力将促进反应。

（3）空速。在较高的工艺气速（空间速度）下，反应的时间比较少，所以合成塔出口的氨浓度就不如低空速那样高。但是，产率的降低百分比却远远小于空速的增加，由于有较多的气体经过合成塔，所增加的氨产量足以弥补由于停留时间短，反应不完全而引起的产量的降低，所以在正常的产量或者在低于正常产量的情况下，其他条件不变时，增加合成塔的气量会提高产量。

通常是采取改变循环气量的办法来改变空速，循环量增加时（如果可能的话），由于单程合成效率的降低，催化剂层的温度会降低，由于总的氨产量的增加，系统的压力也会降低，MIC-22关小时，循环量就加大，当MIC-22完全关闭时，循环量最大。

（4）氢氮比。送往合成部分的新鲜合成气的氢氮比通常应维持在3.0∶1.0左右，这是因为氢与氮是以3.0∶1.0的比例合成为氨的。必须指出：在合成塔中的氢氮比不一定是3.0∶1.0，已经发现合成塔内的氢氮比为（2.5~3.0）∶1.0时，合成效率最高。为了使进入合成塔的混合气能达到最好的H_2∶N_2，新鲜气中的氢氮比可以稍稍与3.0∶1.0不同。

（5）惰性气体。有一部分气体连续地从循环机的吸入端往吹出气系统放空，这是为了控制甲烷及其他惰性气体的含量，否则它们将在合成回路中积累使合成效率降低，系统压力升高及生产能力下降。

（6）新鲜气的流量。单独把新鲜气的流量加大可以生产更多的氨，并对上述条件有以下影响：

①系统压力增加；

②催化剂床温度升高；

③惰性气体含量增加；

④H_2∶N_2可能改变。

反之，合成气量减少，效果则相反。

在正常的操作条件下，新鲜气量是由产量决定的，但在合成部分进气的增加必须以工厂造气工序产气量增加为前提。

（二）合成反应的操作控制

合成系统是从合成气体压缩机的山口管线开始的，气体（氢氮比为3∶1的混合气）的消耗量取决于操作条件、催化剂的活性以及合成总的生产能力，被移去的或反应了的气体是由压缩机来的气体不断进行补充的，如果新鲜气过量，产量增至压缩机的极限能力，新鲜气就在一段压缩之前从104-F吸入罐处放空，如果气量不足，压缩机就减慢，回路的压力下降直至氨的产量降低到与进来的气量成平衡为止。

为了改变合成回路的操作，可以改变一个或几个条件，且较重要的控制条件如下：

（1）新鲜气量、合成塔的入口温度。

（2）循环气量、氢氮比。

（3）高压吹出气量、新鲜气的纯度。

（4）催化剂层的温度。

注意这里没有把系统的压力作为一个控制条件列出，因为压力的改变常常是其他条件变化的结果，以提高压力为唯一目的而不考虑其他效果的变化是很少的。合成系统通常是这样操作的，即把压力控制在极限值以下适当处，把吹出气量减少到最小程度，同时把合成塔维持在足够低的温度以增加催化剂寿命，在新鲜气量及放空气量正常以及合成温度适宜的条件下，较低的压力通常是表明操作良好。

下面是影响合成回路各个条件的一些因素，操作人员要注意检查合成过程中是否有不正常的变化，如果把这些情况都弄清楚了，操作人员就能够比较容易地对操作条件的变化进行解释，这样，就能够改变一个或几个条件进行必要的调整。

1. 合成塔的压力

能单独地或综合地使合成回路压力增加的主要因素有：

（1）新鲜气量增加。

（2）合成塔的温度下降。

（3）合成回路中的气体组成偏离了最适宜的氢氮比 [（2.5~3.0):1]。

（4）循环气中氨含量增加。

（5）循环气中惰性气体含量增加。

（6）循环气量减少。

（7）由于合成气不纯引起催化剂中毒。

（8）催化剂衰老。

反过来说，与上述这些作用相反就会使压力降低。

2. 催化剂的温度

能单独地或综合地使催化剂温度升高的主要因素有：

（1）新鲜气量增加。

（2）循环气量减少。

（3）氢氮比比较接近于最适比值（2.5~3.0):1。

（4）循环气中氨含量降低。

（5）合成系统的压力升高。

（6）进入合成塔的冷气近路（冷激）流量减少。

（7）循环气中惰性气的含量降低。

（8）由于合成气不纯引起催化剂暂时中毒之后，接着催化剂活性又恢复。

反过来说，与上述这些作用相反就会使催化剂的温度下降。

稳定操作时的最适宜温度就是使氨产量最高时的最低温度，但温度还是要足够高，以保证压力波动时操作的稳定性，超温会使催化剂衰老并使催化剂的活性很快下降。

3. 氢氮比

能单独地或者综合地使循环气中的 $H_2:N_2$ 变化的主要因素有：

（1）从转化及净化系统来的合成气的组成有变化。

（2）新鲜气量变化。

（3）循环气中氨的含量有变化。

（4）循环气中惰性气的含量有变化。

进合成塔的循环气中氢氮比应控制在（2.5~3.0):1.0 左右，氢氮比变化太快会使温度发生急剧变化。

4. 循环气中氨含量

能单独地或综合地使合成塔进气氨浓度变化的因素有：

（1）高压氨分离器106－F前面的氨冷器中冷却程度的变化。

（2）系统的压力。

预期的合成塔出口气中的氨浓度约为13.9%，循环气与新鲜气混合以后，氨浓度变为4.15%，经过氨冷及106－F把氨冷凝和分离下来以后，进合成塔时混合气中的氨浓度约为2.42%。

循环气中惰性气体的主要成分是氩及甲烷，这些气体会逐步地积累起来而使系统的压力升高，从而降低了合成气的有效分压，反映出来的就是单程的合成率下降，控制系统中惰性气体浓度的方法就是引出一部分气体经125－C与吹出气分离罐108－F后放空，合成塔入口气中惰性气体（甲烷和氩）的设计浓度约为13.6%（分子），但是，经验证明：惰性气体的浓度再保持得高一些，可以减少吹出气带走的氢气，氨的总产量还可以增加。

从上面的合成氨操作的讨论中可以看出，合成的效率是受各种控制条件的影响的，所有这些条件都是相互联系的，一个条件发生变化对其他条件都会有影响，所以好的操作就是要把操作经验以及对影响系统操作的各种因素的认识很好地结合起来，如果其中有一个条件发生了急剧的变化，为了弥补这个变化应当采取有效措施，从而使系统的操作保持稳定。

（三）合成催化剂的性能

1. 催化剂的活化

合成催化剂是由融熔的铁的氧化物制成的，它含有钾、钙和铝的氧化物作为稳定剂与促进剂，而且是以氧化态装到合成塔中去的，在进行氨的生产以前，催化剂必须加以活化，把氧化铁还原成基本上是纯的元素铁。

催化剂的还原是在这样的条件下进行的：即在氧化态的催化剂上面通以氢气，并逐步提高压力及温度，氢气与氧化铁中的氧化合生为水，在气体再次循环到催化剂床以前要尽可能地把这些水除净，活化过程中的出水量是衡量催化剂还原进展情况的一个良好的指标，就是在还原的开始阶段生成的水量是很少的，随着催化剂还原的进行，生成的水量就增加。为促进催化剂的还原需要采用相当高的温度并控制在一定的压力，出水量会达到一个高峰，然后逐步减少，直至还原结束。

还原的温度应当始终保持在催化剂的操作温度以下，避免由于以下的原因而脱活，即：

（1）循环气中的水汽浓度过高。

（2）温度太低，催化剂的还原就进行得太慢，如果温度降得过低，还原就会停止。

在催化剂的还原期间，压力与（或）压力变化的影响是一个关键，当还原向下移动时，如果各层催化剂的活化是不均匀的，则提高压力就可能产生"沟流"，即在催化剂的局部地方还原较彻底的催化剂会促进氢与氮的反应，反应放出的热量会使局部催化剂的温度变得太高而难以控制。催化剂还原期间应当维持压力，即使还原能够均匀地进行并且在催化剂床的同一个水平面上的温度差不要太大，提高压力时，生成氨的反应加速，降低压力时，生成氨的反应会减慢。

催化剂的还原可在相当低的空速下进行，但是空速越高，还原的时间越短，而且在较高的空速下可以消除沟流。

催化剂还原期间，合成气是循环通过合成塔的，当反应已经开始进行时，非常重要的是循环气要尽可能地加以冷却，把气体中的水分加以冷凝，以后再重新进入合成塔，否则，水汽浓度高的气体将进入已经还原了的催化剂床，水蒸气会使已经还原过的催化剂和活性降低或中毒，一旦合成氨的反应开始进行，生成的氨就会使冰点下降，这就可以在更低的温度下把气流中的水分除去。

精心控制催化剂活化时的条件，可以使还原均匀地进行，这就有助于延长催化剂的使用寿命。

合成催化剂的还原是在工厂的原始开车时进行的。

2. 催化剂的热稳定性

采用纯的合成气，氨催化剂也不能无限期地保持它的活性。一些数据表明，采用纯的气体时，温度低于550℃对催化剂没有影响，而当温度更高时，就会损害催化剂；经受过热的催化剂，在400℃时活性有所下降，而在500℃时，活性不变。应当着重指出：不存在这样一个固定的温度极限，低于这个温度催化剂就不受影响，在温度一定，但是压力与空速的条件变得苛刻时，也会使催化剂的活性比较快地降低。

催化剂的衰老首先表现在温度较低、压力与（或）空速较高的条件下操作时效率下降，已经发现催化剂的活性和开始时相比下降得越多，则进一步受到损坏所需要的时间就会越长，或者所需要的条件也会越加苛刻。

3. 催化剂的毒物

合成气中能够使催化剂的活性或寿命降低的化合物称为毒物，这些物质通常能够与催化剂的活性组分形成稳定程度不同的化合物。永久性的毒物会使催化剂的活性不可逆地永久下降，这些毒物能够与催化剂的活性分布形成稳定的表面化合物，另一些毒物可以使活性暂时下降，在这些毒物从气体中除去以后，在一个比较短的时间之内就可以恢复到原有的活性。

合成氨催化剂最主要的毒物是氧的化合物，这些化合物不能看作是暂时性毒物，也不是永久性毒物，当合成气中含有少量的氧化物，例如 CO 时，催化剂的一些活性表面就与氧结合使催化剂的活性降低，当把这种氧的化合物从合成气中除去以后，催化剂就再一次完全还原，但是并不能使所有的活性中心都完全恢复到原始的状态，或者恢复到它的最初的活性，因此，氧的化合物能引起严重的暂时性中毒以及轻微的永久性中毒。通常能使催化剂中毒的氧的化合物有水蒸气、（H）、CO_2 及分子 O_2。其他的重要的毒物有 H_2S（永久性的）及油雾的沉积物，后者并不是真正的毒物，但是由于催化剂表面被覆盖和堵塞，它能使催化剂的活性降低。

4. 催化剂的机械强度

合成催化剂的机械强度是很好的，但是错误的操作会引起十分急速的温度波动，从而使催化剂碎裂，在催化剂还原期间，任何急剧的温度变化都应小心防止，在这个期间，催化剂对机械粉碎及急剧变化都是特别敏感的。

在工厂的原始开车期间，合成催化剂的还原是在工厂前道工序已经接近于设计的条件和设计的流量时才进行的。

在催化剂装填之前，必须先进行一些试验，氯化物与不锈钢的催化剂接触会引起合成塔内件应力腐蚀脆裂，所以在装填之前，每一批催化剂的氯含量都必须加以检验，催化剂中允许的最高的水溶性氯的含量为 10.0mg/kg，在装催化剂的容器有损坏的情况下，可能会带入杂质，所以每一个容器都应当进行检查。

（四）合成气中无水液氨的分离

在合成塔中生成的氨会很快地达到不利于反应的程序，所以必须连续地从进塔的合成循环气中把它除去，这是用系列的冷却器和氨冷器来冷却循环气，从而把每次通过合成塔时生成的净氨产品冷却下来，循环气进入高压氨分离器时的温度为 $-21.3℃$，在 $-11.7MPa$ 的压力下，合成回路中气体里的氨冷凝并过冷到 $-23.3℃$ 以后，循环气中的氨就会降至 2.42%，冷凝下来的液氨收集在高压氨分离器 106-F 中，用液位调节器 LC-13 调节后就送去进行产品的最后精制。

五、氨合成主要设备

（一）合成塔

1. 结构特点

氨合成塔是合成氨生产的关键设备，作用是氢氮混合气在塔内催化剂层中合成为氨。由于反应是在高温、高压下进行，因此要求合成塔不仅要有较高的机械强度，而且应有高温下抗蠕变和松弛的能力。同时在高温、高压下，氢、氮对碳钢有明显的腐蚀作用，使合成塔的工作条件更为复杂。

氢对碳钢的腐蚀作用包括氢脆和氢腐蚀。所谓氢脆是氢溶解于金属晶格中，使钢材在缓慢变形时发生脆性破坏。所谓氢腐蚀是氢渗透到钢材内部，使碳化物分解并生成甲烷：

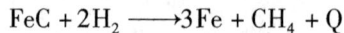

$$FeC + 2H_2 \longrightarrow 3Fe + CH_4 + Q$$

反应生成的甲烷积聚于晶界原有的微观空隙内，形成局部压力过高，应力集中，出现裂纹，并在钢材中聚集而形成鼓泡，从而使钢的结构遭到破坏，机械强度下降。

在高温、高压下，氮与钢材中的铁及其他很多合金元素生成硬而脆的氮化物，使钢材的机械性能降低。

为了适应氨合成反应条件，合理解决存在的矛盾，氨合成塔由内件和外筒两部分组成，内件置于外筒之内。进入合成塔的气体（温度较低）先经过内件与外筒之间的环隙，内件外面设有保温层，以减少向外筒散热。外筒主要承受高压（操作压力与大气压之差），但不承受高温，可用普通低合金钢或优质碳钢制成。内件在 500℃ 左右高温下操作，但只承受环系气流与内件气流的压差，一般只有 $1\sim2MPa$，即内件只承受高温不承受高压，从而降低对内件材料和强度的要求。内件一般用合金钢制作，塔径较小的内件也可用纯铁制作。内件由催化剂筐、热交换器、电加热器三个主要部分组成，大型氨合成塔的内件一般不设电加热器，而由塔外加热炉供热。

2. 分类和结构

由于氨合成反应最适宜温度随氨含量的增加而逐渐降低，因而随着反应的进行要在催化剂层采取降温措施。按降温方法不同，氨合成塔可分为以下三类：

（1）冷管式。在催化剂层中设置冷却管，用反应前温度较低的原料气在冷管中流动，移出反应热，降低反应温度，同时将原料气预热到反应温度。根据冷管结构不同，又可分为双套管、三套管、单管等不同形式。冷管式合成塔结构复杂，一般用于小型合成氨塔。

（2）冷激式。将催化剂分为多层，气体经过每层绝热反应温度升高后，通入冷的原料气与之混合，温度降低后再进入下一层催化剂。冷激式结构简单，但加入未反应的冷原料气，降低了氨合成率，一般多用于大型氨合成塔。

（3）中间换热式。将催化剂分为几层，在层间设置换热器，上一层反应后的高温气体进入换热器降温后，再进入下一层进行反应。

（二）合成压缩机

大型氨厂的合成压缩机均采用以汽轮机驱动的离心式压缩机，其机组主要由压缩机主机、驱动机、润滑油系统、密封油系统和防喘振装置组成。

1. 离心式压缩机工作原理

离心式压缩机的工作原理和离心泵类似，气体从中心流入叶轮，在高速转动的叶轮的作用下，随叶轮做高速旋转并沿半径方向甩出来。叶轮在驱动机械的带动下旋转，把所得到的机械能通过叶轮传递给流过叶轮的气体，即离心压缩机通过叶轮对气体做了功。气体一方面受到旋转离心力的作用增加了气体本身的压力，另一方面又得到了很大的动能。气体离开叶轮后，这部分速度能在通过叶轮后的扩压器、回流弯道的过程中转变为压力能，进一步使气体的压力提高。

离心式压缩机中，气体经过一个叶轮压缩后压力的升高是有限的。因此，在要求升压较高的情况下，通常都有许多级叶轮一个接一个连续地进行压缩，直到最末一级出口达到所要求的压力为止。压缩机的叶轮数越多，所产生的总压头也越大。气体经过压缩后温度升高，当要求压缩比较高时，常常将气体压缩到一定的压力后，从缸内引出，在外设冷却器冷却降温，然后再导入下一级继续压缩。这样依冷却次数的多少，将压缩机分成几段，一段可以是一级或多级。

2. 离心式压缩机的喘振现象及防止措施

离心压缩机的喘振是操作不当，进口气体流量过小产生的一种不正常现象。当进口气体流量减小到一定值时，气体进入叶轮的流速过低，气体不再沿叶轮流动，在叶片背面形成很大的涡流区，甚至充满整个叶道而把通道塞住，气体只能在涡流区打转而流不出来。这时系统中的气体自压缩机出口倒流进入压缩机，暂时弥补进口气量的不足。虽然压缩机似乎恢复了正常工作，重新压出气体，但当气体被压出后，由于进口气体仍然不足，上述倒流现象重复出现。这样就在出口处引起出口管道低频、高振幅的气流脉动，并迅速波及各级叶轮，于是整个压缩机产生噪声和振动，这种现象称为喘振。喘振对机器是很不利的，振动过分会产生局部过热，时间过久甚至会造成叶轮破碎等严重事故。

当喘振现象发生后，应设法立即增大进口气体流量。其方法是利用防喘振装置，将压缩机出口的一部分气体经旁路阀回流到压缩机的进口，或打开出口放空阀，降低出口压力。

3. 离心式压缩机的结构

离心式压缩机由转子和定子两大部分组成。转子由主轴、叶轮、轴套和平衡盘等部件组成。所有的旋转部件都安装在主轴上，除轴套外，其他部件用键固定在主轴上。主轴安装在径向轴承上，以利于旋转。叶轮是离心式压缩机的主要部件，其上有若干个叶片，用以压缩气体。

气体经叶片压缩后压力升高，因而每个叶片两侧所受到的气体压力不同，产生了方向指向低压端的轴向推力，可使转子向低压端窜动，严重时可使转子与定子发生摩擦和碰撞。为了消除轴向推力，在高压端外侧装有平衡盘和止推轴承。平衡盘一边与高压气体相通，另一边与低压气体相通，用两边的压力差所产生的推力平衡轴向推力。

离心式压缩机的定子由气缸、扩压室、弯道、回流器、隔板、密封、轴承等部件组成。气缸也称机壳，分为水平型和垂直型两种形式。水平型就是将机壳分成上下两部分，上盖可以打开，这种结构多用于低压。垂直型就是筒形结构，由圆筒形本体和端盖组成，多用于高压。气缸内有若干隔板，将叶片隔开，并组成扩压器和弯道、回流器。为了防止级间窜气或向外漏气，都设有级间密封和轴密封。

离心式压缩机的辅助设备有中间冷却器、气液分离器和油系统等。

4. 汽轮机的工作原理

汽轮机又称为蒸汽透平，是用蒸汽做功的旋转式原动机。进入汽轮的高压、高温蒸汽，由喷嘴喷出，经膨胀降压后，形成的高速气流按一定方向冲动汽轮机转子上的动叶片，带动转子按一定速度均匀地旋转，从而将蒸汽的能量转变成机械能。

由于能量转换方式不同，汽轮机分为冲动式和反动式两种，在冲动式中，蒸汽只在喷嘴中膨胀，动叶片只受到高速气流的冲动力。在反动式汽轮机中，蒸汽不仅在喷嘴中膨胀，而且还在叶片中膨胀，动叶片既受到高速气流的冲动力，同时受到蒸汽在叶片中膨胀时产生的反作用力。

根据汽轮机中叶轮级数不同，可分为单级或多级两种。按热力过程不同，汽轮机可分为背压式、凝气式和抽气凝气式。背压式汽轮机的蒸汽经膨胀做功后以一定的温度和压力排出汽轮机，可继续供工艺使用；凝气式蒸汽轮机的进气在膨胀做功后，全部排入冷凝器凝结为水；抽气凝气式汽轮机的进气在膨胀做功时，一部分蒸汽在中间抽出去做其他用，其余部分继续在气缸中做功，最后排入冷凝器冷凝。

任务2　合成氨装置工艺流程的识读

一、工艺流程简述

（一）合成系统

新鲜气（40℃、2.6MPa、H_2：N_2 = 3∶1）先经压缩前分离罐104 - F进合成气压缩机103 - J低压段，在压缩机的低压缸将新鲜气体压缩到合成所需要的最终压力的二分之一左右，出低压段的新鲜气先经106 - C用甲烷化进料气冷却至93.3℃，再经水冷器116 - C冷却至38℃，最后经氨冷器129 - C冷却至7℃，之后与氢回收来的氢气混合进入中间分离罐105 - F，从中间分离罐出来的氢氮气再进合成气压缩机高压段。

合成回路来的循环气与经高压段压缩后的氢氮气混合进压缩机循环段，从循环段出来的合成气进合成系统水冷器124 - C。高压合成气自最终冷却器124 - C出来后，分两路继续冷却，第一路串联通过原料气和循环气一级和二级氨冷器117 - C和118 - C的管侧，冷却介质都是冷冻用液氨，另一路通过就地的MIC - 23节流后，在合成塔进气和循环气换热器120 - C的壳侧冷却。两路会合后，又在新鲜气和循环气三级氨冷器119 - C中用三级液氨闪蒸槽112 - F来的冷冻用液氨进行冷却，冷却至 - 23.3℃。冷却后的气体经过水平分布管进入高压氨分离器106 - F，在前几个氨冷器中冷凝下来的循环气中的氨就在106 - F中分出，分离出来的液氨送往冷冻中间闪蒸槽107 - F。从氨分离器出来后，循环气就进入合成塔进气——新鲜气和循环气换热器120 - C的管侧，从壳侧的工艺气体中取得热量，然后又进入合成塔进气——出气换热器121 - C的管侧，再由HCV - 11控制进入合成塔105 - D，在

121－C管侧的出口处分析气体成分。

SP－35是一专门的双向降爆板装置，是用来保护121－C的换热器，防止换热器的一侧泄压导致压差过大而引起破坏。

合成气进气由合成塔105－D的塔底进入，自下而上地进入合成塔，经由MIC－13直接到第一层催化剂的入口，用以控制该处的温度，这一进路有一个冷激管线和两个进层间换热器副线，可以控制第二、第三层的入口温度，必要时可以分别用MIC－14、MIC－15和MIC－16进行调节。气体经过最底下一层催化剂床后，又自下而上地把气体导入内部换热器的管侧，把热量传给进来的气体，再由105－D的顶部出口引出。

合成塔出口气进入合成塔——锅炉给水换热器123－C的管侧，把热量传给锅炉给水，接着又在121－C的壳侧与进塔气换热而进一步被冷却，最后回到103－J高压缸循环段（最后一个叶轮）而完成了整个合成回路。

合成塔出来的气体有一部分是从高压吹出气分离缸108－F经MIC－18调节并用Fl－63指示流量后，送往氢回收装置或送往一段转化炉燃料气系统。从合成回路中排出气是为了控制气体中的甲烷化和氩的浓度，甲烷和氩在系统中积累多了会使氨的合成率降低。吹出气在进入分离罐108－F以前先在氨冷器125－C冷却，由108－F分出的液氨送低压氨分离器107－F回收。

合成塔备有一台开工加热炉102－B，它是用于开工时把合成塔引温至反应温度，开工加热炉的原料气流量由FI－62指示。另外，它还设有一低流量报警器FAL－85与FI－62配合使用，MIC－17调节102－B燃料气量。

（二）冷冻系统

合成来的液氨进入中间闪蒸槽107－F，闪蒸出的不凝性气体通过PICA－8排出作为燃料气送一段炉燃烧。分离器107－F装有液面指示器LI－12。液氨减压后由液位调节器LICA－12调节进入三级闪蒸罐112－F进一步闪蒸，闪蒸后作为冷冻用的液氨进入系统中。冷冻的一、二、三级闪蒸罐操作压力分别为：0.4MPa（G）、0.16MPa（G）、0.0028MPa（G），三台闪蒸罐与合成系统中的第一、二、三氨冷器相对应，它们是按热虹吸原理进行冷冻蒸发循环操作的。液氨由各闪蒸罐流入对应的氨冷器，吸热后的液氨蒸发形成的气液混合物又回到各闪蒸罐进行气液分离，气氨分别进氨压缩机105－J各段气缸，液氨分别进各氨冷器。

由液氨接收槽109－F来的液氨逐级减压后补入到各闪蒸罐。一级闪蒸罐110－F出来的液氨除送第一氨冷器117－C外，另一部分作为合成气压缩机103－J一段出口的氨冷器129－C和闪蒸罐氨冷器126－C的冷源。氨冷器129－C和126－C蒸发的气氨进入二级闪蒸罐111－F，110－F多余的液氨送往111－F。111－F的液氨除送第二氨冷器118－C和弛放气氨冷器125－C作为冷冻剂外，其余部分送往三级闪蒸罐112－F。112－F的液氨除送119－C外，还可以由冷氨产品泵109－J作为冷氨产品送液氨储槽储存。

由三级闪蒸罐112－F出来的气氨进入氨压缩机105－J一段压缩，一段出口与111－F来的气氨汇合进入二段压缩，二段出口气氨先经压缩机中间冷却器128－C冷却后，与110－F来的气氨汇合进入三段压缩，三段出口的气氨经氨冷凝器127－CA、CB，冷凝的液氨进入接收槽109－F。109－F中的闪蒸气去闪蒸罐氨冷器126－C，冷凝分离出来的液氨流回109－F，不凝气作燃料气送一段炉燃烧。109－F中的液氨一部分减压后送至一级闪蒸罐110－F，另一部分作为热氨产品经热氨产品泵1－3P－1，2送往尿素装置。

二、工艺仿真范围

(一) 合成氨系统

(1) 反应器: 105 - D。

(2) 炉子: 102 - B。

(3) 换热器: 124 - C、120 - C、121 - C、117 - C (管侧)、118 - C (管侧)、119 - C (管侧)、123 - C、125 - C (管侧)。

(4) 分离罐: 105 - F、106 - F、108 - F。

(5) 压缩机: 103 - J (工艺管线)。

(二) 冷冻系统

(1) 换热器: 127 - C、147 - C、117 - C (壳侧)、129 - C (壳侧)、118 - C (壳侧)、119 - C (壳侧)、125 - C (壳侧)。

(2) 分离罐: 107 - F、109 - F、110 - F、111 - F、112 - F。

(3) 泵: 1 - 3P - 1 (2)、109 - JA/JB。

(4) 压缩机: 105 - J (工艺管线部分)。

三、工艺流程图

合成氨装置工艺流程图如图 5 - 1 所示。

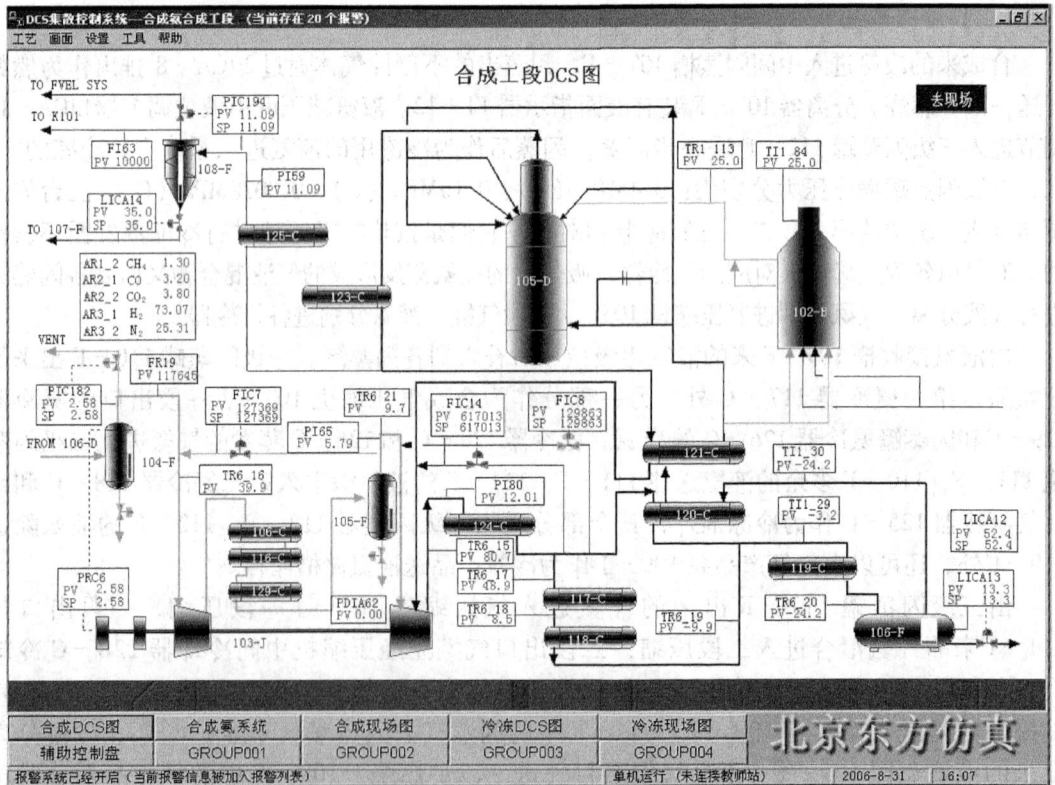

(a) 合成工段DCS图

图 5 - 1　合成氨装置工艺流程图

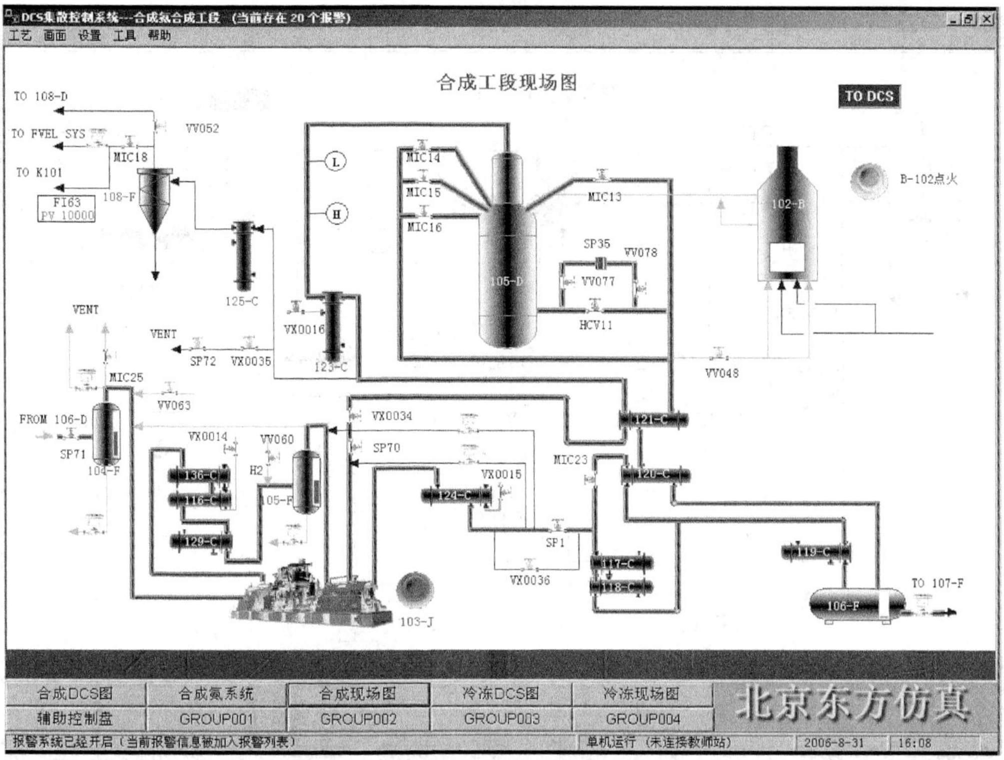

工艺　画面　设置　工具　帮助

合成工段现场图

TO DCS

TO 108-D

TO FVEL SYS

TO K101

VV052

MIC18

108-F

F163
PV 10000

MIC14

MIC15

MIC16

MIC13

L

H

105-D

SP35

VV078

VV077

HCV11

102-B

B-102点火

125-C

VX0016

123-C

VENT

VENT

SP72　VX0035

VV048

MIC25

VV063

FROM 106-D

SP71

104-F

VX0014

VV060

VX0034

SP70

121-C

136-C

116-C

H2

105-F

120-C

MIC23

VX0015

129-C

122-C

SP1

119-C

117-C

VX0036

118-C

103-J

106-F

TO 107-F

合成DCS图	合成氨系统	合成现场图	冷冻DCS图	冷冻现场图
辅助控制盘	GROUP001	GROUP002	GROUP003	GROUP004

报警系统已经开启（当前报警信息被加入报警列表）　　　单机运行（未连接教师站）　　2006-8-31　16:08

北京东方仿真

（b）合成工段现场图

工艺　画面　设置　工具　帮助

氨合成塔DCS图

返回

TR1 119
PV 393.9

TR5 18
PV 171.5

TR5 13
PV 171.5

TR5 15
PV 171.5

TR1 113
PV 25.0

TI1 84
PV 25.0

TR5 19
PV 171.5

TR5 14
PV 171.5

TR5 22
PV 171.5

TR5 116
PV 171.5

TR5 17
PV 171.5

TI1 46
PV 404.3

TR1 114
PV 486.9

TI1 47
PV 486.9

PD13
PV 0.2

TR1 115
PV 486.9

TI1 85
PV 431.0

TR5 20
PV 171.5

123-C

TI1 28
PV 184.3

TR1 86
PV 431.0

TI1 48
PV 456.6

TR1 116
PV 456.6

TI1 87
PV 482.2

TI1 88
PV 482.2

TI1 49
PV 423.0

TR5 21
PV 171.5

102-B

AR12 2 H2	8.84
AR12 3 N2	25.00
AR12 4 AR	10.00
AR12 5 NH4	21.33
AR12 5 CH4	13.35

TR1 117
PV 423.0

TI1 50
PV 458.4

TR1 118
PV 458.4

TI1 89
PV 493.7

FI2B
PV 0.0

TRA1 120
PV 72.5

TI1 90
PV 493.7

TR5 24
PV 171.5

FI62
PV 0

MIC17

TI1 31
PV 39.5

TI110
PV 72.5

TR5 23
PV 171.5

105-D

TI1 32
PV 171.1

AR5 1 NH3	3.62
AR5 2 H2	62.25
AR5 3 N2	21.13
AR5 4 AR	3.11
AR5 5 CH4	9.87

121-C

合成DCS图	合成氨系统	合成现场图	冷冻DCS图	冷冻现场图
辅助控制盘	GROUP001	GROUP002	GROUP003	GROUP004

报警系统已经开启（当前报警信息被加入报警列表）　　　单机运行（未连接教师站）　　2006-8-31　16:08

北京东方仿真

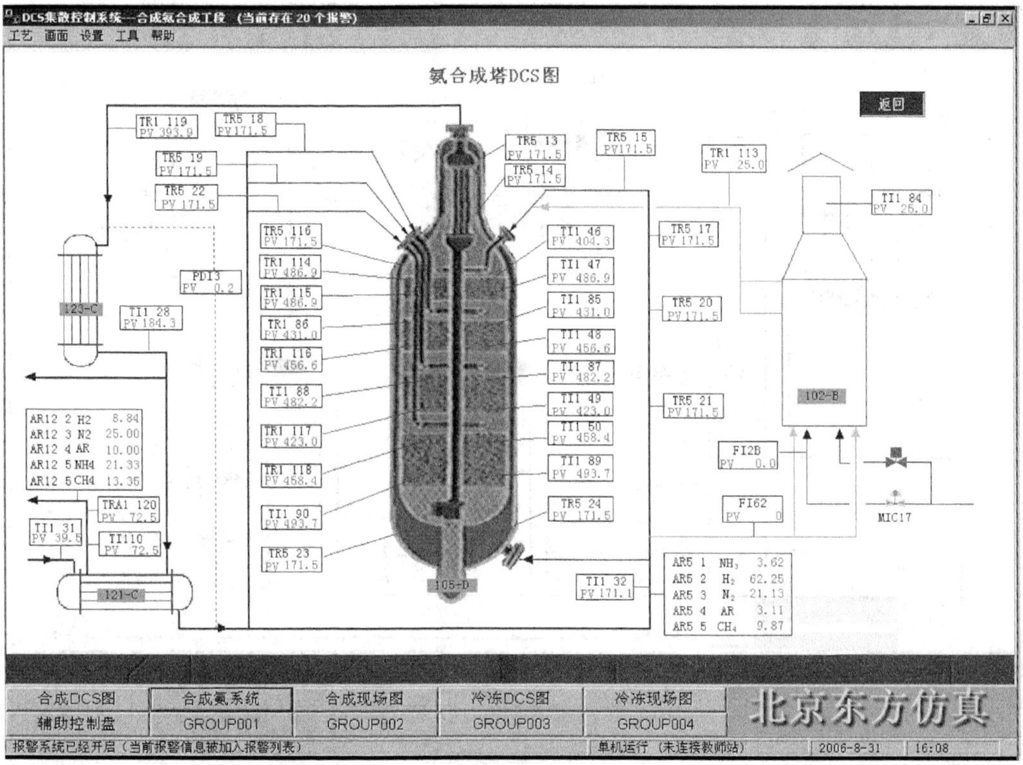

（c）氨合成塔DCS图

图 5-1　合成氨装置工艺流程图（续）

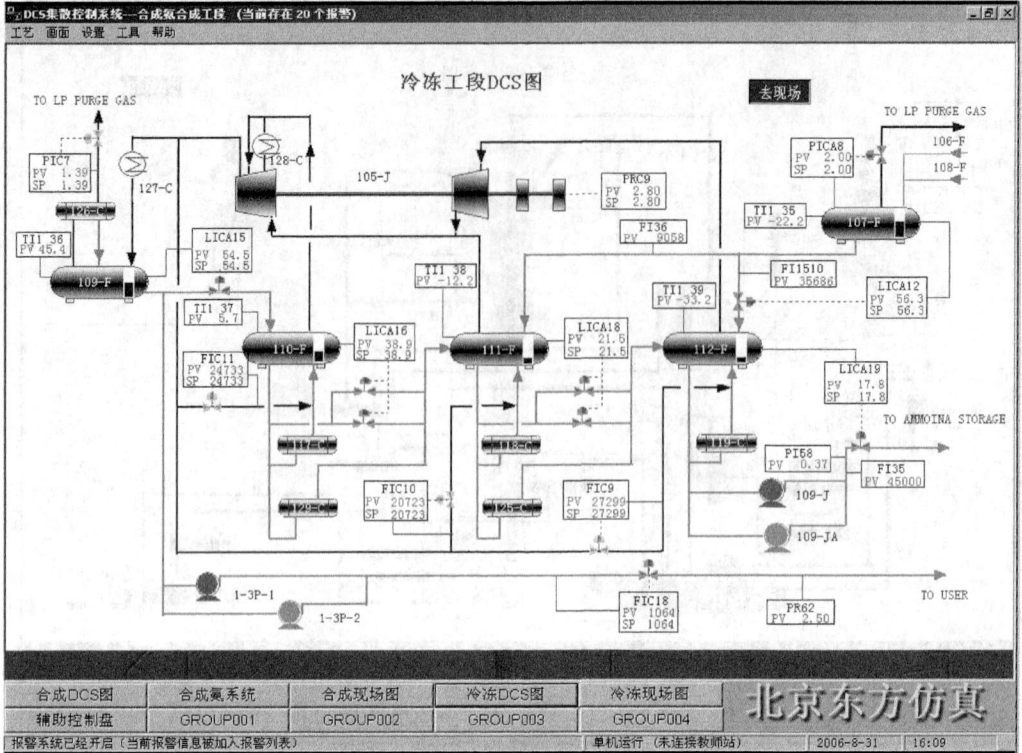

（d）冷冻工段DCS图

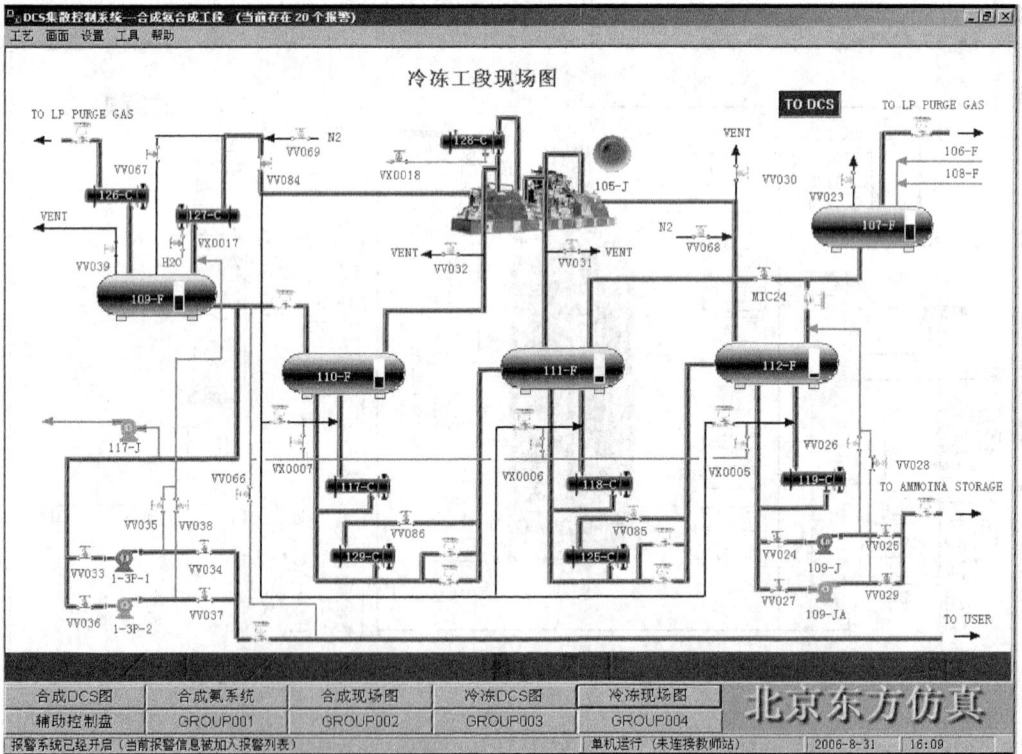

（e）冷冻工段现场图

图 5-1 合成氨装置工艺流程图（续）

任务 3 合成氨装置的开车和停车操作

一、装置正常开工过程

（一）合成系统开车

（1）投用 LSH109（104 - F 液位高联锁），LSH111（105 - F 液位高联锁）（辅助控制盘画面）。

（2）打开 SP71（合成工段现场），把工艺气引入 104 - F，PIC - 182（合成工段 DCS 图）设置在 2.6MPa 投自动。

（3）显示合成塔压力的仪表换为低量程表（在合成工段现场合成塔旁）。

（4）投用 124 - C（合成工段现场开阀 VX0015 进冷却水），123 - C（合成工段现场开阀 VX0016 进锅炉水预热合成塔塔壁），116 - C（合成工段现场开阀 VX0014），打开阀 VV077，VV078 投用 SP35（在合成工段现场合成塔底右部进口处）。

（5）按 103 - J 复位（辅助控制盘画面），然后启动 103 - J（合成工段现场启动按钮），开泵 117 - J 注液氨（冷冻工段现场图）。

（6）开 MIC23、HCV11，把工艺气引入合成塔 105 - D，合成塔充压。

（7）逐渐关小防喘振阀 FIC7、FIC8、FIC14。

（8）开 SP1 副线阀 VX0036 均压后（一小段时间），开 SP1，开 SP72 及 SP72 前旋塞阀 VX0035（合成工段现场图）。

（9）当合成塔压力达到 1.4MPa 时换高量程压力表（现场图合成塔旁）。

（10）关 SP1 副线阀 VX0036，关 SP72 及前旋塞阀 VX0035，关 HCV - 11。

（11）开 PIC - 194 设定在 10.5MPa，投自动（108 - F 出口调节阀）。

（12）开入 102 - B 旋塞阀 VV048，开 SP70。

（13）开 SP70 前旋塞阀 VX0034，使工艺气循环起来。

（14）打开 108 - F 顶 MIC18 阀（开度为 100）。

（15）投用 102 - B 联锁 FSL85（辅助控制盘画面）。

（16）打开 MIC17（氨合成塔 DCS 图）进燃料气，102 - B 点火（合成工段现场图），合成塔开始升温。

（17）开阀 MIC14 调节合成塔中层温度，开阀 MIC15、MIC16，控制合成塔下层温度（合成工段现场图）。

（18）停泵 117 - J，停止向合成塔注液氨。

（19）PICA8 设定在 1.68MPa 投自动（冷冻工段 DCS 图）。

（20）LICA14 设定在 50% 投自动，LICA13 设定在 40% 投自动（合成工段 DCS 图）。

（21）当合成塔入口温度达到反应温度 380℃ 时，关 MIC17、102 - B 熄火，同时打开阀门 HCV11 预热原料气。

（22）关入 102 - B 旋塞阀 VV048，现场打开氢气补充阀 VV060。

（23）开 MIC13 进冷激起调节合成塔上层温度。

（24）106 - F 液位 LICA - 13 达 50% 时，开阀 LCV13，把液氨引入 107 - F。

（二）冷冻系统开车

（1）投用 LSH116（110－F 液位高联锁）、LSH118（111－F 液位高联锁），LSH120（112－F 液位高联锁），PSH840、841 联锁（辅助控制盘）。

（2）投用 127－C（冷冻工段现场开阀 VX0017 进冷却水）。

（3）打开 109－F 充液氨阀门 VV066，建立 80% 液位（LICA15 至 80%）后关充液阀。

（4）PIC7 设定值为 1.4MPa，投自动。

（5）开三个制冷阀（开阀 VX0005、VX0006、VX0007）。

（6）按 105－J 复位按钮，然后启动 105－J，开出口总阀 VV084。

（7）开 127－C 壳侧排放阀 VV067。

（8）开阀 LCV15（打开 LICA15）建立 110－F 液位。

（9）开出 129－C 的截止阀 VV086。

（10）开阀 LCV16（打开 LICA16）建立 111－F 液位，开阀 LCV18（LICA18）建立 112－F液位。

（11）投用 125－C（打开阀门 VV085）。

（12）当 107－F 有液位时开 MIC24，向 111－F 送氨。

（13）开 LCV－12（开 LICA12）向 112－F 送氨。

（14）关制冷阀（关阀 VX0005、VX0006、VX0007）。

（15）当 112－F 液位达 20% 时，启动 109－J/JA 向外输送冷氨。

（16）当 109－F 液位达 50% 时，启动 1－3P－1/2 向外输送热氨。

二、正常操作规程

（1）温度设计值见表 5－1。

表 5－1　温度设计值

序　号	位　号	说　明	设计值，℃
1	TR6－15	出 103－J 二段工艺气温度	120
2	TR6－16	入 103－J 一段工艺气温度	40
3	TR6－17	工艺气经 124－C 后温度	38
4	TR6－18	工艺气经 117－C 后温度	10
5	TR6－19	工艺气经 118－C 后温度	－9
6	TR6－20	工艺气经 119－C 后温度	－23.3
7	TR6－21	入 103－J 二段工艺气温度	38
8	TI1－28	工艺气经 123－C 后温度	166
9	TI1－29	工艺气进 119－C 温度	－9
10	TI1－30	工艺气进 120－C 温度	－23.3
11	TI1－31	工艺气出 121－C 温度	140
12	TI1－32	工艺气进 121－C 温度	23.2
13	TI1－35	107－F 罐内温度	－23.3
14	TI1－36	109－F 罐内温度	40
15	TI1－37	110－F 罐内温度	4
16	TI1－38	111－F 罐内温度	－13

序　号	位　号	说　明	设计值，℃
17	TI1－39	112－F 罐内温度	－33
18	TI1－46	合成塔一段入口温度	401
19	TI1－47	合成塔一段出口温度	480.8
20	TI1－48	合成塔二段中温度	430
21	TI1－49	合成塔三段入口温度	380
22	TI1－50	合成塔三段中温度	400
23	TI1－84	开工加热炉 102－B 炉膛温度	800
24	TI1－85	合成塔二段中温度	430
25	TI1－86	合成塔二段入口温度	419.9
26	TI1－87	合成塔二段出口温度	465.5
27	TI1－88	合成塔二段出口温度	465.5
28	TI1－89	合成塔三段出口温度	434.5
29	TI1－90	合成塔三段出口温度	434.5
30	TR1－113	工艺气经 102－B 后进塔温度	380
31	TR1－114	合成塔一段入口温度	401
32	TR1－115	合成塔一段出口温度	480
33	TR1－116	合成塔二段中温度	430
34	TR1－117	合成塔三段入口温度	380
35	TR1－118	合成塔三段中温度	400
36	TR1－119	合成塔塔顶气体出口温度	301
37	TRA1－120	循环气温度	144
38	TR5－（13－24）	合成塔 105－D 塔壁温度	140.0

（2）重要压力设计值见表 5－2。

表 5－2　压力设计值

序　号	位　号	说　明	设计值，MPa
1	PI59	108－F 罐顶压力	10.5
2	PI65	103－J 二段入口流量	6.0
3	PI80	103－J 二段出口流量	12.5
4	PI58	109－J/JA 后压	2.5
5	PR62	1－3P－1/2 后压	4.0
6	PDIA62	103－J 二段压差	5.0

（3）重要流量设计值见表 5－3。

表 5－3　流量设计值

序　号	位　号	说　明	设计值，kg/h
1	FR19	104－F 的抽出量	11000
2	FI62	经过开工加热炉的工艺气流量	60000
3	FI63	弛放氢气量	7500
4	FI35	冷氨抽出量	20000
5	FI36	107－F 到 111－F 的液氨流量	3600

三、装置正常停工过程

（一）合成系统停车

（1）关阀 MIC18 弛放气 [图 5 - 1（b）108 - F 顶]。

（2）停泵 1 - 3P - 1/2。

（3）工艺气由 MIC - 25 放空，103 - J 降转速（此处无需操作）。

（4）依次打开 FCV14、FCV8、FCV7，注意防喘振。

（5）逐关 MIC14、MIC15、MIC16，合成塔降温。

（6）106 - F 液位 LICA - 13 降至 5% 时，关 LCV - 13。

（7）108 - F 液位 LICA - 14 降至 5% 时，关 LCV - 14。

（8）关 SP1、SP70。

（9）停 125 - C、129 - C（现场关阀 VV085、VV086）。

（10）3 - J。

（二）冷冻系统停车

（1）渐关阀 FV11、105 - J 降转速（此处无需操作）。

（2）关 MIC - 24。

（3）107 - F 液位 LICA - 12 降至 5% 时关 LCV - 12。

（4）现场开三个制冷阀 VX0005、VX0006、VX0007，提高温度，蒸发剩余液氨。

（5）待 112 - F 液位 LICA - 19 降至 5% 时，停泵 109 - JA/B。

（6）停 105 - J。

任务 4　装置异常工况的分析与处理

一、105 - J 跳车

（1）事故原因：105 - J 跳车。

（2）事故现象：

①FIC - 9、FIC - 10、FIC - 11 全开。

②LICA - 15、LICA - 16、LICA - 18、LICA - 19 逐渐下降。

（3）处理方法：

①停 1 - 3P - 1/2，关出口阀。

②全开 FCV14，FCV7，FCV8，开 MIC25 放空，103 - J 降转速（此处无需操作）。

③按 SP - 1A、SP - 70A。

④关 MIC - 18、MIC - 24，氢回收去 105 - F 截止阀。

⑤LCV13、LCV14、LCV12 手动关掉。

⑥关 MIC13、MIC14、MIC15、MIC16、HCV1、MIC23。

⑦停 109 - J，关出口阀。

⑧LCV15、LCV16A/B、LCV18A/B、LCV19 置手动关。

二、1 - 3P - 1（2）跳车

（1）事故原因：1 - 3P - 1（2）跳车。

（2）事故现象：109-F 液位 LICA15 上升。

（3）处理方法：

①打开 LCV15，调整 109-F 液位。

②启动备用泵。

三、109-J 跳车

（1）事故原因：109-J 跳车。

（2）事故现象：112-F 液位 LICA19 上升。

（3）处理方法：

①关小 LCV18A/B、LCV12。

②启动备用泵。

四、103-J 跳车

（1）事故原因：103-J 跳车。

（2）事故现象：

①SP-1、SP-70 全关。

②FIC-7、FIC-8、FIC-14 全开。

③PCV-182 开大。

（3）处理方法：

①打开 MIC25，调整系统压力。

②关闭 MIC18、MIC24，氢回收去 105-F 截止阀。

③105-J 降转速，冷冻调整液位。

④停 1-3P，关出口阀。

⑤LCV13、LCV14、LCV12 手动关掉。

⑥关 MIC13、MIC14、MIC15、MIC16、HCV1、MIC23。

⑦切除 129-C、125-C。

⑧停 109-J，关出口阀。

思 考 题

1. 氨的物理性质有哪些？

2. 氨有哪些用途？

3. 氨合成的基本原理？

4. 氨合成反应的特点有哪些？

5. 为什么说氨的反应速度是由氮的吸附速度控制的？

6. 氨合成的工艺条件有哪些？

7. 氨分离的方法有哪些？

8. 简述冷凝法分离氨的原理。

9. 氨合成塔的要求有哪些？

10. 氨合成塔的结构有哪些？

11. 氨合成塔的类型有哪些？

12. 简述离心式压缩机的工作原理。

13. 什么是离心式压缩机的喘振现象？如何防止喘振？

14. 离心式压缩机的结构有哪些？

15. 合成氨装置的工艺流程由哪几个系统组成？

16. 绘制合成氨装置中合成工段的现场图和 DCS 图。

17. 绘制合成氨装置中冷冻工段的现场图和 DCS 图。

18. 简述氨合成装置正常停车的过程？

19. 105 - J 跳车的现象是什么？如何处理？

20. 103 - J 跳车的现象是什么？如何处理？

参 考 文 献

［1］ 田春云．有机化工工艺学．北京：中国石化出版社，2000.
［2］ 梁凤凯，舒均杰．有机化工生产技术．北京：化学工业出版社，2004.
［3］ 白术波．石油化工生产技术．北京：中国石化出版社，2008.
［4］ 侯文顺．高聚物生产技术．北京：中国石化出版社，2008.
［5］ 中国石油和石化工程研究会．乙烯．北京：化学工业出版社，2000.
［6］ 陈炳和．化学反应过程与设备．北京：中国石化出版社，2008.